JN021361

スバラシク実力がつくと評判の

微分積分
■ キャンパス・ゼミ ■

大学の数学がこんなに分かる！単位なんて楽に取れる！

馬場敬之

マセマ出版社

◆ はじめに ◆

　みなさん，こんにちは。マセマの**馬場敬之**（ばばけいし）です。キャンパス・ライフの基本は「良く学び，良く遊べ！」ですね。しかし，どうも数学で「良く学び」の方がうまくいってない，と言う方が多いと思います。

　これは，大学に入って，多くの人が経験することのようです。高校時代かなり数学が得意だった方も，大学に入った途端，「ウ〜ム，数学が難しい！」になってしまうようです。その理由は，

　$\begin{cases} （ⅰ）\textbf{数学のレベルが急激に上がってしまうこと，そして} \\ （ⅱ）\textbf{授業や参考書が分かりにくいこと，} \text{の 2 つだと思います。} \end{cases}$

　（ⅰ）の「数学のレベルが上がってしまうこと」，これは仕方がありません。これを下げると，高校数学に戻ってしまうからです。でも，最大の問題は（ⅱ）で，勉強したくても大学の授業は分かりづらく，また自習しようとしても専門書と言われるものがこれまた難解で，折角のやる気をそいでしまうからなのです。本来，奥深くて面白いはずの大学数学なのに，本当に残念なことですね。

　ですから，大学生だけでなく，数学の先生，社会人，それに早熟な（？）高校生の方々から，「是非，大学用の分かりやすい数学の本を，マセマから出して欲しい！」との要望が，本当にたくさん寄せられてきました。

　この向学心旺盛な読者の皆様の切実な要望に応えるべく，**本格的な大学数学の内容を**，基礎さえ出来ていれば，それこそ**高校生からでも読める**ような，分かりやすくて楽しい参考書を作ることに着手し，この**「微分積分キャンパス・ゼミ 改訂 10」**を書き上げました。

　微分積分学（解析学）はあらゆる大学数学の基礎となる分野ですので，これをマスターすることが，これから大学数学を学習していく上で一番のポイントとなるのです。マセマは高校数学の専門出版社でもありますので，**高校数学から本格的な大学数学へと違和感なく自然に入っていける**はずです。

本書は，その分かりやすさと面白さで定評のある参考書です。大学の授業の補習，独習，また定期試験や院試対策で読者の皆様の強い味方となるはずです。

　この「微分積分キャンパス・ゼミ　改訂10」は，全体が5章から構成されており，各章をさらにそれぞれ10ページ前後のセクションに分けていますので，非常に読みやすいはずです。大学数学にアレルギーを持っていらっしゃる方も，まず，1回この本を流し読みすることをお勧めします。ε-N 論法，ε-δ 論法，ダランベールの収束半径，偏微分，全微分，2変数関数のマクローリン展開，重積分，累次積分，ヤコビアンなど，次々と専門的な内容が出てきますが，不思議と違和感なく読みこなしていけるはずです。この**通し読みだけでしたら，おそらく数日もあれば十分**だと思います。

　1回通し読みが終わりましたら，後は各テーマの詳しい解説文を精読して，例題，演習問題，実践問題を実際にご自身で解きながら，勉強を進めていってください。特に，実践問題は，演習問題と同型の問題を穴埋め形式にしていますので，非常に学習しやすいはずです。

　この精読が終わりましたら，後はご自身で納得がいくまで何度でも繰り返し練習されることです。この反復練習により，本物の実力が身に付き，「自分自身の言葉で自由に楽しく大学の微分積分を語れる」ようになるからです。こうなれば，**大学の単位なんて楽勝ですね！**

　今は，数学に自信喪失状態の方も，心配は一切不要です。それはこの本を1回流し読みするだけで，払拭されてしまうはずです。読者の皆様が，この本で，奥深い大学数学を楽しめるようになられることを，心より祈っています。

マセマ代表　馬場 敬之（けいし）

この改訂10では，新たに補充問題として，逆正接関数の値の問題を加えました。

数列と関数の極限

▶ 実数の性質

▶ 数列の極限と ε-N 論法

▶ 正項級数とダランベールの判定法

▶ 三角関数と逆三角関数

▶ 指数・対数関数と双曲線関数

▶ 関数の極限と ε-δ 論法

§1. 数列の極限と ε - N 論法

さァ，これから微分・積分の講義を始めよう。ここでは，まず微分・積分で取り扱う実数の正体について解説し，それから，数列の極限と ε - N 論法についても詳しく説明するつもりだ。この ε - N 論法は，大学数学を勉強していく上での最初の関門になるところだけど，わかりやすく解説するから，心配はいらないよ。

● 有理数は，四則演算について閉じている！

一般に実数が次のように分類されるのは，知っているね。

実数の分類

$$
実数
\begin{cases}
有理数
\begin{cases}
整数 \ [\text{特に正の整数を自然数と呼ぶ}] \\
分数 \ [\text{有限小数，循環小数}]
\end{cases} \\
無理数 \ [\text{円周率 } \pi, \text{ネイピア数 } e, \sqrt{5}, \sqrt{7} \text{ など}]
\end{cases}
$$

これらの数の集合は，一般に次のような大文字のアルファベットで表すので，これも覚えておくといい。

数の集合の表記法

N：自然数 (**Natural number** の $\underline{N}$)　，Z：整数 (**Zahl** (ドイツ語) の $\underline{Z}$)

Q：有理数 (**Quotient** の $\underline{Q}$)　　　　，R：実数 (**Real number** の $\underline{R}$)

ここで，自然数の集合 N に属する任意の 2 つの要素を x, y とおくと，$x, y \in N$ ならば，$\underline{x + y \in N}$，$\underline{x \times y \in N}$ となるが，このことを

[x, y は N の要素]　　[$x + y$ は N の要素]　　[$x \times y$ は N の要素]

自然数の集合 N は，四則演算 ($+, -, \times, \div$) の内，和 ($+$) と積 ($\times$) に関して閉じている，と言う。

ここで，差 $x - y$ について考えると，これは，0 または負の整数にもなり得るので，差 ($-$) についても閉じた集合にするためには数の集合を自然数の集合 N から整数の集合 Z に拡張する必要がある。

8

さらに，商 $x \div y$ について考えると，これは分数にもなり得るので，商（÷）についても閉じた集合にするためには数の集合を整数の集合 $\boldsymbol{Z}$ から有理数の集合 $\boldsymbol{Q}$ にまで拡張しなければならない。

> 有限小数 0.32 や，循環小数 $0.121212\cdots$ は，
> $0.32 = \dfrac{8}{25}$，$0.121212\cdots = \dfrac{4}{33}$ と分数で表されるので，有理数の集合 $\boldsymbol{Q}$ の要素である。

このように，数を有理数にまで拡張すると，$\boldsymbol{Q}$ は四則演算に関して閉じた集合となり，さまざまな計算が可能となる。しかし，微分・積分では極限の操作も入るので，さらに，これに無理数も加えた，実数にまで数を拡張する必要があるんだよ。

● 数列の極限では，無理数が必要だ！

数列 $\{a_n\}$ が，次のような初項と漸化式で定義されているものとする。

$$a_1 = 1, \quad a_{n+1} = \frac{3a_n + 2}{a_n + 3} \cdots\cdots\cdots ① \quad (n = 1, 2, 3, \cdots)$$

このとき，$a_2, a_3, a_4, \cdots$ の値を求めてみよう。

$n = 1$ のとき，① より

$$a_2 = \frac{3a_1 + 2}{a_1 + 3} = \frac{3 + 2}{1 + 3} = \frac{5}{4}$$

$n = 2$ のとき，① より

$$a_3 = \frac{3a_2 + 2}{a_2 + 3} = \frac{3 \cdot \dfrac{5}{4} + 2}{\dfrac{5}{4} + 3} = \frac{15 + 8}{5 + 12} = \frac{23}{17}$$

$n = 3$ のとき，① より

$$a_4 = \frac{3a_3 + 2}{a_3 + 3} = \frac{3 \cdot \dfrac{23}{17} + 2}{\dfrac{23}{17} + 3} = \frac{69 + 34}{23 + 51} = \frac{103}{74}$$

以下同様に，すべての n に対して，a_n は有理数であることがわかるね。でも，$n \to \infty$ としたときの a_n の極限値になると話が違ってくる。

ここで，

$$\lim_{n \to \infty} a_n = \alpha \quad (\text{極限値})$$

になるものとすると，

当然，$\displaystyle\lim_{n \to \infty} a_{n+1} = \alpha$ となる。

これを①に代入して，

$$\alpha = \frac{3\alpha + 2}{\alpha + 3}$$

これを解いて，

$$\overparen{\alpha (\alpha + 3)} = 3\alpha + 2$$

$$\alpha^2 = 2$$

明らかに，$\alpha \geqq 0$ より，

$$\alpha = \sqrt{2} \quad \text{となる。}$$

以上より，a_n の極限値は

$\displaystyle\lim_{n \to \infty} a_n = \sqrt{2}$ となって，この極限値は，有理数の範囲を越えてしまっている。

> この極限値が $\sqrt{2}$ となることの証明を簡単に右に示しておくから，興味のある人は参考にするといいよ。

このように，極限の操作が入ってくると，有理数だけでは対応できなくなって，数を無理数にまで拡張する必要が出てくる。この無理数とは，その小数点以下が，無限に続く循環しない小数でしか表すことのできない数のことだ。

$$a_n > 0 \quad (n = 1, 2, 3, \cdots)$$

①より，

$$\left| a_{n+1} - \sqrt{2} \right| = \left| \frac{3a_n + 2}{a_n + 3} - \sqrt{2} \right|$$

$$= \frac{3 - \sqrt{2}}{a_n + 3} \left| a_n - \sqrt{2} \right|$$

$$\leqq \frac{3 - \sqrt{2}}{3} \left| a_n - \sqrt{2} \right| \cdots \text{㋐}$$

$$(\because a_n > 0)$$

ここで $r = \dfrac{3 - \sqrt{2}}{3}$ とおくと，

$$0 < r < 1$$

㋐より，

$$\left| a_{n+1} - \sqrt{2} \right| \leqq r \left| a_n - \sqrt{2} \right|$$

$$[\ F(n+1) \leqq r \cdot F(n)\ ]$$

$$\left| a_n - \sqrt{2} \right| \leqq \left| \overset{1}{\overbrace{a_1}} - \sqrt{2} \right| r^{n-1}$$

$$[\ F(n) \leqq F(1) \cdot r^{n-1}]$$

$$0 \leqq \left| a_n - \sqrt{2} \right| \leqq (\sqrt{2} - 1) r^{n-1}$$

各辺の $n \to \infty$ の極限をとって

$$0 \leqq \lim_{n \to \infty} \left| a_n - \sqrt{2} \right| \leqq \lim_{n \to \infty} (\sqrt{2} - 1) \overset{0}{\overbrace{r^{n-1}}} = 0$$

∴はさみ打ちの原理より，

$$\lim_{n \to \infty} \left| a_n - \sqrt{2} \right| = 0$$

$$\therefore \lim_{n \to \infty} a_n = \sqrt{2}$$

> これは，俗に"刑事コロンボ型問題"と呼ばれる，受験では頻出問題の 1 つだ。知らない人は，"マセマの受験参考書"で復習しておくのもいいかも知れない。

この有理数と無理数を合わせて，"**実数**" と呼ぶ。ちなみに，$\sqrt{2}$ が無理数であることは，背理法により次のように示すことが出来る。この証明法も頻出だから覚えておくといいよ。

命題：「$\sqrt{2}$ は無理数である。」 ……(*) の証明

「$\sqrt{2}$ が有理数である」と仮定すると，

> 背理法
> 「q である」…(*)
> を示すには，「q でない」
> と仮定して，矛盾を導く。

$$\sqrt{2} = \boxed{\dfrac{n}{m}} \quad ……⑦ \quad (m, n \text{ は互いに素な正の整数})$$

既約分数

> m, n は 1 以外の公約数をもたない。

とおける。⑦ より

$$\sqrt{2}\, m = n$$

この両辺を 2 乗して

$$2m^2 = n^2 \quad ……④$$

④ の左辺は 2 の倍数より，右辺の n^2 も 2 の倍数。よって <u>n は 2 の倍数</u>。

> 「n^2 が 2 の倍数ならば，n は 2 の倍数」は，その対偶「n が 2 の倍数でないならば，n^2 は 2 の倍数でない」が真であることから，間違いないね。

$\therefore n = 2k$ ……⑦ (k：正の整数) とおける。

⑦ を ④ に代入して，

$$2m^2 = (2k)^2 \qquad 2m^2 = 4k^2$$

$\therefore m^2 = 2k^2$ ……⑨

⑨ の右辺が 2 の倍数より，左辺の m^2 も 2 の倍数。

よって，<u>m は 2 の倍数</u>。

以上より，m と n は共に 2 の倍数となって，m と n が互いに素の条件に反する。よって矛盾。

したがって，「$\sqrt{2}$ は無理数である。」 ……(*) は正しい。

$\sqrt{3}$ や $\sqrt{5}$ などが，無理数であることも同様に示せる。

● 実数が，直線を稠密（ちゅうみつ）に連続的に埋めつくす！

有理数と無理数を合わせた実数 R は，数直線上の点に対応させて考える
ことができる。図 1 のように，1 本の
直線上に，…，$-1, 0, 1, 2,$ …と等間
隔に整数を配置して，数直線を作る。

数直線上の異なる数 a, b は，b が a
より右側にあるとき，$a < b$ となって，
大小関係が定まる。

図 1　数直線と実数

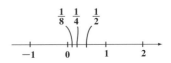

ここで，端点が a, b $(a < b)$ で与えられる変数 x の取り得る値の範囲について，

(i) $a \le x \le b$ のとき，これを "**閉区間**" と呼び，$[a, b]$ で表す。

(ii) $a < x < b$ のとき，これを "**開区間**" と呼び，(a, b) で表す。

これも覚えておいてくれ。ちなみに，区間 $[a, b)$ は，$a \le x < b$ を表すの
も大丈夫だね。

ここで，区間 $[0, 1]$ の中点は $\dfrac{1}{2}$ で，区間 $\left[0, \dfrac{1}{2}\right]$ の中点は $\dfrac{1}{4}$，さらに，
区間 $\left[0, \dfrac{1}{4}\right]$ の中点は，$\dfrac{1}{8}$ が対応する。このように，2 つの有理数を端点と
するどんなに小さな閉区間が与えられても，その中点は必ずまた別の有理
数が対応する。このことから，数直線は有理数のみによってビッシリと埋
めつくされているように思うかも知れないね。

でも，1 対 1 対応を基にした無限集合の考え方からは，有理数の無限集

⌐無限集合の大きさを表す尺度⌐

合よりも無理数の無限集合の方がさらに<u>濃度</u>の大きな無限集合であること
が導かれる。これから，数直線は有理数と有理数の間にさらに，ビッシリと
連続的に無理数が埋めつくされて出来ていると考えられるんだ。

以上より，これから扱う実数の 3 つの性質を下にまとめておく。

■ 実数の性質
(i) 四則演算について閉じている。
(ii) 異なる 2 つの実数の間には，大小関係が存在する。

⌐"ビッシリと"の意味⌐

(iii) 数直線上を連続的に，<u>稠密（ちゅうみつ）</u>に埋めつくす。

● ε−N 論法で，数列の極限を攻略しよう！

一般項 a_n が与えられたとき，その極限 $\lim\limits_{n\to\infty} a_n$ の問題は高校でも既に勉強しているね。でも，数列 $\{a_n\}$ が極限値 α をとることを示す厳密な証明法として，大学の数学では，ε−N 論法をマスターする必要があるんだよ。

> "イプシロン・エヌろんぽう" と読む。

まず，この "ε−N 論法" を下に示す。

■ ε−N 論法

正の数 ε をどんなに小さくしても，ある自然数 N が存在して，

n が $n \geqq N$ ならば，$|a_n - \alpha| < \varepsilon$ となるとき，

$\quad\lim\limits_{n\to\infty} a_n = \alpha$ となる。

これだけでは，なんのことかわからないって？当然だね。ここは，大学の数学を勉強する上で，みんなが最初にひっかかる第 1 の関門だから丁寧に話すよ。

この意味は，正の実数 ε を小さな値，たとえば，$\varepsilon = 0.001$ にとったとしても，ある自然数 N が存在して，数列 $a_1, a_2, \cdots, a_{N-1}, a_N, a_{N+1}, \cdots$ のうち，$n \geqq N$ のもの，すなわち $a_N, a_{N+1}, \cdots$ に対して，α との差 $|a_{\textcircled{n}} - \alpha|$ が，

> $N, N+1, \cdots$

$\varepsilon = 0.001$ より小さく押さえられる，と言っているんだね。

ここで，正の実数 ε は連続性と稠密（ちゅうみつ）性をもつので，これを限りなく 0 に近づけていくことができる。それでも，ある N が存在して，$n \geqq N$ をみたす a_n について，$|a_n - \alpha| < \varepsilon$ が成り立つといっているわけだから，$n \to \infty$ のとき，a_n は α に限りなく近づいて $\lim\limits_{n\to\infty} a_n = \alpha$ と言えるわけだね。納得いった？

それでは，例題でさらに具体的に解説しよう。一般項 a_n が

$a_n = \dfrac{n-1}{n+1}$ $(n = 1, 2, 3, \cdots)$ で与えられたとき，この極限を次のように求めるやり方が，高校までの手法だったんだね。

$$\lim_{n \to \infty} a_n = \lim_{n \to \infty} \frac{n-1}{n+1} = \lim_{n \to \infty} \frac{1 - \overset{0}{\boxed{\dfrac{1}{n}}}}{1 + \underset{0}{\boxed{\dfrac{1}{n}}}}$$

分子・分母を
n で割った！

$$= \frac{1-0}{1+0} \qquad \therefore \lim_{n \to \infty} a_n = 1$$

これを ε-N 論法では，

「正の数 ε をどんなに小さくしても，ある自然数 N が存在して，n が $n \geqq N$ ならば，$|a_n - \underset{\alpha}{\textcircled{1}}| < \varepsilon$ となる。」ことを示さなければならない。

証明は，この式から入るのがコツだ！

　ここでは，$|a_n - 1| < \varepsilon$ に，$a_n = \dfrac{n-1}{n+1}$ を代入して，

$$\left| \frac{n-1}{n+1} - 1 \right| < \varepsilon \qquad \text{これを変形して}$$

$$\left| \frac{\cancel{n}-1-(\cancel{n}+1)}{n+1} \right| = \left| \frac{-2}{n+1} \right| = \frac{2}{n+1}$$

$$\frac{2}{n+1} < \varepsilon \qquad n+1 > \frac{2}{\varepsilon} \qquad \therefore n > \frac{2}{\varepsilon} - 1 \text{ が導ける。}$$

これから，逆にどんなに小さな正の数 ε が与えられても，

$N > \dfrac{2}{\varepsilon} - 1$ 　をみたす N が必ず存在し，$n \geqq N$ とすれば，

$|a_n - 1| < \varepsilon$ が成り立つと言える。

$\therefore \displaystyle\lim_{n \to \infty} a_n = 1$ が証明された！

高校バージョンでも，$\displaystyle\lim_{n \to \infty} \overset{a_n}{\boxed{\dfrac{1}{n}}} = 0$ を，ε-N 論法でキチンと証明すれば厳密な解法になる。だから，今回は，

「正の数 ε をどんなに小さくしても，ある自然数 N が存在して，n が $n \geqq N$ ならば，$\left| \dfrac{1}{n} - \underset{\alpha}{\textcircled{0}} \right| < \varepsilon$ となる。」ことを示せばよい。

14

まず，$\left|\dfrac{1}{n}-0\right|<\varepsilon$ より，$\dfrac{1}{n}<\varepsilon$　　　$\therefore n>\dfrac{1}{\varepsilon}$

よって，逆にどんな小さな正の数 ε が与えられても，

$N>\dfrac{1}{\varepsilon}$ をみたす N が存在し，$n\geqq N$ とすれば，$\left|\dfrac{1}{n}-0\right|<\varepsilon$ が成り立つ。

$\therefore \displaystyle\lim_{n\to\infty}\dfrac{1}{n}=0$ となるので，$\displaystyle\lim_{n\to\infty}a_n=0$ が導けるんだね。

これで，ε-N 論法にも，かなり慣れただろう？ それでは，次に ε-N 論法
で使う論理記号についても説明しよう。表現が簡潔なので，慣れると論理
の流れが明確になってわかりやすいはずだよ。

ε-N 論法の論理記号による表現

$^{\forall}\varepsilon>0,\ \ ^{\exists}N>0$　　s.t.　$n\geqq N \Rightarrow |a_n-\alpha|<\varepsilon$

このとき，$\displaystyle\lim_{n\to\infty}a_n=\alpha$ となる。

　まず，$\forall$，$\exists$ と s.t. の意味をシッカリ頭に入れてくれ。

$\begin{cases} ^{\forall}\text{は “すべての}(all)\text{”，または “任意の}(any)\text{”} \\ ^{\exists}\text{は “存在する}(exist)\text{”} \\ \text{s.t.} \sim \text{は，“} \sim \text{のような}(such\ that)\text{” を表す論理記号だ。} \end{cases}$

これから，上記の表現を直訳すると，

　「任意の正の数 ε に対して，$n\geqq N$ ならば，$|a_n-\alpha|<\varepsilon$ が成り立つよう
な，そんなある自然数 N が存在するとき，$\displaystyle\lim_{n\to\infty}a_n=\alpha$ となる。」

となるんだね。

これを，さらに感情を込めて意訳すると，

　「正の数 ε をどんなに小さくしても，$n\geqq N$ ならば，$|a_n-\alpha|<\varepsilon$ が成り立
つような，そんなある自然数 N が存在するとき，$\displaystyle\lim_{n\to\infty}a_n=\alpha$ となる。」

となるんだよ。

結構，感情がこもってただろう。それでは，演習問題，実践問題で，さら
に練習するといいよ。

15

数列 $\{a_n\}$ が，$a_n = \dfrac{n^2-1}{n^2+1}$ $(n = 1, 2, 3, \cdots)$ で与えられているとき，

$$\lim_{n \to \infty} a_n = 1$$

となることを，ε - N 論法を用いて示せ。

ヒント！ 正の数 ε をどんなに小さくしても，ある自然数 N が存在して，$n \geqq N$ のとき，$|a_n - 1| < \varepsilon$ が成り立つことを示せばいい。

解答 & 解説

$a_n = \dfrac{n^2-1}{n^2+1}$ $(n = 1, 2, 3, \cdots)$ について，

これは $n > N$ でもかまわない。

$^{\forall}\varepsilon > 0, \ ^{\exists}N > 0$ s.t. $n \geqq N \Rightarrow |a_n - 1| < \varepsilon$ となることを示す。

「正の数 ε をどんなに小さくしても，ある自然数 N が存在して，$n \geqq N$ のとき $|a_n - 1| < \varepsilon$ となる」を論理記号で表したもの。

この式からスタートして，n を ε の不等式で表すのがコツだ。

$|a_n - 1| < \varepsilon$ に $a_n = \dfrac{n^2-1}{n^2+1}$ を代入して，

$\left| \dfrac{n^2-1}{n^2+1} - 1 \right| < \varepsilon$ これを変形して，$\dfrac{2}{n^2+1} < \varepsilon$

$\left| \dfrac{n^2-1-(n^2+1)}{n^2+1} \right| = \left| \dfrac{-2}{n^2+1} \right| = \dfrac{2}{n^2+1}$

$\dfrac{2}{\varepsilon} - 1 > 0$ のとき，
$\dfrac{2}{\varepsilon} > 1$
$\therefore \varepsilon < 2$ となる。

$n^2 + 1 > \dfrac{2}{\varepsilon}, \quad n^2 > \dfrac{2}{\varepsilon} - 1$

$\therefore n > \sqrt{\dfrac{2}{\varepsilon} - 1}$ （ただし，$0 < \varepsilon < 2$ とする）

ε は，限りなく小さくなる正の数だから，$\varepsilon < 2$ の条件が付いても影響はない。

よって，2 より小さい正の数 ε がどんなに小さくなっても，自然数 N を $N > \sqrt{\dfrac{2}{\varepsilon} - 1}$ となるようにとると，$n \geqq N$ のとき，$|a_n - 1| < \varepsilon$ となる。

$\therefore \lim_{n \to \infty} a_n = 1$ である。$\cdots\cdots\cdots\cdots\cdots\cdots\cdots\cdots\cdots\cdots\cdots\cdots\cdots$(終)

実践問題 1	● 数列の極限と ε - N 論法（Ⅱ）●

数列 $\{a_n\}$ が，$a_n = \dfrac{2n^2+3}{n^2+1}$ $(n=1, 2, 3, \cdots)$ で与えられているとき，

$$\lim_{n\to\infty} a_n = 2$$

となることを，ε - N 論法を用いて示せ。

ヒント！ ε - N 論法で，$\lim_{n\to\infty} a_n = 2$ を示したかったら，まず，$|a_n - 2| < \varepsilon$ の式から始めて，n を ε の不等式で表すことがコツだ。

解答＆解説

$a_n = \dfrac{2n^2+3}{n^2+1}$ $(n=1, 2, 3, \cdots)$ について，

(ア)

となることを示す。

$|a_n - 2| < \varepsilon$ に，(イ) を代入して

$\left| \dfrac{2n^2+3}{n^2+1} - 2 \right| < \varepsilon$ これを変形して，$\dfrac{1}{n^2+1} < \varepsilon$

$\left| \dfrac{2n^2+3-2(n^2+1)}{n^2+1} \right| = \left| \dfrac{1}{n^2+1} \right| = \dfrac{1}{n^2+1}$

$n^2+1 > \dfrac{1}{\varepsilon}$, $n^2 > \dfrac{1}{\varepsilon} - 1$

$\dfrac{1}{\varepsilon} - 1 > 0$ のとき，$\dfrac{1}{\varepsilon} > 1$ ∴ $\varepsilon < 1$ となる。

∴ $n > $ (ウ) （ただし，$0 < \varepsilon < 1$ とする）

よって，1 より小さい正の数 ε がどんなに小さくなっても，自然数 N を

(エ)

となるようにとると，$n \geq N$ のとき，$|a_n - 2| < \varepsilon$ となる。

∴ $\lim_{n\to\infty} a_n = 2$ である。……………(終)

解答 (ア) $^\forall \varepsilon > 0$, $^\exists N > 0$ s.t. $n \geq N \Rightarrow |a_n - 2| < \varepsilon$ (イ) $a_n = \dfrac{2n^2+3}{n^2+1}$

(ウ) $\sqrt{\dfrac{1}{\varepsilon} - 1}$ (エ) $N > \sqrt{\dfrac{1}{\varepsilon} - 1}$

§2. 正項級数とダランベールの判定法

ε - N 論法は，数列の極限 $\lim\limits_{n \to \infty} a_n$ に関するものだったんだね。今回は，$a_n > 0$ ($n = 1, 2, \cdots$) の数列の無限和，すなわち無限正項級数 $\sum\limits_{n=1}^{\infty} a_n$ の収束・

> "むげんせいこうきゅうすう" と読む。

発散についても調べてみよう。これは，後に出てくるマクローリン展開やテイラー展開とも密接に関係してくるんだよ。

● 無限級数の復習から始めよう！

高校でも無限級数 (数列の無限和) については既に勉強している。典型的なものは，次の 2 つだ。

無限級数の復習

(1) 無限等比級数の和
$$\sum_{n=1}^{\infty} ar^{n-1} = a + ar + ar^2 + \cdots\cdots = \frac{a}{1-r} \qquad (収束条件：-1 < r < 1)$$

(2) 部分分数分解型の簡単な 1 例
$$\sum_{n=1}^{\infty} \frac{1}{n(n+1)} = \frac{1}{1 \cdot 2} + \frac{1}{2 \cdot 3} + \frac{1}{3 \cdot 4} + \cdots\cdots = 1$$

特に (2) については，部分和 $\sum\limits_{n=1}^{m} \dfrac{1}{n(n+1)}$ をまず次のように求める。

$$\sum_{n=1}^{m} \frac{1}{n(n+1)} = \sum_{n=1}^{m} \left(\frac{1}{n} - \frac{1}{n+1} \right)$$

$$= \left(\frac{1}{1} - \frac{1}{2} \right) + \left(\frac{1}{2} - \frac{1}{3} \right) + \left(\frac{1}{3} - \frac{1}{4} \right) + \cdots\cdots + \left(\frac{1}{m} - \frac{1}{m+1} \right) = 1 - \frac{1}{m+1}$$

ここで，$m \to \infty$ として，無限級数の和を，

$$\sum_{n=1}^{\infty} \frac{1}{n(n+1)} = \lim_{m \to \infty} \sum_{n=1}^{m} \frac{1}{n(n+1)} = \lim_{m \to \infty} \left(1 - \boxed{\frac{1}{m+1}}^{\,0} \right) = 1 \quad と求める。$$

　しかし，このように，きれいに無限級数の和が求まるってことは，本当
はめったにないんだよ。たとえば，次の無限級数の和をキミは求められる
だろうか？

(1) $\displaystyle\sum_{n=1}^{\infty} \frac{2^n}{n!}$ 　　　(2) $\displaystyle\sum_{n=1}^{\infty} \frac{n!}{1\cdot3\cdot5\cdot\cdots\cdots(2n-1)}$

　このように，数列がちょっと複雑になると，その無限級数の和は求め
られなくなる。でも，これらの無限級数についても，それが，収束する
か，発散するかについてだけなら，それを判定する方法がいくつかあ
る。ここでは，その有力な手法の1つ，"ダランベールの判定法"につ
いて詳しく解説する。

● ダランベールの判定法は，こんなに簡単だ！

　ここでは，$a_n > 0$ $(n = 1, 2, \cdots)$ の数列の無限和 (無限級数) についての
み調べる。これを，"**無限正項級数**"，または簡単に"**正項級数**"という。
エッ，$a_n < 0$ となる場合はどうするのかって？ その場合は，$|a_n|$ の無限和
を考えれば，これから話す無限級数の収束か発散を同様に判定できる。

　それでは，この正項級数の収束・発散を判定する"**ダランベールの判定法**"
を以下に示すよ。

ダランベールの判定法

　正項級数 $\displaystyle\sum_{n=1}^{\infty} a_n$ について，

　　$\displaystyle\lim_{n\to\infty} \frac{a_{n+1}}{a_n} = r$ のとき，(r は，∞でもかまわない。)

(ⅰ) $0 \leqq r < 1$ ならば，$\displaystyle\sum_{n=1}^{\infty} a_n$ は収束し，

(ⅱ) $1 < r$ 　　　 ならば，$\displaystyle\sum_{n=1}^{\infty} a_n$ は発散する。

$r = 1$ のときは，収束するか，発散するか，これだけでは判定できない。
つまり，"ビミョ〜"ってことだ！

早速，この判定法を使って，先程の無限級数の収束・発散を調べてみよう。

(1) $\displaystyle\sum_{n=1}^{\infty} \boxed{\dfrac{2^n}{n!}}^{\,a_n}$ について，$a_n = \dfrac{2^n}{n!} \ (>0) \quad (n=1,2,\cdots)$ とおく。

正項数列

$$\lim_{n\to\infty}\frac{a_{n+1}}{a_n} = \lim_{n\to\infty}\frac{\dfrac{2^{n+1}}{(n+1)!}}{\dfrac{2^n}{n!}} = \lim_{n\to\infty}\boxed{\dfrac{2^{n+1}}{2^n}}^{\,2} \cdot \boxed{\dfrac{n!}{(n+1)!}}^{\frac{1}{n+1}}$$

$$= \lim_{n\to\infty}\frac{2}{n+1} = \overset{r}{\boxed{0}}$$

∴ ダランベールの判定法により，この無限級数は収束する。 …(答)

(2) $\displaystyle\sum_{n=1}^{\infty} \frac{n!}{1\cdot 3\cdot 5\cdot\cdots\cdots(2n-1)}$ の例題については，演習問題2で解説する。

それでは，ダランベールの判定法で，(i) $0\le r<1$ の場合に，なぜ正項級数が収束するのか，その証明を入れておくよ。

(i) $0\le r<1$ の場合

$\displaystyle\lim_{n\to\infty}\frac{a_{n+1}}{a_n}=r$ のとき，これを ε-N 論法で書き換えると，

$\boxed{{}^{\forall}\varepsilon>0,\ {}^{\exists}N>0 \ \text{ s.t. } \ n\ge N \Rightarrow \left|\dfrac{a_{n+1}}{a_n}-r\right|<\varepsilon}$ となる。

ここで，ε は任意より，$\underline{\varepsilon=\dfrac{1-r}{2}}\ (>0)$ とおいてもいい。すると，

これが，証明のコツ

$n=N, N+1, N+2, \cdots$ のとき，

この部分のみを変形する

$\left|\dfrac{a_{n+1}}{a_n}-r\right|<\dfrac{1-r}{2}$ より，$-\dfrac{1-r}{2}<\boxed{\dfrac{a_{n+1}}{a_n}-r<\dfrac{1-r}{2}}$

$\dfrac{a_{n+1}}{a_n}<r+\dfrac{1-r}{2}=\dfrac{1+r}{2}$

$0\le r<1$ より，
$1\le 1+r<2$
$\therefore \dfrac{1}{2}\le\dfrac{1+r}{2}<1$

ここで，$R=\dfrac{1+r}{2}$ とおくと，$\dfrac{1}{2}\le R<1$

$$\therefore \frac{a_{n+1}}{a_n} < R \quad \left(\frac{1}{2} \leqq R < 1\right)$$

$$a_{n+1} < R\,a_n \quad (n = N, N+1, \cdots)$$

$$\therefore a_{N+m} \leqq \underset{\text{定数}}{\boxed{(a_N)}} \cdot R^m$$

$$(m = 0, 1, 2, \cdots)$$

$\boxed{m=0 \text{ のときも成り立つように等号をつけた！}}$

$$a_{N+1} < R\,a_N$$
$$a_{N+2} < R\,a_{N+1} < R \cdot R\,a_N = R^2 a_N$$
$$a_{N+3} < R\,a_{N+2} < R \cdot R^2 a_N = R^3 a_N$$
$$\cdots\cdots\cdots\cdots\cdots$$
$$\therefore a_{N+m} < R^m \cdot a_N \quad \text{となる。}$$

よって，$\displaystyle\sum_{m=0}^{\infty} a_{N+m} \leqq \boxed{a_N} \sum_{m=0}^{\infty} R^m$

無限等比級数の和
$$1 + R + R^2 + \cdots = \frac{1}{1-R} \left(\because \frac{1}{2} \leqq R < 1\right)$$

これもよく使う定理なんだよ。

$$\sum_{m=0}^{\infty} a_{N+m} \leqq \boxed{\frac{a_N}{1-R}} \quad \text{定数}$$

$\boxed{a_N + a_{N+1} + a_{N+2} + \cdots}$

正項級数が上に "**有界**"（ある正の数以下）のとき，必ず収束する！

正の定数

$$\therefore \sum_{m=0}^{\infty} a_{N+m} = a_N + a_{N+1} + a_{N+2} + \cdots \leqq \boxed{\frac{a_N}{1-R}}$$ となるので，この左辺の無限正項級数は収束する。

これに有限な数列の和 $a_1 + a_2 + \cdots + a_{N-1}$ を加えても，この無限級数は収束する。（有限な値）

$$\therefore \sum_{n=1}^{\infty} a_n = a_1 + a_2 + \cdots + a_{N-1} + a_N + a_{N+1} + \cdots$$
$$= \underset{\text{有限な値}}{a_1 + a_2 + \cdots + a_{N-1}} + \underset{\text{収束}}{\sum_{m=0}^{\infty} a_{N+m}} \quad \text{より，}$$

$0 \leqq r < 1$ のとき，正項級数 $\displaystyle\sum_{n=1}^{\infty} a_n$ は収束する。 ……………………(終)

「はじめに，ナゼ $\varepsilon = \dfrac{1-r}{2}$ とおいたか」だって？ 理由は，

$-\varepsilon < \dfrac{a_{n+1}}{a_n} - r < \varepsilon$ より，$\dfrac{a_{n+1}}{a_n} < \boxed{\varepsilon + r}^{\,R}$ となり，ここで，$R = \varepsilon + r$ とおいて，

$0 < R < 1$ としたかったんだね。よって，$0 < \varepsilon + r < 1$ より $-r < \varepsilon < 1 - r$。

さらに，$0 < \varepsilon$ より $0 < \varepsilon < 1 - r$ をみたすならば，ε は実は $\dfrac{1-r}{2}$ でなくても，

$\dfrac{1-r}{3}$，$\dfrac{1-r}{4}$ など，なんでもよかったんだよ。ナットクいった？

次の正項級数の収束・発散を判定せよ。

$$\sum_{n=1}^{\infty} \frac{n!}{1 \cdot 3 \cdot 5 \cdot \cdots \cdot (2n-1)}$$

ヒント！ 正項級数 $\sum_{n=1}^{\infty} a_n$ の収束・発散は，$\lim_{n \to \infty} \frac{a_{n+1}}{a_n} = r$ を求めて，

（ⅰ）$0 \leqq r < 1$ ならば収束，（ⅱ）$1 < r$ ならば発散，と判定できる。

解答＆解説

正項級数 $\sum_{n=1}^{\infty} \underbrace{\boxed{\frac{n!}{1 \cdot 3 \cdot 5 \cdot \cdots \cdot (2n-1)}}}_{a_n}$ について，

$a_n = \dfrac{n!}{1 \cdot 3 \cdot 5 \cdot \cdots \cdot (2n-1)}$ $(n = 1, 2, 3, \cdots)$ とおくと，

$$\lim_{n \to \infty} \frac{a_{n+1}}{a_n} = \lim_{n \to \infty} \frac{\dfrac{(n+1)!}{1 \cdot 3 \cdot 5 \cdot \cdots \cdot (2n-1) \cdot (2n+1)}}{\dfrac{n!}{1 \cdot 3 \cdot 5 \cdot \cdots \cdot (2n-1)}}$$

$$= \lim_{n \to \infty} \boxed{\frac{(n+1)!}{n!}}^{n+1} \cdot \frac{1 \cdot 3 \cdot 5 \cdot \cdots \cdot (2n-1)}{1 \cdot 3 \cdot 5 \cdot \cdots \cdot (2n-1) \cdot (2n+1)}$$

$$= \lim_{n \to \infty} \frac{n+1}{2n+1} = \lim_{n \to \infty} \frac{1 + \boxed{\dfrac{1}{n}}^{\,0}}{2 + \boxed{\dfrac{1}{n}}_{\,0}} = \boxed{\dfrac{1}{2}}^{\,r}$$

特に指定がなければ，ε-N 論法を使う必要はないよ。

よって，$\lim_{n \to \infty} \dfrac{a_{n+1}}{a_n} = \dfrac{1}{2}$ となって，$0 \leqq \dfrac{1}{2} < 1$。

ゆえに，ダランベールの判定法により，この正項級数は収束する。…………(答)

| 実践問題 2 | ● 正項級数の収束・発散の判定 (II) ● |

次の正項級数の収束・発散を判定せよ。

$$\sum_{n=1}^{\infty} \frac{P^n}{n} \quad (\text{ただし，} P \text{ は，} P>0 \text{ かつ } P \neq 1 \text{ をみたす定数})$$

ヒント！　$\lim_{n \to \infty} \frac{a_{n+1}}{a_n} = P$ となるので，この正項級数の収束・発散は，P の値に依存する。つまり，P による場合分けが必要となるんだね。

解答 & 解説

正項級数 $\sum_{n=1}^{\infty} \frac{P^n}{n}$ について，$a_n = \frac{P^n}{n}$ $(n=1, 2, 3, \cdots)$ とおくと，

$$\lim_{n \to \infty} \boxed{(\mathcal{T})} = \lim_{n \to \infty} \frac{\dfrac{P^{n+1}}{n+1}}{\dfrac{P^n}{n}} = \lim_{n \to \infty} \frac{n}{n+1} \cdot \boxed{\dfrac{P^{n+1}}{P^n} \overset{\parallel}{=} P}$$

$$= \lim_{n \to \infty} \frac{P}{1 + \underbrace{\boxed{\dfrac{1}{n}}}_{0}} = \boxed{(\mathcal{I})}$$

よって，$\lim_{n \to \infty} \frac{a_{n+1}}{a_n} = P$ となる。　ダランベールの判定法により，

$$\begin{cases} (\text{i}) \quad \boxed{(\mathcal{\dot{U}})} \quad \text{のとき，この正項級数は収束する。} \\ \qquad\qquad\qquad\qquad\qquad\qquad\qquad\qquad\qquad \cdots\cdots\cdots\cdots\cdots\cdots(\text{答}) \\ (\text{ii}) \quad \boxed{(\mathcal{I})} \quad \text{のとき，この正項級数は発散する。} \end{cases}$$

解答　(ア) $\dfrac{a_{n+1}}{a_n}$　　(イ) P　　(ウ) $0<P<1$　　(エ) $1<P$

§3. 三角関数と逆三角関数

微分・積分では、さまざまな関数を扱う。これまで、高校でも、三角関数、指数・対数関数など、いろんな関数を勉強してきたけど、今回は、この三角関数と、その逆関数である逆三角関数について詳しく解説しよう。

● まず有理整関数，有理関数から始めよう！

2変数 x と y の間に関係があり、x の値が与えられたとき、それにより y の値が定まるとき、「y は x の関数である」といい、$y = f(x)$ などと表す。そして、x を "独立変数"、y を "従属変数" と呼ぶ。

高校以来最も親しんできた関数は、$y = ax + b\ (a \neq 0)$、$y = ax^2 + bx + c$ $(a \neq 0)$、…… などの1次関数、2次関数、…… だと思う。これらは、一般に "x の n 次関数" として、

$$y = a_0 x^n + a_1 x^{n-1} + \cdots\cdots + a_{n-1} x + a_n \quad (a_0 \neq 0)\ \text{で表すことができる。}$$

これを、"有理整関数" と呼ぶこともある。

> "ゆうりせいかんすう" と読む。

さらに、この x の n 次多項式が分子・分母にくる分数関数：

$$y = \frac{a_0 x^n + a_1 x^{n-1} + \cdots\cdots + a_{n-1} x + a_n}{b_0 x^m + b_1 x^{m-1} + \cdots\cdots + b_{m-1} x + b_m}\ \text{のことを "有理関数" と呼ぶ。}$$

> "ゆうりかんすう" と読む。

■ 有理整関数と有理関数

(1) 有理整関数（n 次関数）

$$y = a_0 x^n + a_1 x^{n-1} + \cdots\cdots + a_{n-1} x + a_n \quad (n：自然数)$$

(2) 有理関数

$$y = \frac{a_0 x^n + a_1 x^{n-1} + \cdots\cdots + a_{n-1} x + a_n}{b_0 x^m + b_1 x^{m-1} + \cdots\cdots + b_{m-1} x + b_m} \quad (m, n：自然数)$$

有理整関数は、単純だけど、マクローリン展開やテイラー展開でも使われる重要な関数だ。そして、無限正項級数とも関連してくるんだよ。

● 三角関数の公式を再チェックしよう！

三角関数は，図1に示す単位円周上の
点 P の座標 (x, y) と，動径 OP の偏角 θ
(単位はラジアン)により，次のように
定義されるんだったね。

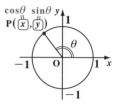

図1 単位円と三角関数

$$\sin\theta = y, \quad \cos\theta = x,$$
$$\tan\theta = \frac{y}{x} \quad (x \neq 0)$$

> π(ラジアン)$=180°$ より
> $\dfrac{\pi}{2}=90°, \quad 2\pi=360°$
> $\dfrac{\pi}{6}=30°$ など

この三角関数には，沢山の公式があるが，大学の数学でも，これらは重
要だから，下にまとめて示す。

三角関数の公式

（I）基本公式

（ⅰ）$\cos^2\theta + \sin^2\theta = 1$ （ⅱ）$\tan\theta = \dfrac{\sin\theta}{\cos\theta}$ （ⅲ）$1 + \tan^2\theta = \dfrac{1}{\cos^2\theta}$

（Ⅱ）加法定理

（ⅰ）$\sin(\alpha \pm \beta) = \sin\alpha\cos\beta \pm \cos\alpha\sin\beta$

（ⅱ）$\cos(\alpha \pm \beta) = \cos\alpha\cos\beta \mp \sin\alpha\sin\beta$　など

（Ⅲ）2倍角の公式

（ⅰ）$\sin 2\theta = 2\sin\theta\cos\theta$ （ⅱ）$\cos 2\theta = 2\cos^2\theta - 1 = 1 - 2\sin^2\theta$

（Ⅳ）半角の公式

（ⅰ）$\sin^2\theta = \dfrac{1 - \cos 2\theta}{2}$ （ⅱ）$\cos^2\theta = \dfrac{1 + \cos 2\theta}{2}$

（Ⅴ）$\tan\theta = t$ とおくと

> この公式は，積分計算のときに有効だ！

（ⅰ）$\sin 2\theta = \dfrac{2t}{1 + t^2}$ （ⅱ）$\cos 2\theta = \dfrac{1 - t^2}{1 + t^2}$ ← t の有理関数

（Ⅵ）3倍角の公式

（ⅰ）$\sin 3\theta = 3\sin\theta - 4\sin^3\theta$ （ⅱ）$\cos 3\theta = 4\cos^3\theta - 3\cos\theta$

（Ⅶ）積→和の公式

（ⅰ）$\sin\alpha\cos\beta = \dfrac{1}{2}\{\sin(\alpha + \beta) + \sin(\alpha - \beta)\}$　など

● 三角関数は，周期関数だ！

　一般に，微分・積分で扱う三角関数 $y = \sin x$, $y = \cos x$, $y = \tan x$ の独立変数（角度）x の単位はラジアンである。これら3つの関数のグラフをまとめて下に示す。

図2　三角関数のグラフ

(i) $y = \sin x$ (ii) $y = \cos x$ (iii) $y = \tan x$

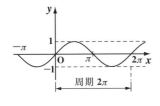 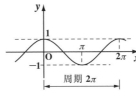 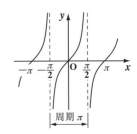

　グラフから，$y = \sin x$ と $y = \cos x$ は周期 2π の，そして，$y = \tan x$ は周期 π の周期関数になっているのがわかるね。

　ここで，$\sin(-x) = -\sin x$, $\cos(-x) = \cos x$, $\tan(-x) = -\tan x$ となるので，$y = \cos x$ は偶関数，$y = \sin x$ と $y = \tan x$ は奇関数になる。何故なら，$f(-x) = f(x)$ が偶関数の定義，$f(-x) = -f(x)$ が奇関数の定義となるからだ。これについても，下にまとめて示しておくよ。

偶関数と奇関数

(I) 偶関数 $y = f(x)$

・定義：$f(-x) = f(x)$

・y 軸に関して対称なグラフになる。

・(ex)　$y = \cos x$, $y = \dfrac{1}{x^2 + 1}$ など

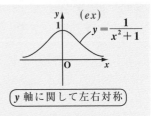

y 軸に関して左右対称

(II) 奇関数 $y = f(x)$

・定義：$f(-x) = -f(x)$

・原点に関して対称なグラフになる。

・(ex)　$y = \sin x$, $y = \tan x$, $y = \dfrac{x}{x^2 + 1}$ など

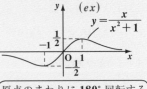

原点のまわりに $180°$ 回転すると元の図形とキレイに重なる。

● 1対1対応には，逆関数がある！

$y = x^2 (y \geqq 0)$ は，放物線を表す関数で，図3(ⅰ)のように，正の数 y_1 に対して，2つの x の値 x_1, x_2 が対応するので，2対1対応の関数と言える。

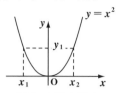

図3(ⅰ) 2対1対応

しかし，これも，<u>定義域</u>を $x \geqq 0$ に

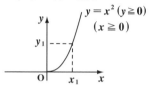

（独立変数 x の取り得る値の範囲のこと）

とると，図3(ⅱ)のように，1つの y_1 に対して，1つの x_1 が対応する，1対1対応になる。

(ⅱ) 1対1対応

一般に，この1対1対応 $y = f(x)$ の x と y を交換して，$x = f(y)$ とし，これを $y = f^{-1}(x)$ の形に変形したとき，$f^{-1}(x)$ を $f(x)$ の "**逆関数**" と呼ぶ。

例として，1対1対応 $y = f(x)$
$= x^2 (x \geqq 0, y \geqq 0)$ に対して x と
y を入れ替えて，

$x = y^2 \qquad (y \geqq 0)$

$\therefore y = f^{-1}(x) = \sqrt{x}$ になる。

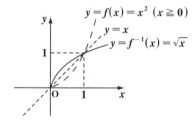

図4 逆関数 $f^{-1}(x)$

（$y \geqq 0$ より，$y = \pm\sqrt{x}$ のうち，$y = -\sqrt{x}$ は適さない。）

$y = f(x)$ とその逆関数 $y = f^{-1}(x)$ は，直線 $y = x$ に関して線対称なグラフになることも覚えておくといい。

■ 逆関数 $f^{-1}(x)$ の求め方

1対1対応 $y = f(x)$ について

$$y = f(x) \xleftarrow{\quad\quad} x = f(y)$$

x と y を入れ替える

これを $y = f^{-1}(x)$ の形に変形する

（$y = f(x)$ と $y = f^{-1}(x)$ は，直線 $y = x$ に関して対称なグラフになる）

● 逆三角関数は，三角関数の逆関数だ！

$y = \sin x$ は，1つの y の値 $(-1 \leqq y \leqq 1)$ に対して，無数の x の値が対応するので，1対1対応ではないけれど，これも定義域を

$-\dfrac{\pi}{2} \leqq x \leqq \dfrac{\pi}{2}$ に指定すると，図5のように1対1対応になる。

図5 $y = \sin x$ $\left(-\dfrac{\pi}{2} \leqq x \leqq \dfrac{\pi}{2}\right)$
$(-1 \leqq y \leqq 1)$

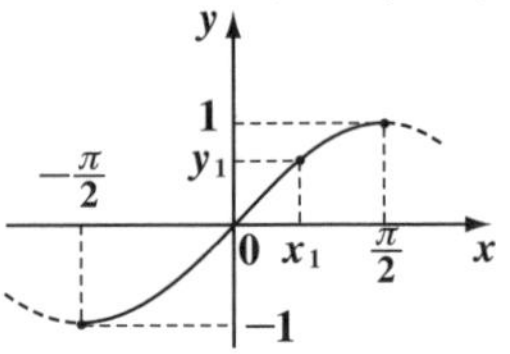

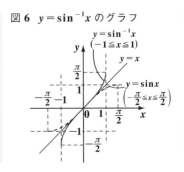

$$y = \sin x \quad \left(-\dfrac{\pi}{2} \leqq x \leqq \dfrac{\pi}{2}, -1 \leqq y \leqq 1\right)$$

したがって，$\sin x$ の逆関数は，この x と y を入れ替えて，

$x = \sin y$ …………① $\left(-\dfrac{\pi}{2} \leqq y \leqq \dfrac{\pi}{2}, -1 \leqq x \leqq 1\right)$ となる。

この①を，$y = (x \text{ の式})$ の形に変形して，

$y = \underline{\sin^{-1} x}$ ………② $\left(-1 \leqq x \leqq 1, -\dfrac{\pi}{2} \leqq y \leqq \dfrac{\pi}{2}\right)$ となる。

（"アーク・サイン x"と読む。$arc\sin x$ と表記してもいい。）

この $y = \sin^{-1} x$ を，"逆正弦関数"と呼ぶ。

$\sin^{-1} x$ は，$\sin x$ の逆関数のことで，$\sin x$ の逆数 $\dfrac{1}{\sin x}$ ではない。

①と②は，まったく同じ式なんだよ。

以上をまとめると，次のようになる。

1対1対応
$y = \sin x$ ←— x と y を入れ替える —→ $x = \sin y$

$\begin{pmatrix} -\dfrac{\pi}{2} \leqq x \leqq \dfrac{\pi}{2} \\ -1 \leqq y \leqq 1 \end{pmatrix}$ これを変形して，$y = \sin^{-1} x$ $\begin{pmatrix} -1 \leqq x \leqq 1 \\ -\dfrac{\pi}{2} \leqq y \leqq \dfrac{\pi}{2} \end{pmatrix}$

図6 $y = \sin^{-1} x$ のグラフ

$y = \sin x$ と $y = \sin^{-1} x$ は逆関数の関係なので，当然直線 $y = x$ に関して線対称なグラフになる。その様子を図6に示す。

同様に, $y = \cos x \ (0 \leqq x \leqq \pi, \ -1 \leqq y \leqq 1)$, $y = \tan x \left(-\dfrac{\pi}{2} < x < \dfrac{\pi}{2} \right)$ はいずれも 1 対 1 対応となるので, それぞれの逆関数 $y = \underline{\cos^{-1}x}$, $y = \underline{\tan^{-1}x}$

（"アーク・コサイン x" と読む。）　（"アーク・タンジェント x" と読む。）

が定義できるんだね。$y = \cos^{-1}x$ を **"逆余弦関数"**, $y = \tan^{-1}x$ を **"逆正接関数"** と呼ぶ。まとめて下に示すよ。

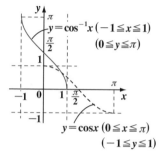

図7　$y = \cos^{-1}x$ のグラフ

1 対 1 対応

$$y = \cos x \ \left(\begin{array}{l} 0 \leqq x \leqq \pi \\ -1 \leqq y \leqq 1 \end{array} \right) \quad \xleftrightarrow[\text{れ替える}]{x \text{と} y \text{を入}} \quad x = \cos y$$

これを変形して,
$$y = \cos^{-1}x$$
$$\left(\begin{array}{l} -1 \leqq x \leqq 1 \\ 0 \leqq y \leqq \pi \end{array} \right)$$

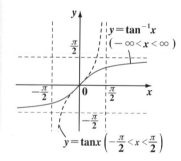

図8　$y = \tan^{-1}x$ のグラフ

1 対 1 対応

$$y = \tan x \ \left(\begin{array}{l} -\dfrac{\pi}{2} < x < \dfrac{\pi}{2} \\ -\infty < y < \infty \end{array} \right) \quad \xleftrightarrow[\text{れ替える}]{x \text{と} y \text{を入}} \quad x = \tan y$$

これを変形して,
$$y = \tan^{-1}x$$
$$\left(\begin{array}{l} -\infty < x < \infty \\ -\dfrac{\pi}{2} < y < \dfrac{\pi}{2} \end{array} \right)$$

ちなみに, $\cos^{-1}x \neq \dfrac{1}{\cos x}$, $\tan^{-1}x \neq \dfrac{1}{\tan x}$ であることも肝に銘じてくれ。逆三角関数は, 三角関数の逆数ではないんだよ。この三角関数の逆数については, それぞれ次のように別の記号で表す。

$$\dfrac{1}{\sin x} = \underline{\mathrm{cosec}\, x},$$

（"コセカント x" と読む。）

$$\dfrac{1}{\cos x} = \underline{\sec x},$$

（"セカント x" と読む。）

$$\dfrac{1}{\tan x} = \underline{\cot x}$$

（"コタンジェント x" と読む。）

それでは，逆三角関数の具体的な計算練習をしておこう。次の逆三角関数の値を求めてごらん。

(1) $\sin^{-1}\dfrac{1}{\sqrt{2}}$ **(2)** $\cos^{-1}\dfrac{1}{2}$ **(3)** $\tan^{-1}(-1)$

解答は，次の通りだ。

(1) $\sin^{-1}\dfrac{1}{\sqrt{2}}=\alpha$ $\left(-\dfrac{\pi}{2}\leqq\alpha\leqq\dfrac{\pi}{2}\right)$ とおくと，

$\boxed{\text{同値な式}}$

$\underset{\nearrow}{\sin\alpha}=\dfrac{1}{\sqrt{2}}$ より， $\alpha=\dfrac{\pi}{4}$ $\therefore \sin^{-1}\dfrac{1}{\sqrt{2}}=\dfrac{\pi}{4}$

(2) $\cos^{-1}\dfrac{1}{2}=\beta$ $(0\leqq\beta\leqq\pi)$ とおくと，

$\cos\beta=\dfrac{1}{2}$ より， $\beta=\dfrac{\pi}{3}$ $\therefore \cos^{-1}\dfrac{1}{2}=\dfrac{\pi}{3}$

(3) $\tan^{-1}(-1)=\gamma$ $\left(-\dfrac{\pi}{2}<\gamma<\dfrac{\pi}{2}\right)$ とおくと，

$\tan\gamma=-1$ より， $\gamma=-\dfrac{\pi}{4}$ $\therefore \tan^{-1}(-1)=-\dfrac{\pi}{4}$ となる。

どう，逆三角関数の計算にも慣れた？ 逆三角関数の値というのは，角のことなんだね。だから，

$\cos(\underset{}{\tan^{-1}\sqrt{3}})=\dfrac{1}{2}$ となるんだね。ナゼって？ $\tan\dfrac{\pi}{3}=\sqrt{3}$ より

$\boxed{\text{角のこと}}$

$\tan^{-1}\sqrt{3}=\dfrac{\pi}{3}$ だろ。これから，$\cos(\tan^{-1}\sqrt{3})=\cos\dfrac{\pi}{3}=\dfrac{1}{2}$ となるんだね。

　慣れると，計算もどんどん速くなるよ。それでは，ちょっと本格的な例題で練習してみよう。

$\sin^{-1}x + \sin^{-1}(-x) = 0$ ………(＊) $(-1 \leqq x \leqq 1)$ が成り立つことを示してみよう。

まず，$\underline{\sin^{-1}x = \alpha}$ ………① $\left(-\dfrac{\pi}{2} \leqq \alpha \leqq \dfrac{\pi}{2}\right)$ とおくよ。

①より，$x = \sin\alpha$

この両辺に -1 をかけて，

$-x = -\sin\alpha$

$-x = \sin(-\alpha)$

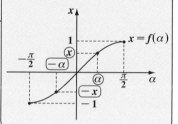

$x = f(\alpha) = \sin\alpha$ $\left(-\dfrac{\pi}{2} \leqq \alpha \leqq \dfrac{\pi}{2}\right)$
とおくと，$f(\alpha)$ は，$-\dfrac{\pi}{2} \leqq \alpha \leqq \dfrac{\pi}{2}$
における奇関数より，
　$x = f(\alpha)$ ならば，
　$-x = f(-\alpha)$ となる。
$\therefore -x = \sin(-\alpha)$

$-\sin\alpha$ は，$\sin(\alpha \pm \pi)$ などさまざまな表現ができるが，今回は右図より，明らかに $-\sin\alpha = \sin(-\alpha)$ となる。$\left(\because -\dfrac{\pi}{2} \leqq -\alpha \leqq \dfrac{\pi}{2}\right)$

よって，

$\underline{\underline{\sin^{-1}(-x)}} = -\alpha$ ……②

以上①，②より，

$\underline{\underline{\sin^{-1}x}} + \underline{\underline{\sin^{-1}(-x)}} = \underline{\underline{\alpha}} + \underline{\underline{(-\alpha)}} = 0$

$\therefore \sin^{-1}x + \sin^{-1}(-x) = 0$ ………(＊) は成り立つ。………………(終)

● 逆正接関数の和（Ⅰ）●

$\tan^{-1}\dfrac{1}{2}+\tan^{-1}\dfrac{1}{3}$ の値を求めよ。

ヒント！ $\tan^{-1}\dfrac{1}{2}=\alpha$, $\tan^{-1}\dfrac{1}{3}=\beta$ とおいて，$\tan(\alpha+\beta)$ の値を，加法定理から求めるといい。

解答＆解説

$\tan^{-1}\dfrac{1}{2}+\tan^{-1}\dfrac{1}{3}$ について

$$\begin{cases} \tan^{-1}\dfrac{1}{2}=\alpha \ \cdots\cdots① \quad \left(-\dfrac{\pi}{2}<\alpha<\dfrac{\pi}{2}\right) \\ \tan^{-1}\dfrac{1}{3}=\beta \ \cdots\cdots② \quad \left(-\dfrac{\pi}{2}<\beta<\dfrac{\pi}{2}\right) \end{cases}$$ とおくと，

$$\begin{cases} ①より, \ \tan\alpha=\dfrac{1}{2} \ \cdots\cdots①' \left(\tan\alpha>0 \ より, \ 0<\alpha<\dfrac{\pi}{2}\right) \\ ②より, \ \tan\beta=\dfrac{1}{3} \ \cdots\cdots②' \left(\tan\beta>0 \ より, \ 0<\beta<\dfrac{\pi}{2}\right) \end{cases}$$

ここで，

$$\tan(\alpha+\beta)=\frac{\tan\alpha+\tan\beta}{1-\tan\alpha\tan\beta}=\frac{\dfrac{1}{2}+\dfrac{1}{3}}{1-\dfrac{1}{2}\cdot\dfrac{1}{3}}=\frac{\dfrac{5}{6}}{\dfrac{5}{6}}=1 \quad (①', ②' より)$$

また，$0<\alpha<\dfrac{\pi}{2}$, $0<\beta<\dfrac{\pi}{2}$ より $0<\alpha+\beta<\pi$

以上より，$\tan(\alpha+\beta)=1 \quad (0<\alpha+\beta<\pi)$

よって，$\alpha+\beta=\dfrac{\pi}{4}$ $\cdots\cdots③$

①，②を③に代入して，$\tan^{-1}\dfrac{1}{2}+\tan^{-1}\dfrac{1}{3}=\dfrac{\pi}{4}$ $\cdots\cdots\cdots\cdots\cdots\cdots$(答)

実践問題 3　　　　● 逆正接関数の和 (Ⅱ) ●

$\tan^{-1}2 + \tan^{-1}3$ の値を求めよ。

ヒント！　$\tan^{-1}2 = \alpha$, $\tan^{-1}3 = \beta$ とおいて，$\tan(\alpha + \beta)$ の値を加法定理で求め，$\alpha + \beta$ の取り得る範囲に気をつけて，$\alpha + \beta$ の値を求める。

解答&解説

$\tan^{-1}2 + \tan^{-1}3$ について

$$\begin{cases} \tan^{-1}2 = \alpha \quad \cdots\cdots① \quad \left(-\dfrac{\pi}{2} < \alpha < \dfrac{\pi}{2}\right) \\[2mm] \tan^{-1}3 = \beta \quad \cdots\cdots② \quad \left(-\dfrac{\pi}{2} < \beta < \dfrac{\pi}{2}\right) \quad とおくと, \end{cases}$$

$$\begin{cases} ①より, \tan\alpha = 2 \quad \cdots\cdots①' \left(\tan\alpha > 0 \ より, \boxed{(ア)\qquad}\right) \\[2mm] ②より, \tan\beta = 3 \quad \cdots\cdots②' \left(\tan\beta > 0 \ より, \boxed{(イ)\qquad}\right) \end{cases}$$

ここで，

$$\tan(\alpha + \beta) = \frac{\tan\alpha + \tan\beta}{1 - \tan\alpha\tan\beta} = \boxed{(ウ)}$$

また，$0 < \alpha < \dfrac{\pi}{2}$, $0 < \beta < \dfrac{\pi}{2}$ より　$\boxed{(エ)\qquad}$

以上より，$\tan(\alpha + \beta) = -1 \quad (0 < \alpha + \beta < \pi)$

よって，$\alpha + \beta = \dfrac{3}{4}\pi \quad \cdots\cdots③$

①，②を③に代入して，$\tan^{-1}2 + \tan^{-1}3 = \boxed{(オ)\qquad}$ ………………(答)

....

解答　(ア)　$0 < \alpha < \dfrac{\pi}{2}$　　　　(イ)　$0 < \beta < \dfrac{\pi}{2}$　　　　(ウ)　$\dfrac{2+3}{1-2\cdot3} = \dfrac{5}{-5} = -1$

(エ)　$0 < \alpha + \beta < \pi$　　　(オ)　$\dfrac{3}{4}\pi$

§4. 指数・対数関数と双曲線関数

前回に引き続き，今回も関数がテーマだ。指数関数・対数関数については，高校でも詳しく勉強したと思うけれど，さらに双曲線関数についても解説する。

また，媒介変数表示された曲線や，極座標についても話すよ。

● ネイピア数 e の意味は，これだ！

指数関数 $y = a^x$ ($a > 0$ かつ $a \neq 1$) のグラフは，この指数関数の底 a の値の範囲により，次の2通りに分類できる。

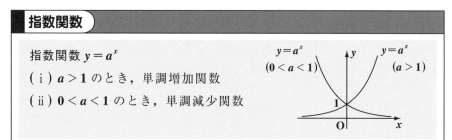

指数関数

指数関数 $y = a^x$

（ i ） $a > 1$ のとき，単調増加関数

（ ii ） $0 < a < 1$ のとき，単調減少関数

$$y = a^x \quad (0 < a < 1) \qquad y = a^x \quad (a > 1)$$

一般に，微分・積分でよく出てくる指数関数は，$y = e^x$ で，この底 e は "**ネイピア数**" と呼ばれる。高校の数学でも，この e は関数の極限のところで，$\displaystyle\lim_{x \to \pm\infty} \left(1 + \frac{1}{x}\right)^x = e$ で定義される数として顔を出していたはずだ。この関数の極限が，どのようにして導き出されるかは，"微分係数" のところで詳しく解説するけれども，今は，このネイピア数 e の元々の意味を知ってくれたらいいと思う。

図1 $y = 2^x$, $y = e^x$, $y = 3^x$ のグラフ

（ i ） $y = 2^x$ 　　　　（ ii ） $y = e^x$ 　　　　（ iii ） $y = 3^x$

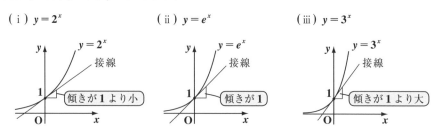

　指数関数 $y = a^x$ $(a > 0)$ の点 $(0, 1)$ における接線の傾きについて調べると，図 1(i) の $y = 2^x$ の接線の傾きは 1 より小さく，(iii) の $y = 3^x$ の接線の傾きは，逆に 1 より大きくなる。したがって，この底 2 と 3 の間で，その接線の傾きが丁度 1 となるようなものが存在するはずであり，その底の値がネイピア数 e なんだ。今は，このことを頭に入れておいてくれたら十分だ。

● 指数関数の逆関数が対数関数だ！

　指数関数 $y = a^x$ $(a > 0$ かつ $a \neq 1)(y > 0)$ は，1 対 1 対応なので，その逆関数が存在する。この逆関数が対数関数 $y = \log_a x$ となる。

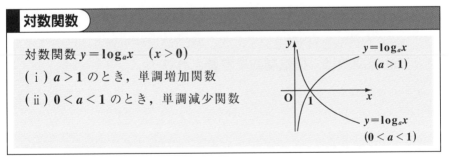

指数関数 $y = a^x$
$(a > 0$ かつ $a \neq 1)$
$(y > 0)$
　　　←　x と y を入れ替える
$x = a^y$ $(x > 0)$
これを変形して
対数関数 $y = \log_a x$
$(a > 0$ かつ $a \neq 1)$

　対数関数も，底 a の値の範囲により，2 通りに分類できる。

対数関数

対数関数 $y = \log_a x$ $(x > 0)$

(i) $a > 1$ のとき，単調増加関数

(ii) $0 < a < 1$ のとき，単調減少関数

$y = \log_a x$
$(a > 1)$

$y = \log_a x$
$(0 < a < 1)$

　特に，底 e (ネイピア数) の対数関数 $y = \log_e x$ を，"**自然対数関数**" と呼び，$y = \log x$ と表す。

$y = \log x$ は，$y = e^x$ の逆関数だから，図 2 に示すように，この曲線上の点 $(1, 0)$ における接線の傾きは，1 となるよ。

図 2　自然対数関数

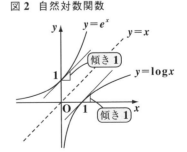

$y = e^x$
$y = x$
傾き 1
$y = \log x$
傾き 1

それでは，指数計算・対数計算の公式を下にまとめて示すから，これらも頭に入れてくれ。すべて，微分・積分でも利用する重要な基本公式だ。

指数計算の基本公式

(1) $a^0 = 1$　　(2) $a^1 = a$　　(3) $a^p \times a^q = a^{p+q}$

(4) $(a^p)^q = a^{p \times q}$　　(5) $a^{-p} = \dfrac{1}{a^p}$　　(6) $a^{\frac{1}{m}} = \sqrt[m]{a}$

(7) $a^{\frac{n}{m}} = \sqrt[m]{a^n}$　　(8) $(ab)^p = a^p b^p$　　(9) $\left(\dfrac{b}{a}\right)^p = \dfrac{b^p}{a^p}$

（ただし，$a > 0$，p, q：有理数，m, n：自然数，$m \geq 2$）

対数計算の基本公式

(1) $\log_a 1 = 0$　　　　　　(2) $\log_a a = 1$

(3) $\log_a xy = \log_a x + \log_a y$　　(4) $\log_a \dfrac{y}{x} = \log_a y - \log_a x$

(5) $\log_a x^p = p \log_a x$　　　(6) $\log_a x = \dfrac{\log_b x}{\log_b a}$

（ただし，$a > 0$ かつ $a \neq 1$，$b > 0$ かつ $b \neq 1$，$x > 0, y > 0$，p：実数）

● 双曲線関数は，指数関数で定義される！

数学史上最も美しい公式と言われているオイラーの公式を下に示す。

$$e^{i\theta} = \cos\theta + i\sin\theta \quad \cdots\cdots\cdots ① \quad （ただし，i = \sqrt{-1}）$$

こんなにシンプルに，指数関数，三角関数，虚数単位がまとめられるのだから，驚きだね。これは，形式的に指数関数や三角関数のマクローリン展開から簡単に導くことができる。これについては，後で詳しく解説するつもりだ。

ここで，オイラーの公式を持ち出した理由は，①の θ に $-\theta$ を代入することにより，三角関数をすべて，$e^{i\theta}$ と $e^{-i\theta}$ で表すことが出来るからなんだ。

注意
オイラーの公式は，正確には複素指数関数の定義式から導けるんだね。
興味のある方は「**複素関数キャンパス・ゼミ**」で学習されることを勧める。

①の両辺の θ に $-\theta$ を代入すると，

$$e^{-i\theta} = \underbrace{\cos(-\theta)}_{\boxed{\cos\theta}} + i\underbrace{\sin(-\theta)}_{\boxed{-\sin\theta}}$$

$$e^{-i\theta} = \cos\theta - i\sin\theta \quad \cdots\cdots② $$

①＋②より $\quad e^{i\theta} + e^{-i\theta} = 2\cos\theta \qquad \therefore \cos\theta = \dfrac{e^{i\theta} + e^{-i\theta}}{2}$

①－②より $\quad e^{i\theta} - e^{-i\theta} = 2i\sin\theta \qquad \therefore \sin\theta = \dfrac{e^{i\theta} - e^{-i\theta}}{2i}$

$$\tan\theta = \frac{\sin\theta}{\cos\theta} = \frac{\dfrac{e^{i\theta} - e^{-i\theta}}{2i}}{\dfrac{e^{i\theta} + e^{-i\theta}}{2}} = \frac{e^{i\theta} - e^{-i\theta}}{i(e^{i\theta} + e^{-i\theta})} \qquad \therefore \tan\theta = \frac{e^{i\theta} - e^{-i\theta}}{i(e^{i\theta} + e^{-i\theta})}$$

これらの公式の $e^{i\theta}$ と $e^{-i\theta}$ を，それぞれ e^x と e^{-x} で置き換えて，**"双曲線関数"** が次のように定義される。

双曲線関数

（ⅰ）$\cosh x = \dfrac{e^x + e^{-x}}{2}$　（ⅱ）$\sinh x = \dfrac{e^x - e^{-x}}{2}$　（ⅲ）$\tanh x = \dfrac{e^x - e^{-x}}{e^x + e^{-x}}$

"ハイパボリック・コサイン x" と読む。 "ハイパボリック・サイン x" と読む。 "ハイパボリック・タンジェント x" と読む。

これら双曲線関数は，その定義式が三角関数のものと似ているけど，三角関数とはまったく無縁の関数なんだよ。

図3　双曲線関数のグラフ

（ⅰ）$y = \cosh x$ 　　　　（ⅱ）$y = \sinh x$ 　　　　（ⅲ）$y = \tanh x$

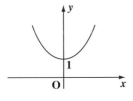 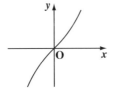 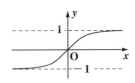

この双曲線関数にも，三角関数と似た次のような加法定理がある。三角関数の加法定理と比べて $\oplus$，$\ominus$ の符号に注意しよう。

双曲線関数の加法定理

（Ⅰ）$\cosh(x \pm y) = \cosh x \cdot \cosh y \pm \sinh x \cdot \sinh y$

（Ⅱ）$\sinh(x \pm y) = \sinh x \cdot \cosh y \pm \cosh x \cdot \sinh y$

（Ⅲ）$\tanh(x \pm y) = \dfrac{\tanh x \pm \tanh y}{1 \pm \tanh x \cdot \tanh y}$

（符号はすべて複号同順）

ここでは，（Ⅰ）$\cosh(x+y) = \cosh x \cdot \cosh y + \sinh x \cdot \sinh y$ …($*$)
が成り立つことを示してみよう。複雑な($*$)の右辺を変形して単純な($*$)
の左辺を導けばいいね。

($*$)の右辺 $= \underbrace{\cosh x}_{\frac{e^x + e^{-x}}{2}} \cdot \underbrace{\cosh y}_{\frac{e^y + e^{-y}}{2}} + \underbrace{\sinh x}_{\frac{e^x - e^{-x}}{2}} \cdot \underbrace{\sinh y}_{\frac{e^y - e^{-y}}{2}}$

$= \dfrac{1}{4}(e^x + e^{-x})(e^y + e^{-y}) + \dfrac{1}{4}(e^x - e^{-x})(e^y - e^{-y})$

$= \dfrac{1}{4}(e^{x+y} + e^{x-y} + e^{-x+y} + e^{-x-y} + e^{x+y} - e^{x-y} - e^{-x+y} + e^{-x-y})$

$= \dfrac{1}{4}\left(2e^{x+y} + 2e^{-(x+y)}\right)$

$= \dfrac{e^{x+y} + e^{-(x+y)}}{2} = \cosh(x+y) = (*)$の左辺

となって，($*$)の公式が成り立つことがわかるね。
他の公式についても，成り立つことを自分で確認しておくといい。

● 陰関数表示の曲線もある！

これまで，関数として，$y = f(x)$ の形のものを考えてきたが，この形の
関数を "**陽関数** (ようかんすう)" という。そして，この形をとらない x と
y の入り組んだ形の関数を "**陰関数** (いんかんすう)" という。

　簡単な例では，円の方程式 $x^2 + y^2 = r_1{}^2$ $(r_1 > 0)$ が陰関数だ。でも，これを変形して，$y = \sqrt{r_1{}^2 - x^2}$　または　$y = -\sqrt{r_1{}^2 - x^2}$ とすると，これは $y = f(x)$ の形式なので，陽関数なんだね。円以外の主な陰関数を示す。

・だ円：$\dfrac{x^2}{a^2} + \dfrac{y^2}{b^2} = 1$　$(a > 0,\ b > 0)$

・アステロイド曲線：$x^{\frac{2}{3}} + y^{\frac{2}{3}} = a^{\frac{2}{3}}$　$(a > 0)$

・放物線：$\sqrt{x} + \sqrt{y} = \sqrt{a}$　　$(a > 0)$

● 媒介変数表示の曲線にも慣れよう！

　媒介変数 θ を使って，曲線を表すこともできる。この場合，方程式の形は

$$\begin{cases} x = f(\theta) \\ y = g(\theta) \quad (\theta：媒介変数) \end{cases} \text{のようになる。}$$

媒介変数表示された曲線として，よく使われるものを下に示すよ。

・円：$x = r_1\cos\theta,\ y = r_1\sin\theta$　　$(r_1 > 0)$

・だ円：$x = a\cos\theta,\ y = b\sin\theta$　　$(a > 0,\ b > 0)$　◁ ┤ $a = b$ のとき円となる。

・アステロイド曲線：$x = a\cos^3\theta,\ y = a\sin^3\theta$　　$(a > 0)$

・放物線：$x = a\cos^4\theta,\ y = a\sin^4\theta$　　$\left(a > 0,\ 0 \leqq \theta \leqq \dfrac{\pi}{2}\right)$

・サイクロイド曲線：$x = a(\theta - \sin\theta),\ y = a(1 - \cos\theta)$　　$(a > 0)$

・らせん：$x = e^{a\theta} \cdot \cos\theta,\ y = e^{a\theta} \cdot \sin\theta$　$(a：実数)$

　円，だ円，アステロイド曲線，放物線はすべて，陰関数でも表される曲線なんだね。この変形のコツは，基本公式 $\cos^2\theta + \sin^2\theta = 1$ にもち込むことだ。たとえば，円：$x = r_1\cos\theta,\ y = r_1\sin\theta$ より，この 2 式の両辺を 2 乗して，

$$x^2 = r_1{}^2\cos^2\theta \ \cdots\cdots ⑦ \qquad y^2 = r_1{}^2\sin^2\theta \ \cdots\cdots ④$$

ここで，⑦ ＋ ④ より，$x^2 + y^2 = r_1{}^2(\overset{1}{\boxed{\cos^2\theta + \sin^2\theta}}) = r_1{}^2$ となる。

放物線：$x = a\cos^4\theta,\ y = a\sin^4\theta$ より，この 2 式の正の平方根をとって，

$$\sqrt{x} = \sqrt{a} \cdot \cos^2\theta \ \cdots\cdots ⑦ \qquad \sqrt{y} = \sqrt{a} \cdot \sin^2\theta \ \cdots\cdots ㋤ \quad \left(0 \leqq \theta \leqq \dfrac{\pi}{2}\right)$$

⑦ ＋ ㋤ より，$\sqrt{x} + \sqrt{y} = \sqrt{a}(\overset{1}{\boxed{\cos^2\theta + \sin^2\theta}}) = \sqrt{a}$ が導ける。

● 極方程式による曲線も重要だ！

図4のように，xy座標系上の点
$P(x, y)$は，極座標系でも示せる。

極座標では，Oを"**極**"，半直線
OXを"**始線**"，OPを"**動径**"，そ
してθを"**偏角**"という。点$P(x, y)$
を極座標では，極Oからの距離rと，

> これは，$\ominus$もあり得る！

偏角θによって，$P(r, \theta)$と表す。

右に(x, y)と(r, θ)の変換公式を
示すよ。

この極座標系を，空間座標にま
で拡張すると円筒座標系になる。
図5に，xyz座標系と，この円筒座
標系を対比して示した。

図4　xy座標と極座標
（ⅰ）xy座標系　　（ⅱ）極座標系

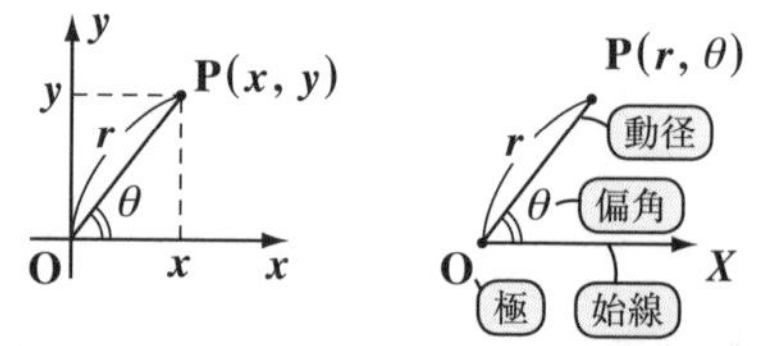

(x, y)と(r, θ)の変換公式

（Ⅰ）$\begin{cases} x = r\cos\theta \\ y = r\sin\theta \\ x^2 + y^2 = r^2 \end{cases}$ （Ⅱ）$\begin{cases} r = \sqrt{x^2 + y^2} \\ \theta = \tan^{-1}\dfrac{y}{x} \end{cases}$

図5　xyz座標と円筒座標
（ⅰ）xyz座標系　　（ⅱ）円筒座標系

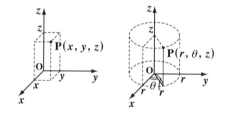

極座標で表される点$P(r, \theta)$のrとθの関係式を"**極方程式**"という。
この極方程式で表される典型的な曲線を以下に示すよ。

・円：$r = r_1$

> $r^2 = r_1{}^2$より$x^2 + y^2 = r_1{}^2$の円

・直線：$\theta = \theta_1$

> $\tan^{-1}\dfrac{y}{x} = \theta_1$より$y = (\tan\theta_1)x = mx$

・らせん：$r = e^{a\theta}$　（a：実数）

・三葉線：$r = a\sin3\theta$　　（$a > 0$）

・四葉線：$r = a\cos2\theta$　　（$a > 0$）

・カージオイド（心臓形）：$r = a(1 + \cos\theta)$　　（$a > 0$）

これまでに示した主要な曲線のグラフを下にまとめて示す。

主な曲線

1. アステロイド曲線
$$x^{\frac{2}{3}}+y^{\frac{2}{3}}=a^{\frac{2}{3}}$$

または

$$\begin{cases} x=a\cos^3\theta \\ y=a\sin^3\theta \quad (a>0) \end{cases}$$

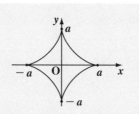

2. 放物線
$$\sqrt{x}+\sqrt{y}=\sqrt{a} \quad (a>0)$$

または

$$\begin{cases} x=a\cos^4\theta \\ y=a\sin^4\theta \quad \left(0\leqq\theta\leqq\dfrac{\pi}{2}\right) \end{cases}$$

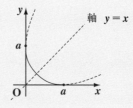

3. サイクロイド曲線
$$\begin{cases} x=a\,(\theta-\sin\theta) \\ y=a\,(1-\cos\theta) \quad (a>0) \end{cases}$$

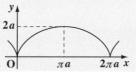

4. らせん
$$\begin{cases} x=e^{a\theta}\cos\theta \\ y=e^{a\theta}\sin\theta \end{cases}$$

または

$$r=e^{a\theta} \quad (\text{極方程式})$$

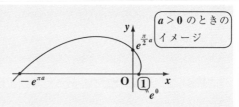

5. 極方程式

（ⅰ）三葉線
$$r=a\sin3\theta$$

（ⅱ）四葉線
$$r=a\cos2\theta$$

（ⅲ）カージオイド（心臓形）
$$r=a(1+\cos\theta)$$

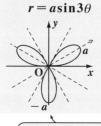
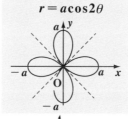
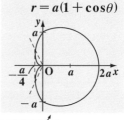

なぜこうなるのか？ r と θ の関係から自分で考えるといいよ。

（注意 1. 2. 3. の θ は，偏角ではない。）

41

数列 $\{a_n\}$ が, $a_n = \dfrac{3 \cdot 2^n + 2}{2^n + 1}$ $(n = 1, 2, 3, \cdots)$ で与えられているとき, $\displaystyle\lim_{n \to \infty} a_n = 3$ となることを, ε-N 論法を用いて示せ。

ヒント！ また, ここで, ε-N 論法の練習をしておこう。 $|a_n - 3| < \varepsilon$ の式から始めるんだったね。 今回は, 対数関数も使う。

解答 & 解説

$a_n = \dfrac{3 \cdot 2^n + 2}{2^n + 1}$ $(n = 1, 2, 3, \cdots)$ について,

$^\forall \varepsilon > 0,\ ^\exists N > 0$ s.t. $n \geqq N \Rightarrow |a_n - 3| < \varepsilon$ となることを示す。

$|a_n - 3| < \varepsilon$ に, $a_n = \dfrac{3 \cdot 2^n + 2}{2^n + 1}$ を代入して

$\left| \dfrac{3 \cdot 2^n + 2}{2^n + 1} - 3 \right| < \varepsilon$ これを変形して, $\dfrac{1}{2^n + 1} < \varepsilon$

$\left| \dfrac{3 \cdot 2^n + 2 - 3 \cdot (2^n + 1)}{2^n + 1} \right| = \left| \dfrac{-1}{2^n + 1} \right| = \dfrac{1}{2^n + 1}$

$2^n + 1 > \dfrac{1}{\varepsilon}, \quad 2^n > \dfrac{1}{\varepsilon} - 1$

$\therefore n > \log_2 \left(\dfrac{1}{\varepsilon} - 1 \right) \quad (0 < \varepsilon < 1)$

$2^n > \dfrac{1}{\varepsilon} - 1\ (> 0)$

両辺の底 2 の対数をとって

$\log_2 2^n > \log_2 \left(\dfrac{1}{\varepsilon} - 1 \right)$

ε は, 限りなく 0 に近づく正の数だから, $\varepsilon < 1$ の条件が付いても影響はない。

よって, 1 より小さい正の数 ε がどんなに小さな値をとっても, 自然数 N を $N > \log_2 \left(\dfrac{1}{\varepsilon} - 1 \right)$ となるようにとると, $n \geqq N$ のとき, $|a_n - 3| < \varepsilon$ が成り立つ。

$\therefore \displaystyle\lim_{n \to \infty} a_n = 3$ となる。 $\cdots\cdots$(終)

この位練習すると, ε-N 論法も自然に見えてくるはずだ！

実践問題 4　　● 数列の極限と ε - N 論法（Ⅳ）●

数列 $\{a_n\}$ が，$a_n = \dfrac{1-5^n}{1+5^n}$ $(n=1, 2, 3, \cdots)$ で与えられているとき，$\displaystyle\lim_{n\to\infty} a_n = -1$ となることを，ε - N 論法を用いて示せ。

ヒント！ $|a_n - (-1)| < \varepsilon$ の式からスタートする。今回も，$\varepsilon < 2$ の条件が付くが，ε は限りなく 0 に近づく正の数なので，この議論に影響することはない。

解答＆解説

$a_n = \dfrac{1-5^n}{1+5^n}$ $(n=1, 2, 3, \cdots)$ について，

| (ア) |

となることを示す。

$|a_n + 1| < \varepsilon$ に，$a_n = $ [(イ)] を代入して

$\left| \dfrac{1-5^n}{1+5^n} + 1 \right| < \varepsilon$ 　　これを変形して，$\dfrac{2}{1+5^n} < \varepsilon$

$\left| \dfrac{1-5^n+1+5^n}{1+5^n} \right| = \left| \dfrac{2}{1+5^n} \right| = \dfrac{2}{1+5^n}$

$1+5^n > \dfrac{2}{\varepsilon}$, 　$5^n > \dfrac{2}{\varepsilon} - 1$

$\therefore n > $ [(ウ)] 　　$(0 < \varepsilon < 2)$

$5^n > \dfrac{2}{\varepsilon} - 1 \ (> 0)$

両辺の底 5 の対数をとって

$\underset{n}{\underline{\log_5 5^n}} > \log_5\left(\dfrac{2}{\varepsilon} - 1\right)$

よって，2 より小さい正の数 ε がどんなに小さな値をとっても，自然数 N を

| (エ) |

となるようにとると，$n \geqq N$ のとき，$|a_n + 1| < \varepsilon$ が成り立つ。

$\therefore \displaystyle\lim_{n\to\infty} a_n = -1$ となる。$\cdots\cdots\cdots\cdots\cdots\cdots\cdots\cdots\cdots\cdots$ (終)

解答 (ア) $^\vee\varepsilon > 0, \ ^\exists N > 0$ s.t. $n \geqq N \Rightarrow |a_n + 1| < \varepsilon$ 　(イ) $\dfrac{1-5^n}{1+5^n}$

(ウ) $\log_5\left(\dfrac{2}{\varepsilon} - 1\right)$ 　(エ) $N > \log_5\left(\dfrac{2}{\varepsilon} - 1\right)$

双曲線関数 $y = \sinh x$ の逆関数 $\sinh^{-1} x$ は,

$$\sinh^{-1} x = \log(x + \sqrt{x^2 + 1})$$ と表されることを示せ。

ヒント！）**1 対 1 対応** $y = \sinh x$ の x と y を入れ替えて, $x = \sinh y$。これを,
$y = (x \text{ の式})$ の形に変形すると, この $(x \text{ の式})$ が, 逆関数 $\sinh^{-1} x$ になる。
$(y = \sinh x$ と $y = \sinh^{-1} x$ は, 直線 $y = x$ に対称なグラフになる。)

解答 & 解説

$y = \sinh x = \dfrac{e^x - e^{-x}}{2}$ ……① とおく。

①は **1 対 1 対応**より,

x と y を入れ替えて,

$x = \dfrac{e^y - e^{-y}}{2}$　　$2x = \overset{Y}{(e^y)} - \overset{\frac{1}{Y}}{(e^{-y})}$

ここで, $\underline{e^y = Y}$ とおくと, $Y > 0$

$2x = Y - \dfrac{1}{Y}$

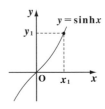

両辺に Y をかけて

$2xY = Y^2 - 1$　　$\overset{a}{(1)} \cdot Y^2 \overset{2b'}{(-2x)} Y \overset{c}{(-1)} = 0$

これを Y の **2 次方程式**と見る！

$Y = \underset{小}{x} \pm \underset{大}{\sqrt{x^2 + 1}}$　　$Y = \dfrac{-b' \pm \sqrt{b'^2 - ac}}{a}$

ここで, $Y > 0$ より, $\underline{Y = x + \sqrt{x^2 + 1}}$

よって, $\underline{e^y = x + \sqrt{x^2 + 1}}$

両辺は正より, この両辺の自然対数をとって,

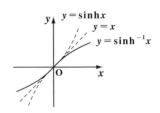

$\underset{y}{\underline{\log e^y}} = \log(x + \sqrt{x^2 + 1})$

$\overset{\boxed{\sinh^{-1} x}}{}$

$\therefore y = \boxed{\log(x + \sqrt{x^2 + 1})}$

以上より, 求める $\sinh x$ の逆関数 $\sinh^{-1} x$ は,

$$\sinh^{-1} x = \log(x + \sqrt{x^2 + 1})$$ ……………………………(終)

実践問題 5　　● 双曲線関数の逆関数 (Ⅱ) ●

双曲線関数 $y = \tanh x\,(-1 < y < 1)$ の逆関数 $\tanh^{-1}x$ は，

$$\tanh^{-1}x = \frac{1}{2}\log\frac{1+x}{1-x} \quad (-1 < x < 1)$$ と表されることを示せ。

ヒント！ $y = \tanh x$ も 1 対 1 対応より，まず，$x = \tanh y$ とおいて，これを変形して，$y = (x\ \text{の式})$ の形にもち込めばよい。

解答 & 解説

$y = \tanh x = \boxed{(ア)}\ \cdots\cdots① \quad (-1 < y < 1)$

とおく。①は 1 対 1 対応より，

x と y を入れ替えて，

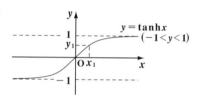

$x = \boxed{(イ)} \quad (-1 < x < 1)$

$x = \dfrac{e^{2y}-1}{e^{2y}+1}$ 〔分子・分母に e^y をかけた〕　　$x(e^{2y}+1) = e^{2y}-1$

$(1-x)e^{2y} = 1+x$ 〔1 より小〕　　$e^{2y} = \boxed{(ウ)} \quad (-1 < x < 1)$

この両辺は正より，両辺の自然対数をとって，

$\dfrac{\log e^{2y}}{2y} = \log\dfrac{1+x}{1-x}$ 　　　　　$2y = \log\dfrac{1+x}{1-x}$

$\therefore y = \dfrac{1}{2}\log\dfrac{1+x}{1-x}$

以上より，求める $\tanh x$ の逆関数 $\tanh^{-1}x$ は，

$\tanh^{-1}x = \boxed{(エ)} \quad (-1 < x < 1)\ \cdots(終)$

解答 (ア) $\dfrac{e^x - e^{-x}}{e^x + e^{-x}}$ 　(イ) $\dfrac{e^y - e^{-y}}{e^y + e^{-y}}$ 　(ウ) $\dfrac{1+x}{1-x}$ 　(エ) $\dfrac{1}{2}\log\dfrac{1+x}{1-x}$

§5. 関数の極限と ε-δ 論法

これから，"関数の極限"について解説しよう。ここでは，数列の極限で学んだ ε-N 論法とソックリの "ε-δ 論法" についても詳しく解説する。

関数の極限は理論的な面も重要だが，テクニカルにさまざまな関数の極限を求める知識も大切だ。今回も盛り沢山だけれど，わかりやすく解説するから，シッカリついてらっしゃい。

● $\lim_{x \to \pm\infty} f(x) = P$ の ε-δ 論法からはじめよう！

数列の極限で，$\lim_{n \to \infty} a_n = \alpha$ となるとき，数列 $\{a_n\}$ は，$a_1, a_2, \cdots$ と飛び飛びに，すなわち離散的(りさんてき)に値を変化させながら，ある値 α に収束していく。これに対して，関数の極限で，

$$\lim_{x \to \infty} f(x) = P$$

といわれたら，x の値は実数だから，連続的に値を変化させながら，∞になるとき，$f(x) \to P$（収束）ということを意味する。

これを厳密に示すには，次の "ε-δ 論法" を使う。

> "イプシロン・デルタろんぽう" と読む。

ε-δ 論法（Ⅰ）

$^\forall \varepsilon > 0, \quad ^\exists \delta > 0 \quad \text{s.t.} \quad x > \delta \Rightarrow |f(x) - P| < \varepsilon$
このとき，$\lim_{x \to \infty} f(x) = P$ となる。

この意味は，わかるね。念のために下に翻訳しておくよ。

「正の数 ε をどんなに小さくしても，$x > \delta$ ならば，$|f(x) - P| < \varepsilon$ となるような，そんな正の数 δ（デルタ）が存在するとき，$\lim_{x \to \infty} f(x) = P$ である。」

これは，離散型と連続型の区別はあるにせよ，本質的には数列の ε-N 論法と同じだよ。ちなみに，演習問題 4 の $a_n = \dfrac{3 \cdot 2^n + 2}{2^n + 1}$ を $f(x) = \dfrac{3 \cdot 2^x + 2}{2^x + 1}$ と変えても，同様に $\lim_{x \to \infty} f(x) = 3$ を示すことができる。

$|f(x)-3|<\varepsilon$ より, $\left|\dfrac{3\cdot 2^x+2}{2^x+1}-3\right|<\varepsilon$　　これを変形して, $\dfrac{1}{2^x+1}<\varepsilon$

$2^x>\dfrac{1}{\varepsilon}-1$　$\therefore x>\log_2\left(\dfrac{1}{\varepsilon}-1\right)$　$(0<\varepsilon<1)$

よって, 1 より小さい正の数 ε がどんなに小さな値をとっても, ある正の数 δ を $\delta>\log_2\left(\dfrac{1}{\varepsilon}-1\right)$ となるようにとると, $x>\delta$ のとき $|f(x)-3|<\varepsilon$ となる。したがって, $\lim\limits_{x\to\infty}f(x)=3$ が言えるんだね。
演習問題 4 の解答とまったく同じになっているね。

$\lim\limits_{x\to-\infty}f(x)=P$ を示す $\varepsilon\text{-}\delta$ 論法も下に示す。この意味はもう大丈夫だね。

$\varepsilon\text{-}\delta$ 論法（Ⅱ）

$^\forall\varepsilon>0,\ ^\exists\delta<0$　s.t.　$x<\delta\Rightarrow|f(x)-P|<\varepsilon$
このとき, $\lim\limits_{x\to-\infty}f(x)=P$　となる。

● $\lim\limits_{x\to a}f(x)=P$ の $\varepsilon\text{-}\delta$ 論法はこれだ！

関数の極限として, $\lim\limits_{x\to a}f(x)=P$ となる場合について考えよう。これは x が連続的に値を変化させながら, 定数 a に限りなく近づいていったとき, 関数 $f(x)$ はある極限値 P に収束することを意味する。この x が a に近づく際の近づき方には次の 2 通りがある。

$\begin{cases}(\text{i})\ a\ \text{より大きい側から}\ a\ \text{に近づく。}\\(\text{ii})\ a\ \text{より小さい側から}\ a\ \text{に近づく。}\end{cases}$

これらを区別したかったら, それぞれ $(\text{i})\lim\limits_{x\to a+0}f(x)$, $(\text{ii})\lim\limits_{x\to a-0}f(x)$ と表す。$(\text{i})(\text{ii})$ の区別を特にしない場合は, $\lim\limits_{x\to a}f(x)$ でいい。

それでは, 例題として, $\lim\limits_{x\to 1}\dfrac{2x^2-2}{x-1}$ の極限を調べてみよう。$x\to 1$ より, x は, $0.999\cdots$ または $1.00\cdots 01$ のいずれにせよ, 限りなく 1 に近づくけれど 1 ではない。このとき, この関数は,

$$\begin{cases} \text{分子} : 2x^2 - 2 \rightarrow 2 \cdot 1^2 - 2 = 0 \\ \text{分母} : x - 1 \rightarrow 1 - 1 = 0 \qquad \text{となって} \end{cases}$$

分子・分母がいずれも，0 と異なる値をとりながら 0 に近づく $\dfrac{0}{0}$ の不定形の極限になる。この $\dfrac{0}{0}$ の極限は，収束するか，発散・振動するか定まらないので不定形と呼ばれる。

高校では，この極限は次のように求めたね。

$$\lim_{x \to 1} \frac{2x^2 - 2}{x - 1} = \lim_{x \to 1} \frac{2(x+1)(x-1)}{x-1}$$

$\boxed{\dfrac{0}{0} \text{の要素}\\ \text{を消した！}}$

$$= \lim_{x \to 1} 2(\boxed{x}^{1} + 1) = 2 \times (1 + 1) = 4$$

$$\therefore \lim_{x \to 1} \boxed{\frac{2x^2 - 2}{x - 1}}^{f(x)} = \boxed{4}^{P} \quad \text{となる。}$$

しかし，この関数の極限 $\lim\limits_{x \to a} f(x) = P$ を厳密に示すには，次の $\varepsilon \text{-} \delta$ 論法が必要となるんだよ。

$\varepsilon \text{-} \delta$ 論法 (Ⅲ)

$$^{\forall}\varepsilon > 0, \quad ^{\exists}\delta > 0 \quad \text{s.t.} \quad 0 < |x - a| < \delta \Rightarrow |f(x) - P| < \varepsilon$$
このとき，$\lim\limits_{x \to a} f(x) = P$ となる。

これは，少しわかりづらい？ いいよ。下に翻訳してあげる。

「正の数 ε をどんなに小さくしても，ある正の数 δ が存在し，

$\underline{x \neq a}$ かつ $\underline{a - \delta < x < a + \delta}$ の範囲の x に対して，

$\boxed{\text{これは，} 0 < |x-a| \text{からいえる。}}$ $\boxed{\text{これは，} |x-a| < \delta \text{からいえる。}}$

$|f(x) - P| < \varepsilon$ となるとき，$\lim\limits_{x \to a} f(x) = P$ である。」

この $\varepsilon \text{-} \delta$ 論法を使って，$\lim\limits_{x \to 1} \dfrac{2x^2 - 2}{x - 1} = 4$ となることを示してみよう。

$^{\forall}\varepsilon>0, \quad ^{\exists}\delta>0 \quad \textbf{s.t.} \quad 0<|x-1|<\delta \Rightarrow \left|\dfrac{2x^2-2}{x-1}-4\right|<\varepsilon \quad \cdots\cdots(*)$

$(*)$ が成り立つことを示せばいいね。

まず, $\left|\dfrac{2x^2-2}{x-1}-4\right|<\varepsilon \quad (\varepsilon:$ 任意の小さな正の数$)$

$$\left|\dfrac{2x^2-2-4(x-1)}{x-1}\right|=\left|\dfrac{2(x^2-2x+1)}{x-1}\right|=\left|\dfrac{2(x-1)^2}{x-1}\right|=2|x-1|$$

とおき, これを変形して,

$\quad 2|x-1|<\varepsilon, \quad |x-1|<\dfrac{\varepsilon}{2}$

$\therefore \delta<\dfrac{\varepsilon}{2}$ とすれば, $(*)$ は成り立つ。

すなわち, どんなに小さな正の数 ε が与えられても, $0<\delta<\dfrac{\varepsilon}{2}$ となる δ は存在し, $(*)$ は成り立つ。

$\therefore \displaystyle\lim_{x\to 1}\dfrac{2x^2-2}{x-1}=4$ となる。 $\cdots\cdots\cdots\cdots$(終)

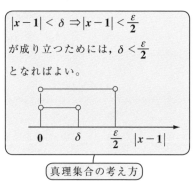

$|x-1|<\delta \Rightarrow |x-1|<\dfrac{\varepsilon}{2}$

が成り立つためには, $\delta<\dfrac{\varepsilon}{2}$ となればよい。

真理集合の考え方

　一般に, 関数の極限の計算は, 高校で習った方法でも十分なんだけれど, もし, 問題文で, "厳密に"とか, "ε-δ論法で"とかの指定があれば, 上記の ε-δ 論法に従って, 答案を作らなければいけない。慣れればそれ程大変でもないから, 元気を出してマスターしてくれ！

● $\varepsilon - \delta$ 論法は，関数の連続性でも顔を出す！

関数 $y = f(x)$ が $x = a$ で連続となるための条件を示すよ。

関数の連続性

$x = a$ の点とその付近で定義されている関数 $y = f(x)$ が $\displaystyle\lim_{x \to a} f(x) = f(a)$ をみたすとき，$f(x)$ は $x = a$ で連続である。

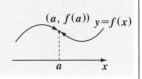

前回の x の関数 $\dfrac{2x^2 - 2}{x - 1}$ を $f(x) = \dfrac{2x^2 - 2}{x - 1}$ とおいて，この連続性を調べてみよう。この $f(x)$ は分母に $x - 1$ があるので，$x = 1$ では定義できない。

$\therefore f(x) = \dfrac{2x^2 - 2}{x - 1}$ $(x \neq 1)$ となる。よって，

$$\begin{cases} (\text{i}) \ x \neq 1 \text{ のとき } f(x) = \dfrac{2(x^2 - 1)}{x - 1} = \dfrac{2(x+1)(x-1)}{x-1} = 2x + 2 \\ (\text{ii}) \ x = 1 \text{ のとき } f(x) \text{ は定義できない，となる。} \end{cases}$$

よって，$y = f(x)$ は図1に示すように，$x = 1$ で不連続な関数になる。ここで，

図1 関数の連続性

(i) $f(1) = 4$ と定義すると，
  $$\lim_{x \to 1} f(x) = \lim_{x \to 1} (2x + 2) = 4 = f(1)$$
  となって，$x = 1$ でも連続な関数になる。

(ii) これに対して，たとえば，$f(1) = 1$ とでも定義すると $\displaystyle\lim_{x \to 1} f(x) = 4 \neq 1 = f(1)$ となって，$x = 1$ で不連続になる。

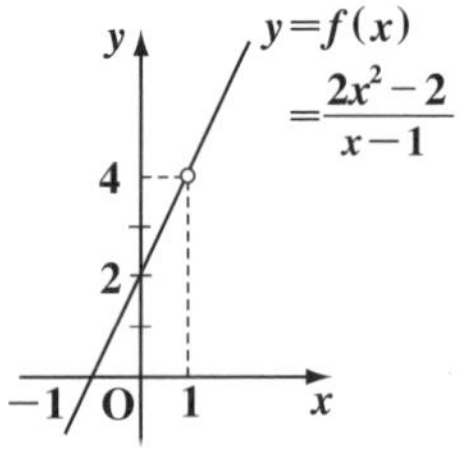

この連続性の問題も，$\varepsilon - \delta$ 論法を使って示すことができる。

$\varepsilon - \delta$ 論法（Ⅳ）：連続性の証明

$^{\forall} \varepsilon > 0, \ ^{\exists} \delta > 0 \quad \text{s.t.} \quad |x - a| < \delta \Rightarrow |f(x) - f(a)| < \varepsilon$

このとき，$\displaystyle\lim_{x \to a} f(x) = f(a)$ となって，$f(x)$ は $x = a$ で連続である。

$\varepsilon - \delta$ 論法にも慣れてきただろうから，この意味も自力で納得できると思う。

● 三角関数の3つの極限公式はこれだ！

理論的な解説を終えて，次は，実践的な関数の極限の話に入るよ。まず，三角関数の極限で使われる公式は，次の3つだ。

▐ 三角関数の極限公式

$$(\text{I}) \lim_{x \to 0} \frac{\sin x}{x} = 1 \quad (\text{II}) \lim_{x \to 0} \frac{\tan x}{x} = 1 \quad (\text{III}) \lim_{x \to 0} \frac{1 - \cos x}{x^2} = \frac{1}{2}$$

（I）の証明は，図形的に出来る。

図2のように，半径1，中心角 $x \left(0 < x < \frac{\pi}{2} \right)$

の扇形と2つの三角形の面積の大小関係

から，次の不等式が成り立つ。

図2
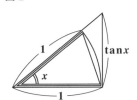

$$\frac{1}{2} \cdot 1 \cdot 1 \cdot \sin x \leqq \frac{1}{2} \cdot 1^2 \cdot x \leqq \frac{1}{2} \cdot 1 \cdot \boxed{\tan x} \qquad \boxed{\dfrac{\sin x}{\cos x}}$$

各辺を2倍して，$\boxed{\sin x \leqq} \overset{(\text{ii})}{\boxed{x}} \leqq \dfrac{\sin x}{\cos x} \quad \left(0 < x < \dfrac{\pi}{2} \right)$

ここで，$x > 0$, $\cos x > 0$ から，

(i) $\sin x \leqq x$ より，$\dfrac{\sin x}{x} \leqq 1$ (ii) $x \leqq \dfrac{\sin x}{\cos x}$ より，$\cos x \leqq \dfrac{\sin x}{x}$

> 両辺を x で割った！   両辺に $\dfrac{\cos x}{x}$ をかけた！

以上より，$\cos x \leqq \dfrac{\sin x}{x} \leqq 1$ ………① $\left(\begin{array}{l} \text{これは，} -\dfrac{\pi}{2} < x < 0 \text{ の} \\ \text{ときも成り立つ。} \end{array} \right)$

> $x < 0$ のとき，$-x > 0$ より，これを①に代入して
> $\underset{\overset{\shortparallel}{\cos x}}{\boxed{\cos(-x)}} \leqq \dfrac{\boxed{\sin(-x)}}{-x} \overset{-\sin x}{} \leqq 1$ より，$\cos x \leqq \dfrac{\sin x}{x} \leqq 1$ と，同じ式が導ける。

①より，$\lim_{x \to 0} \underset{1}{\boxed{\cos x}} \leqq \lim_{x \to 0} \dfrac{\sin x}{x} \leqq 1$ ここで，$\lim_{x \to 0} \cos x = 1$

∴ はさみ打ちの原理より，（I）$\lim_{x \to 0} \dfrac{\sin x}{x} = 1$ が成り立つ。

（Ⅰ）の公式から，公式（Ⅱ），（Ⅲ）は次のように導ける。

（Ⅱ）$\displaystyle\lim_{x \to 0}\frac{\overbrace{\tan x}^{\frac{\sin x}{\cos x}}}{x}=\lim_{x \to 0}\underbrace{\left(\frac{\sin x}{x}\right)}\cdot\frac{1}{\underbrace{\cos x}_{1}}=1 \times \frac{1}{1}=1$

（Ⅲ）$\displaystyle\lim_{x \to 0}\frac{1-\cos x}{x^2}=\lim_{x \to 0}\frac{\overbrace{(1-\cos x)(1+\cos x)}}{x^2 \cdot (1+\cos x)}$ ← $\begin{array}{c}1-\cos^2 x = \sin^2 x \\ \text{分子・分母に} \\ (1+\cos x)\,\text{をかけた}\end{array}$

$\displaystyle\qquad = \lim_{x \to 0}\left(\underbrace{\frac{\sin x}{x}}\right)^2 \cdot \frac{1}{1+\underbrace{\cos x}_{1}}=1^2 \times \frac{1}{1+1}=\frac{1}{2}$　となるね。

● 指数・対数の極限公式も，まず覚えよう！

指数関数，対数関数に関する極限公式を，以下に示す。

■ 指数・対数関数の極限公式

（Ⅰ）$\displaystyle\lim_{x \to 0}\frac{e^x-1}{x}=1$ 　（Ⅱ）$\displaystyle\lim_{x \to 0}\frac{\log(1+x)}{x}=1$ 　（Ⅲ）$\displaystyle\lim_{x \to 0}(1+x)^{\frac{1}{x}}=e$

この3つの公式はすべて関連していて，（Ⅰ）が成り立つとすると，これから（Ⅱ），（Ⅲ）を順に導くことが出来る。（Ⅰ）は，指数関数の"微分係数"に関するものなので，次回詳しく解説することにするよ。ここでは，これらを知識として使って，いろんな問題を解いていくことに専念してくれたらいい。

最後に，関数の極限の4つの性質についても，公式として示しておく。これを使えば，複雑な関数の極限の計算も，楽に出来るようになる。

■ 関数の極限の4つの性質

$\displaystyle\lim_{x \to a}f(x)=\alpha,\ \lim_{x \to a}g(x)=\beta$ のとき，

（Ⅰ）$\displaystyle\lim_{x \to a}c\,f(x)=c\,\alpha$ 　　　　（Ⅱ）$\displaystyle\lim_{x \to a}\{f(x) \pm g(x)\}=\alpha \pm \beta$

（Ⅲ）$\displaystyle\lim_{x \to a}f(x)g(x)=\alpha\beta$ 　　（Ⅳ）$\displaystyle\lim_{x \to a}\frac{f(x)}{g(x)}=\frac{\alpha}{\beta}$ 　$(c：実数定数)$

それではいくつかの例題で，関数の極限を求めてみよう。

次の関数の極限を求めてみよう。

(1) $\displaystyle\lim_{x \to \pi} \frac{\pi - x}{\sin 2x}$　　　　　(2) $\displaystyle\lim_{x \to 0} \frac{\tan(\sin x)}{x}$

(3) $\displaystyle\lim_{x \to 0} \frac{1 - \cos x}{x \cdot \log(1+x)}$　　　　(4) $\displaystyle\lim_{x \to 0} (1+2x)^{\frac{2}{x}}$

(1)　$x - \pi = t$ とおくと，$x \to \pi$ のとき $t \to 0$。

　　また，$\pi - x = -(x - \pi) = -t$

　　　　　$\sin 2x = \sin 2(\pi + t) = \sin(2\pi + 2t) = \sin 2t$

公式 : $\displaystyle\lim_{\theta \to 0} \frac{\sin \theta}{\theta} = 1$ より，

$$\lim_{\theta \to 0} \frac{\theta}{\sin \theta} = \lim_{\theta \to 0} \frac{1}{\dfrac{\sin \theta}{\theta}}$$
$$= \frac{1}{1} = 1$$

　　$\therefore \displaystyle\lim_{x \to \pi} \frac{\pi - x}{\sin 2x} = \lim_{t \to 0} \frac{-t}{\sin 2t} = \lim_{t \to 0}\left(-\frac{1}{2} \times \frac{2t}{\sin 2t}\right)$
$\scriptstyle (\theta \to 0)$

　　　　　　　　$= -\dfrac{1}{2} \times 1 = -\dfrac{1}{2}$ ……………………………(答)

(2)　$\displaystyle\lim_{x \to 0} \frac{\tan(\sin x)}{x} = \lim_{x \to 0} \frac{\tan(\sin x)}{\sin x} \cdot \frac{\sin x}{x}$
$\scriptstyle (\theta \to 0)$

公式 : $\displaystyle\lim_{x \to 0} \frac{\sin x}{x} = 1$

$\displaystyle\lim_{\theta \to 0} \frac{\tan \theta}{\theta} = 1$

を使った！

　　　　　　$= 1 \times 1 = 1$　……………………………(答)

(3)　$\displaystyle\lim_{x \to 0} \frac{1 - \cos x}{x \cdot \log(1+x)} = \lim_{x \to 0} \frac{1 - \cos x}{x^2} \cdot \frac{x}{\log(1+x)}$

公式 : $\displaystyle\lim_{x \to 0} \frac{1 - \cos x}{x^2} = \frac{1}{2}$

また公式 : $\displaystyle\lim_{x \to 0} \frac{\log(1+x)}{x} = 1$ より，

$$\lim_{x \to 0} \frac{x}{\log(1+x)}$$
$$= \lim_{x \to 0} \frac{1}{\dfrac{\log(1+x)}{x}} = 1$$

　　　　　$= \dfrac{1}{2} \times 1 = \dfrac{1}{2}$ …………………(答)

(4)　$\displaystyle\lim_{x \to 0} (1+2x)^{\frac{2}{x}} = \lim_{x \to 0} \left\{ (1+2x)^{\frac{1}{2x}} \right\}^4$
$\scriptstyle (t \to 0)$

公式 :
$\displaystyle\lim_{t \to 0} (1+t)^{\frac{1}{t}} = e$
を使った！

　　　　　　$= e^4$ …………………………(答)

演習問題 6	● 関数の連続性と ε-δ 論法（Ⅰ）●

関数 $f(x)=x^2+2x$ が $x=1$ で連続であることを，ε-δ 論法を用いて示せ。

ヒント！ $\displaystyle\lim_{x \to 1}f(x)=f(1)$ を示すための ε-δ 論法は次の通りだ。

$^\forall \varepsilon>0,\ ^\exists \delta>0$ s.t. $|x-1|<\delta \Rightarrow |f(x)-f(1)|<\varepsilon$

解答&解説

$^\forall \varepsilon>0,\ ^\exists \delta>0$ s.t. $|x-1|<\delta \Rightarrow |f(x)-f(1)|<\varepsilon$ …………($*$)

このとき，$\displaystyle\lim_{x \to 1}f(x)=f(1)$ となって，$f(x)$ は $x=1$ で連続と言える。

> 正の数 ε をどんなに小さくしても，ある正の数 δ が存在し，$|x-1|<\delta$ ならば，$|f(x)-f(1)|<\varepsilon$ となるとき，$\displaystyle\lim_{x \to 1}f(x)=f(1)$ が成り立つ。 ──連続条件

よって，($*$) が成り立つことを示せばよい。

$|x-1|<\delta$ のとき，

公式：
$|A+B| \leqq |A|+|B|$
を使った！

$$|f(x)-\underbrace{f(1)}_{1^2+2\cdot1=3}|=|x^2+2x-3|=|(x-1)(x+3)|$$

$$=|(x-1)\{(x-1)+4\}|$$

$$\leqq |x-1|^2+4|x-1|$$

$$< \delta^2+4\delta \qquad (\because |x-1|<\delta)$$

> $|f(x)-f(1)|<\delta^2+4\delta<\varepsilon$
> をみたす正の数 δ の存在を示せばよい。
> $\delta^2+4\delta-\varepsilon<0$ をみたす δ の範囲を ε で表す。

ゆえに，正の数 ε がどんなに小さな値をとっても，$\delta^2+4\delta-\varepsilon<0$ をみたす正の数 δ が存在することを示せばよい。この不等式を解いて，

$$\underbrace{-2-\sqrt{4+\varepsilon}}_{\ominus}<\delta<\underbrace{-2+\sqrt{4+\varepsilon}}_{\oplus}$$

> δ の 2 次方程式：$\delta^2+4\delta-\varepsilon=0$
> の解 $\delta=-2\pm\sqrt{4+\varepsilon}$
> これを使った！

よって，どんなに小さな正の数 ε が与えられても，$\delta<-2+\sqrt{4+\varepsilon}$ をみたす正の数 δ が存在するので，($*$) は成り立つ。

これで，$f(x)$ が $x=1$ で連続であることが示された。…………………………(終)

実践問題 6　　● 関数の連続性と $\varepsilon\text{-}\delta$ 論法（Ⅱ）●

関数 $g(x)=x^2-2x$ が $x=2$ で連続であることを，$\varepsilon\text{-}\delta$ 論法を用いて示せ。

ヒント！ $\,^\forall\varepsilon>0,\ \,^\exists\delta>0$　s.t.　$|x-2|<\delta \Rightarrow |g(x)-g(2)|<\varepsilon$ ……($*$)
が成り立つことを示せばよい。

解答&解説

$\,^\forall\varepsilon>0,\ \,^\exists\delta>0$　s.t.　$|x-2|<\delta \Rightarrow$ (ア)　　…………($*$)
このとき，$\displaystyle\lim_{x\to 2}g(x)=g(2)$ となって，$g(x)$ は $x=2$ で連続と言える。
よって，($*$) が成り立つことを示せばよい。

$|x-2|<\delta$ のとき，

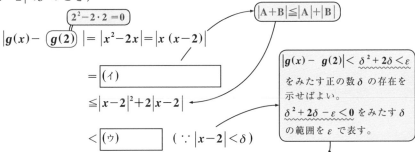

ゆえに，正の数 ε がどんなに小さな値をとっても，$\delta^2+2\delta-\varepsilon<0$ をみたす正の数 δ が存在することを示せばよい。この不等式を解いて，

$$\underset{\ominus}{-1-\sqrt{1+\varepsilon}}<\delta<\underset{\oplus}{-1+\sqrt{1+\varepsilon}}$$

δ の 2 次方程式：$\delta^2+2\delta-\varepsilon=0$
の解 $\delta=-1\pm\sqrt{1+\varepsilon}$
を使った！

よって，どんなに小さな正の数 ε が与えられても，(エ)　　　　　　をみたす正の数 δ が存在するので，($*$) は成り立つ。

これで，$g(x)$ が $x=2$ で連続であることが示された。……………………（終）

・・

解答　(ア) $|g(x)-g(2)|<\varepsilon$　　　　(イ) $|\{(x-2)+2\}(x-2)|$

　　　(ウ) $\delta^2+2\delta$　　　　　　　　(エ) $\delta<-1+\sqrt{1+\varepsilon}$

● 双曲線関数, 逆三角関数の極限（Ⅰ） ●

次の関数の極限を求めよ。

(1) $\displaystyle\lim_{x \to 0} \frac{\tanh x}{x}$ (2) $\displaystyle\lim_{x \to 0} \frac{\sin^{-1} 2x}{2x}$ (3) $\displaystyle\lim_{x \to 0} \frac{\tanh(\sin^{-1} x)}{x}$

ヒント！ 双曲線関数や，逆三角関数の極限の問題だ。定義から

$\tanh x = \dfrac{e^x - e^{-x}}{e^x + e^{-x}}$, また $\sin^{-1} 2x = t$ とおくと, $2x = \sin t$ となる。

解答＆解説

(1) $\displaystyle\lim_{x \to 0} \frac{\overbrace{\boxed{\tanh x}}^{\frac{e^x - e^{-x}}{e^x + e^{-x}}}}{x} = \lim_{x \to 0} \frac{e^x - e^{-x}}{x(e^x + e^{-x})} = \lim_{x \to 0} \frac{e^{2x} - 1}{x(e^{2x} + 1)}$ 　分子・分母に e^x をかけた！

　　公式： $\displaystyle\lim_{t \to 0} \frac{e^t - 1}{t} = 1$

$\displaystyle = \lim_{\substack{x \to 0 \\ (t \to 0)}} \frac{e^{\boxed{2x}} - 1}{\boxed{2x}} \cdot \frac{2}{\boxed{e^{2x}} + 1} = 1 \times \frac{2}{1+1} = 1$ ……………………（答）

(2) $\sin^{-1} 2x = t$ とおくと, $2x = \sin t$ 　$-1 \le 2x \le 1$ 　$-\dfrac{\pi}{2} \le t \le \dfrac{\pi}{2}$ より

　　また, $x \to 0$ のとき $t \to 0$

　　$\therefore \displaystyle\lim_{x \to 0} \frac{\sin^{-1} 2x}{2x} = \lim_{t \to 0} \frac{t}{\sin t} = 1$ …………………………（答）

(3) $\sin^{-1} x = t$ とおくと, $x = \sin t$ 　$-1 \le x \le 1,\ -\dfrac{\pi}{2} \le t \le \dfrac{\pi}{2}$ より

　　また, $x \to 0$ のとき $t \to 0$

　　$\therefore \displaystyle\lim_{x \to 0} \frac{\tanh(\sin^{-1} x)}{x} = \lim_{t \to 0} \frac{\overbrace{\boxed{\tanh t}}^{\frac{e^t - e^{-t}}{e^t + e^{-t}}}}{\sin t}$

$\displaystyle = \lim_{t \to 0} \frac{e^t - e^{-t}}{(e^t + e^{-t}) \cdot \sin t} = \lim_{t \to 0} \frac{e^{2t} - 1}{(e^{2t} + 1) \cdot \sin t}$ 　分子・分母に e^t をかけた！

$\displaystyle = \lim_{\substack{t \to 0 \\ (\theta \to 0)}} \frac{e^{\boxed{2t}} - 1}{\boxed{2t}} \cdot \boxed{\frac{t}{\sin t}} \cdot \frac{2}{\boxed{e^{2t}} + 1} = 1 \times 1 \times \frac{2}{1+1} = 1$ ………………（答）

実践問題 7　　● 双曲線関数, 逆三角関数の極限 (Ⅱ) ●

次の関数の極限を求めよ。

(1) $\displaystyle\lim_{x \to 0} \frac{\sinh x}{x}$　　(2) $\displaystyle\lim_{x \to 0} \frac{\tan^{-1}x}{x}$　　(3) $\displaystyle\lim_{x \to 0} \frac{\sinh(\tan^{-1}x)}{x}$

ヒント！　$\sinh x = \dfrac{e^x - e^{-x}}{2}$, また $\tan^{-1}x = t$ とおくと, $x = \tan t$ となる。

解答 & 解説

(1) $\displaystyle\lim_{x \to 0} \frac{\sinh x}{x} = \lim_{x \to 0} \frac{e^x - e^{-x}}{2x} = \lim_{x \to 0} \boxed{(ア)}$　← 分子・分母に e^x をかけた！

$\displaystyle = \lim_{\substack{x \to 0 \\ (t \to 0)}} \boxed{\frac{e^{\overset{t}{\overbrace{(2x)}}} - 1}{\underset{t}{\underbrace{(2x)}}}} \cdot \boxed{\frac{1}{e^x}} = 1 \times \frac{1}{1} = 1$　$\cdots\cdots\cdots\cdots\cdots$ (答)

(2) $\tan^{-1}x = t$ とおくと, $x = \tan t$

また, $x \to 0$ のとき $t \to 0$　←　$-\infty < x < \infty$ ／ $-\dfrac{\pi}{2} < t < \dfrac{\pi}{2}$ より

$\therefore \displaystyle\lim_{x \to 0} \frac{\tan^{-1}x}{x} = \lim_{t \to 0} \boxed{(イ)} = 1$　$\cdots\cdots\cdots\cdots\cdots\cdots$ (答)

(3) $\tan^{-1}x = t$ とおくと, $x = \tan t$

また, $x \to 0$ のとき $t \to 0$

$\therefore \displaystyle\lim_{x \to 0} \frac{\sinh(\tan^{-1}x)}{x} = \lim_{t \to 0} \frac{\overset{\frac{e^t - e^{-t}}{2}}{\overbrace{\sinh t}}}{\tan t}$

$\displaystyle = \lim_{t \to 0} \boxed{(ウ)} = \lim_{t \to 0} \frac{e^{2t} - 1}{2 e^t \cdot \tan t}$　← 分子・分母に e^t をかけた！

$\displaystyle = \lim_{\substack{t \to 0 \\ (\theta \to 0)}} \boxed{\frac{e^{\overset{\theta}{\overbrace{(2t)}}} - 1}{\underset{\theta}{\underbrace{(2t)}}}} \cdot \boxed{\frac{t}{\tan t}} \cdot \boxed{\frac{1}{e^t}} = \boxed{(エ)}$　$\cdots\cdots\cdots\cdots\cdots$ (答)

解答　(ア) $\dfrac{e^{2x} - 1}{2x \cdot e^x}$　　(イ) $\dfrac{t}{\tan t}$　　(ウ) $\dfrac{e^t - e^{-t}}{2\tan t}$　　(エ) $1 \times 1 \times \dfrac{1}{1} = 1$

57

1.　ε - N 論法：数列の極限

　　$^{\forall}\varepsilon > 0,\ ^{\exists}N > 0$　s.t.　$n \geqq N \Rightarrow |a_n - \alpha| < \varepsilon$

　　このとき，$\lim\limits_{n \to \infty} a_n = \alpha$ となる。

2.　ダランベールの判定法

　　正項級数 $\sum\limits_{n=1}^{\infty} a_n$ について，$\lim\limits_{n \to \infty} \dfrac{a_{n+1}}{a_n} = r$ のとき（r は ∞ でもよい。）

　　（ⅰ）$0 \leqq r < 1$ ならば，$\sum\limits_{n=1}^{\infty} a_n$ は収束し，

　　（ⅱ）$1 < r$　　　ならば，$\sum\limits_{n=1}^{\infty} a_n$ は発散する。

3.　双曲線関数

　　（ⅰ）$\cosh x = \dfrac{e^x + e^{-x}}{2}$　（ⅱ）$\sinh x = \dfrac{e^x - e^{-x}}{2}$　（ⅲ）$\tanh x = \dfrac{e^x - e^{-x}}{e^x + e^{-x}}$

4.　双曲線関数の加法定理

　　（Ⅰ）$\cosh(x \pm y) = \cosh x \cdot \cosh y \pm \sinh x \cdot \sinh y$

　　（Ⅱ）$\sinh(x \pm y) = \sinh x \cdot \cosh y \pm \cosh x \cdot \sinh y$

　　（Ⅲ）$\tanh(x \pm y) = \dfrac{\tanh x \pm \tanh y}{1 \pm \tanh x \cdot \tanh y}$

5.　ε - δ 論法（Ⅰ）

　　$^{\forall}\varepsilon > 0,\ ^{\exists}\delta > 0$　s.t.　$x > \delta \Rightarrow |f(x) - P| < \varepsilon$

　　このとき，$\lim\limits_{x \to \infty} f(x) = P$ となる。

6.　ε - δ 論法（Ⅱ）

　　$^{\forall}\varepsilon > 0,\ ^{\exists}\delta < 0$　s.t.　$x < \delta \Rightarrow |f(x) - P| < \varepsilon$

　　このとき，$\lim\limits_{x \to -\infty} f(x) = P$　となる。

7.　ε - δ 論法（Ⅲ）

　　$^{\forall}\varepsilon > 0,\ ^{\exists}\delta > 0$　s.t.　$|x - a| < \delta \Rightarrow |f(x) - P| < \varepsilon$

　　このとき，$\lim\limits_{x \to a} f(x) = P$ となる。

8.　ε - δ 論法（Ⅳ）：連続性の証明

　　$^{\forall}\varepsilon > 0,\ ^{\exists}\delta > 0$　s.t.　$|x - a| < \delta \Rightarrow |f(x) - f(a)| < \varepsilon$

　　このとき，$\lim\limits_{x \to a} f(x) = f(a)$ となって，$f(x)$ は $x = a$ で連続である。

微分法とその応用
（1変数関数）

▶ 微分係数と導関数

▶ 微分計算

▶ ロピタルの定理と関数の極限

▶ 微分法と関数のグラフ

▶ テイラー展開・マクローリン展開

§1. 微分係数と導関数

　さァ，これから微分法とその応用について，詳しく教えていくよ。ここでは，まず微分係数と導関数の定義式について解説する。その際，これまでぼやけていたネイピア数 e の意味もすべて明らかになる。また，極限による導関数の定義式だけでなく，公式を使った導関数の求め方も教えるつもりだ。

● 微分係数の定義式は $\dfrac{0}{0}$ の不定形！

　"微分係数 $f'(a)$" は，次のように極限の式の形で定義される。

微分係数の定義式

$$(\text{i})\ f'(a) = \lim_{h \to 0} \frac{f(a+h) - f(a)}{h}$$

$$(\text{ii})\ f'(a) = \lim_{b \to a} \frac{f(b) - f(a)}{b - a}$$

> $a+h=b$ とおくと，$h=b-a$
> また，$h \to 0$ のとき，$b \to a$
> ∴（i）から（ii）の公式が導ける！

　（i）の公式について解説するよ。図1のなめらかな曲線 $y=f(x)$ 上に2点 $\mathrm{A}(a, f(a))$ と $\mathrm{B}(a+h, f(a+h))$ をとると，直線 AB の傾きは，

$$\frac{f(a+h) - f(a)}{h} \quad \text{となる。}$$

　これを "平均変化率" と呼ぶ

ここで，$h \to 0$ とすると，図2のように，点 B は限りなく点 A に近づき，図3のように，この平均変化率は，点 $\mathrm{A}(a, f(a))$ における曲線 $y=f(x)$ の接線の傾きに収束する。この極限値を，"微分係数" $f'(a)$ と定義する。

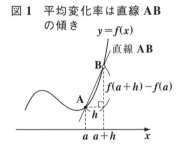

図1　平均変化率は直線 AB の傾き

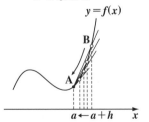

図2　微分係数 $f'(a)$ は，極限から求まる

$$f'(a) = \lim_{h \to 0} \frac{f(a+h) - f(a)}{h}$$

> この右辺の極限は $\frac{0}{0}$ の不定形なので，ある極限
> 値に収束しないときもある。その場合は，"**微分
> 係数 $f'(a)$ は存在しない**" という。

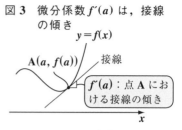

図3　微分係数 $f'(a)$ は，接線
　　の傾き

> $f'(a)$：点 A にお
> ける接線の傾き

曲線 $y = f(x)$ がとんがっていたり，不連続な点では，当然 $f'(a)$ は存在し
ない。すなわち，その点では $f(x)$ は "**微分不能**" という。

● ネイピア数 e の意味をハッキリさせよう！

ここで，指数関数 $y = f(x) = a^x$ $(a > 1)$
の $x = 0$ における微分係数 $f'(0)$ は，

$$f'(0) = \lim_{h \to 0} \frac{f(0+h) - f(0)}{h}$$

$$= \lim_{h \to 0} \frac{a^h - 1}{h} \quad \text{となる。}$$

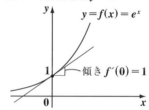

図4　指数関数 $y = e^x$

傾き $f'(0) = 1$

図4に示すように，この $f'(0)$ が1となる
ときの底 a の値を "**ネイピア数 e**" と定義するわけだから，

$$f'(0) = \lim_{h \to 0} \frac{e^h - 1}{h} = 1 \quad \text{となるんだね。}$$

文字定数 h を x に置き換えても，同じことなので，これから，公式：

> $$\lim_{x \to 0} \frac{e^x - 1}{x} = 1 \quad \cdots\cdots① \quad \text{が導ける！}$$

ここで，$e^x - 1 = u$ とおくと，$e^x = 1 + u$　∴ $x = \log(1 + u)$ となる。
また，$x \to 0$ のとき，$\underset{\boxed{e^x - 1}}{u} \to \underset{\boxed{e^0 - 1}}{0}$ となるから，①は次のように変形できる。

$$\lim_{x \to 0} \frac{\overbrace{e^x - 1}^{u}}{\underbrace{x}_{\log(1+u)}} = \lim_{u \to 0} \frac{u}{\log(1+u)} = \boxed{\lim_{u \to 0} \frac{1}{\underbrace{\frac{\log(1+u)}{u}}_{1}} = 1}$$

これから，$\displaystyle \lim_{u \to 0} \frac{\log(1+u)}{u} = 1$　　ここで，文字を x に代えてもいいので，

$$\lim_{x \to 0} \frac{\log(1+x)}{x} = 1 \quad \cdots\cdots\text{②}$$　も導ける！

さらに，②を変形して，

$$\lim_{x \to 0} \frac{1}{x} \log(1+x)^{\square} = \lim_{x \to 0} \boxed{\log(1+x)^{\frac{1}{x}}} = \log \underbrace{\boxed{e}}_{1}$$　となる。

$$\therefore \lim_{x \to 0} (1+x)^{\frac{1}{x}} = e \quad \cdots\cdots\text{③}$$　も導ける！

③について，$\dfrac{1}{x} = v \left[x = \dfrac{1}{v} \right]$ と置き換えると，

$x \to \boxed{0}$　のとき，$v \to \pm\infty$ となるので，③から，
$\underbrace{\quad}_{\pm 0 \text{ のこと}}$

$$\lim_{v \to \pm\infty} \left(1 + \frac{1}{v} \right)^{v} = e$$　ここで，v を x に置換して，公式：

$$\lim_{x \to \pm\infty} \left(1 + \frac{1}{x} \right)^{x} = e \quad \cdots\cdots\text{④}$$　も導けた！

　以上より，指数・対数関数と，ネイピア数 e に関連した関数の極限の公式がすべて導けたんだね。これらを下にまとめて示すよ。これで，ネイピア数 e の意味もはっきりしたはずだ。

■ 指数・対数関数の極限公式

(1) $\displaystyle \lim_{x \to 0} \frac{e^x - 1}{x} = 1$　　　(2) $\displaystyle \lim_{x \to 0} \frac{\log(1+x)}{x} = 1$

(3) $\displaystyle \lim_{x \to 0} (1+x)^{\frac{1}{x}} = e$　　　(4) $\displaystyle \lim_{x \to \pm\infty} \left(1 + \frac{1}{x} \right)^{x} = e$

● 導関数 $f'(x)$ の求め方はこれだ！

次に，導関数の極限を使った定義式を下に示す。

導関数 $f'(x)$ の定義式

$$f'(x) = \lim_{h \to 0} \frac{f(x+h) - f(x)}{h} = \lim_{h \to 0} \frac{f(x) - f(x-h)}{h}$$

> 右辺の極限が，ある $\overset{\cdot}{x}$ の関数に収束するとき，それを導関数 $f'(x)$ と定める。

$y = f(x)$ の導関数は，y'，$f'(x)$，$\dfrac{dy}{dx}$，$\dfrac{df(x)}{dx}$ などと表されるが，みんな同じものだ。この定義式から，当然次の "**導関数の線形性**" も成り立つ。

導関数の線形性

$f(x)$，$g(x)$ が微分可能なとき，次式が成り立つ。

(1) $\{kf(x)\}' = k \cdot f'(x)$　（k：実数定数）

(2) $\{f(x) \pm g(x)\}' = f'(x) \pm g'(x)$　（複号同順）

実際に，さまざまな関数の導関数 $f'(x)$ を求める場合，上記の極限の定義式ではなく，次の **12** 個の基本公式を用いて求める。ほとんどの公式は，高校でも習っていると思うけれど，下にまとめて示しておこう。

微分計算の 12 の基本公式

(1) $(e^x)' = e^x$

(2) $(a^x)' = a^x \log a$　（$a > 0$）

(3) $(\log x)' = \dfrac{1}{x}$　（$x > 0$）

(4) $(\log_a x)' = \dfrac{1}{x \cdot \log a}$　（$x > 0$）

(5) $\{\log f(x)\}' = \dfrac{f'(x)}{f(x)}$　（$f(x) > 0$）

(6) $(x^\alpha)' = \alpha \cdot x^{\alpha-1}$　（α：実数）

(7) $(\sin x)' = \cos x$

(8) $(\sin^{-1} x)' = \dfrac{1}{\sqrt{1-x^2}}$　（$-1 < x < 1$）

(9) $(\cos x)' = -\sin x$

(10) $(\cos^{-1} x)' = -\dfrac{1}{\sqrt{1-x^2}}$　（$-1 < x < 1$）

(11) $(\tan x)' = \dfrac{1}{\cos^2 x}$

(12) $(\tan^{-1} x)' = \dfrac{1}{1+x^2}$

逆三角関数の微分公式を除けば，見慣れた公式だと思う。でも，大学の数学だから，これらの公式の証明もできないといけないよ。

(1)(2) $f(x) = a^x$ $(a > 0, \ a \neq 1)$ とすると

$$\boxed{a^x \cdot a^h - a^x = (a^h - 1) \cdot a^x}$$

$$(a^x)' = f'(x) = \lim_{h \to 0} \frac{f(x+h) - f(x)}{h} = \lim_{h \to 0} \frac{\boxed{a^{x+h} - a^x}}{h}$$

$$= \lim_{h \to 0} \boxed{\frac{a^h - 1}{h}} \cdot a^x \quad \cdots\cdots①$$

この極限を調べる

ここで，$\displaystyle\lim_{h \to 0} \frac{a^h - 1}{h}$ について，$a^h - 1 = u$ とおくと

$$a^h = 1 + u \qquad \log a^h = \log(1 + u) \qquad h \cdot \log a = \log(1 + u)$$

$$\therefore \ \frac{1}{h} = \frac{\log a}{\log(1 + u)} \qquad \text{また，} \ h \to 0 \text{ のとき，} \ u \to \boxed{0} \quad \boxed{a^0 - 1}$$

$$\therefore \ \lim_{h \to 0} \frac{a^h - 1}{h} = \lim_{u \to 0} \boxed{\frac{u}{\log(1 + u)}}^{\;1} \cdot \log a = \log a \quad \cdots\cdots②$$

①，②より，$(a^x)' = \lim_{h \to 0} \boxed{\frac{a^h - 1}{h}}_{\;\log a} \cdot a^x = a^x \cdot \log a$

$$\therefore \ (a^x)' = a^x \cdot \log a \qquad \text{ここで，} \ a = e \text{ のとき，} \ (e^x)' = e^x \text{ となる。}$$

(3)(4) $f(x) = \log x$ とおくと

$$(\log x)' = f'(x) = \lim_{h \to 0} \frac{\log(x+h) - \log x}{h} = \lim_{h \to 0} \frac{1}{h} \log \frac{x + h}{x}$$

$$= \lim_{h \to 0} \frac{1}{x} \cdot \boxed{\frac{x}{h}} \log \left(1 + \frac{h}{x}\right)^{\square} = \lim_{\substack{h \to 0 \\ (u \to 0)}} \frac{1}{x} \log \boxed{\left(1 + \boxed{\frac{h}{x}}\right)^{\frac{x}{h}}}^{\;\frac{1}{u}}$$

$$\underset{u}{\qquad} \searrow e$$

$$= \frac{1}{x} \cdot \boxed{\log e}^{\;1} = \frac{1}{x} \qquad \therefore \ (\log x)' = \frac{1}{x}$$

次に，$(\log_a x)' = \left(\dfrac{\log x}{\log a}\right)' = \boxed{\dfrac{1}{\log a}}^{\;定数} \boxed{(\log x)'}^{\;\frac{1}{x}} = \dfrac{1}{x \log a}$ となる。

(5)は合成関数の微分，(6)は対数微分法の問題なので，次回にまわす。

(7)〜(10)は，演習・実践問題で証明してみよう。

(11)(12) $f(x) = \tan x$ とおくとき，

$$(\tan x)' = f'(x) = \lim_{h \to 0} \frac{\overset{\alpha}{\overbrace{\tan((x+h))}} - \overset{\beta}{\overbrace{\tan(x)}}}{h} = \overset{(\alpha-\beta)}{\tan h} \cdot \{1 + \tan(\overset{\alpha}{(x+h)}) \cdot \overset{\beta}{\tan(x)}\}$$

$$= \lim_{h \to 0} \overset{1}{\boxed{\frac{\tan h}{h}}} \cdot \{1 + \tan(x + \overset{0}{\boxed{h}}) \tan x\}$$

公式：
$$\tan(\alpha - \beta) = \frac{\tan\alpha - \tan\beta}{1 + \tan\alpha\tan\beta} \text{ より}$$
$$\tan\alpha - \tan\beta$$
$$= \tan(\alpha - \beta)(1 + \tan\alpha\tan\beta)$$
を使った！

$$= 1 + \tan^2 x \quad \leftarrow \boxed{\text{公式：} 1 + \tan^2 x = \frac{1}{\cos^2 x}}$$

$$= \frac{1}{\cos^2 x} = \sec^2 x \qquad \therefore (\tan x)' = \sec^2 x$$

次に $(\tan^{-1} x)'$ を求める。

$y = \tan^{-1} x$ とおく。

$x = \tan y$ ……………………③

$\therefore \dfrac{dx}{dy} = (\tan y)' = 1 + \tan^2 y \cdots$④

微分可能な $x = f(y)$ の形の関数で，その逆関数 $y = f^{-1}(x)$ が存在するとき，$\dfrac{dy}{dx}$ は，

$$\dfrac{dy}{dx} = \dfrac{1}{\dfrac{dx}{dy}} \text{ となる。}$$

まず，これを求めて逆数をとる。

④の逆数をとって，③を代入すると，

$$\frac{dy}{dx} = \frac{1}{\underset{\frac{dx}{dy}}{\boxed{1 + \tan^2 y}}} = \frac{1}{1 + x^2}$$

$$\therefore \frac{dy}{dx} = y' = (\tan^{-1} x)' = \frac{1}{1 + x^2} \quad \text{が導けた。}$$

今回の微分計算の公式は，知識としてはみんな知っていたと思う。しかし，「それを証明しろ」と言われると意外とムム…となるものなんだね。まだ，証明していないものも，これからすべて証明するから，もう1度，微分計算の基本を頭にたたき込んでおくといい。

導関数の定義式を使って，(1) $\sin x$ の導関数を求め，その結果を用いて，(2) $\sin^{-1}x$ $(-1 < x < 1)$ の導関数を求めよ。

ヒント！ (1) 定義式 $(\sin x)' = \lim\limits_{h \to 0} \dfrac{\sin(x+h) - \sin x}{h}$ から求める。(2) $y = \sin^{-1}x$ から，$x = \sin y$ とし，まず $\dfrac{dx}{dy}$ を求めて，この逆数をとればよい。

解答＆解説

(1) $(\sin x)' = \lim\limits_{h \to 0} \dfrac{\sin(\overbrace{(x+h)}^{A}) - \sin \overbrace{x}^{B}}{h}$

差→積の公式：
$\sin A - \sin B = 2\cos\dfrac{A+B}{2}\sin\dfrac{A-B}{2}$
を使った！

$= \lim\limits_{h \to 0} \dfrac{2 \cdot \cos\left(\overbrace{x + \dfrac{h}{2}}^{\frac{A+B}{2}}\right)\sin\overbrace{\dfrac{h}{2}}^{\frac{A-B}{2}}}{h}$

$= \lim\limits_{\substack{h \to 0 \\ (\theta \to 0)}} \cos\left(x + \dfrac{h}{2}\right) \cdot \dfrac{\sin\dfrac{h}{2}}{\dfrac{h}{2}} = \cos x$ ……………………………(答)

(2) $y = \sin^{-1}x$ $(-1 < x < 1)$ とおくと，$x = \sin y$ $\left(-\dfrac{\pi}{2} < y < \dfrac{\pi}{2}\right)$

よって，まず x を y で微分して，　逆数をとった！

$\dfrac{dx}{dy} = (\sin y)' = \cos y$ $\left(-\dfrac{\pi}{2} < y < \dfrac{\pi}{2}\right)$ 　∴ $\dfrac{dy}{dx} = \dfrac{1}{\cos y}$ ……①

これを x の式で表す！

ここで，$-\dfrac{\pi}{2} < y < \dfrac{\pi}{2}$ より　$\cos y > 0$

∴ $\cos y = \sqrt{1 - \sin^2 y} = \sqrt{1 - x^2}$ ……② $(\because x = \sin y)$

②を①に代入して，$\dfrac{dy}{dx} = (\sin^{-1}x)' = \dfrac{1}{\sqrt{1 - x^2}}$ ……………………(答)

これで，12 の基本公式の (7)，(8) の証明が終わった！

実践問題 8	● $\cos^{-1}x$ の導関数 ●

導関数の定義式を使って，(1) $\cos x$ の導関数を求め，その結果を用いて，(2) $\cos^{-1}x$ $(-1 < x < 1)$ の導関数を求めよ。

ヒント! (1) $\cos$ の差→積の公式を使う。(2) $y = \cos^{-1}x$ とおき，$x = \cos y$ より，まず x を y で微分して，その逆数をとる。

解答 & 解説

(1) $(\cos x)' = \lim\limits_{h \to 0}$ (ア)

差→積の公式：
$$\cos A - \cos B = -2\sin\frac{A+B}{2}\sin\frac{A-B}{2}$$
を使った！

$$= \lim_{h \to 0} \frac{-2 \cdot \sin\left(\underset{\frac{A+B}{2}}{\left(x+\frac{h}{2}\right)}\right)\sin\underset{\frac{A-B}{2}}{\frac{h}{2}}}{h}$$

$$= \lim_{\substack{h \to 0 \\ (\theta \to 0)}} \left\{ \boxed{(イ)} \right\} \cdot \frac{\sin\frac{h}{2}}{\frac{h}{2}} = -\sin x \quad \cdots\cdots(答)$$

(2) $y = \cos^{-1}x$ $(-1 < x < 1)$ とおくと，$\boxed{(ウ)}$ $(0 < y < \pi)$

よって，まず x を y で微分して， 逆数をとった！

$$\frac{dx}{dy} = (\cos y)' = -\sin y \quad (0 < y < \pi) \qquad \therefore \frac{dy}{dx} = -\frac{1}{\sin y} \quad \cdots\cdots①$$

ここで，$0 < y < \pi$ より $\sin y > 0$

$$\therefore \sin y = \sqrt{1 - \cos^2 y} = \sqrt{1 - x^2} \quad \cdots\cdots② \quad (\because \boxed{(ウ)})$$

②を①に代入して，$\dfrac{dy}{dx} = (\cos^{-1}x)' = \boxed{(エ)}$ $\cdots\cdots\cdots(答)$

これで，12 の基本公式の (9), (10) の証明が終わった！

解答 (ア) $\dfrac{\cos(x+h) - \cos x}{h}$ (イ) $-\sin\left(x+\dfrac{h}{2}\right)$ (ウ) $x = \cos y$ (エ) $-\dfrac{1}{\sqrt{1-x^2}}$

§2. 微分計算

　前回は，微分計算の基本を勉強したんだね。今回は，まず，2つの関数の積と商の微分，それに合成関数の微分の3つの公式を，その証明も含めて解説する。この3つの公式を使うことにより，実践的に様々な関数を微分できるようになるんだよ。

　さらに，高階微分や，媒介変数表示された曲線の微分についても教えるつもりだ。今回も，シッカリ勉強してくれ。

● 3つの微分公式で，多彩な微分計算ができる！

　まず，2つの関数の積と商の微分，それに，合成関数の微分の3つの重要な微分公式を下に示すよ。

重要な3つの微分公式

・$f(x)$ と $g(x)$ が共に微分可能なとき，

（Ⅰ）$\{f(x) \cdot g(x)\}' = f'(x) \cdot g(x) + f(x) \cdot g'(x)$

（Ⅱ）$\left\{\dfrac{f(x)}{g(x)}\right\}' = \dfrac{f'(x) \cdot g(x) - f(x) \cdot g'(x)}{\{g(x)\}^2}$ （ただし，$g(x) \neq 0$）

$\left(\dfrac{分子}{分母}\right)'$ は $\dfrac{(分子)' \cdot 分母 - 分子 \cdot (分母)'}{(分母)^2}$ と口ずさみながら覚えよう！

・$y = f(t)$，$t = g(x)$ が共に微分可能なとき，

合成関数 $y = f(g(x))$ も微分可能で，次式が成り立つ。

（Ⅲ）$y' = \dfrac{dy}{dx} = \dfrac{dy}{dt} \cdot \dfrac{dt}{dx}$ ← 形式上，dt で割った分，dt をかける形になっている。

　これらは，実践的で役に立つ公式で，高校の段階で既に知っている人も多いと思う。でも，大学では，公式の証明を重要視するので，試験で問われるかもしれない。だから，まずこれらの公式の証明を入れておくよ。

（Ⅰ）$(f \cdot g)' = f' \cdot g + f \cdot g'$ の証明。 ← 略記して示した！

$$\{f(x) \cdot g(x)\}' = \lim_{h \to 0} \frac{f(x+h) \cdot g(x+h) - f(x) \cdot g(x)}{h}$$

同じものを引いて, 足すのがコツ！

$$= \lim_{h \to 0} \frac{\{f(x+h) \cdot g(x+h) - f(x+h) \cdot g(x)\} + \{f(x+h) \cdot g(x) - f(x) \cdot g(x)\}}{h}$$

$$= \lim_{h \to 0} \left\{ f(x + \boxed{h}) \cdot \boxed{\frac{g(x+h) - g(x)}{h}} + \boxed{\frac{f(x+h) - f(x)}{h}} \cdot g(x) \right\}$$

     0           $g'(x)$ $f'(x)$

$$= f(x) \cdot g'(x) + f'(x) \cdot g(x) \quad \text{となる。どう？ 簡単だろ？}$$

（Ⅱ）$\left(\dfrac{f}{g}\right)' = \dfrac{f' \cdot g - f \cdot g'}{g^2}$ の証明。

$$\frac{f(x+h)g(x) - f(x)g(x+h)}{g(x+h)g(x)}$$

$$\left\{\frac{f(x)}{g(x)}\right\}' = \lim_{h \to 0} \frac{\dfrac{f(x+h)}{g(x+h)} - \dfrac{f(x)}{g(x)}}{h} = \lim_{h \to 0} \frac{f(x+h)g(x) - f(x)g(x+h)}{hg(x+h)g(x)}$$

同じものを引いて, 足すのがコツ！

$$= \lim_{h \to 0} \frac{\{f(x+h)g(x) - f(x)g(x)\} - \{f(x)g(x+h) - f(x)g(x)\}}{hg(x+h)g(x)}$$

$$= \lim_{h \to 0} \frac{1}{g(x+\boxed{h}) \cdot g(x)} \left\{ \boxed{\frac{f(x+h) - f(x)}{h}} \cdot g(x) - f(x) \cdot \boxed{\frac{g(x+h) - g(x)}{h}} \right\}$$

          0          $f'(x)$ $g'(x)$

$$= \frac{f'(x)g(x) - f(x)g'(x)}{\{g(x)\}^2} \quad \text{と証明できる。これも大丈夫？}$$

（Ⅲ）$\dfrac{dy}{dx} = \dfrac{dy}{dt} \cdot \dfrac{dt}{dx}$ の証明。これは少し手ゴワイよ。

$y = f(t)$, $t = g(x)$ からできる合成関数 $y = f(g(x))$ を x で微分すると,

$g(x) + u$ とおくのがコツ

$$\frac{dy}{dx} = \lim_{h \to 0} \frac{f(\boxed{g(x+h)}) - f(g(x))}{h} \quad \cdots\cdots ①$$

ここで，$g(x+h)=g(x)+u$ とおくと

$u=g(x+h)-g(x)$ ……② より，

$\displaystyle \lim_{h\to 0} u = \lim_{h\to 0}\{g(x+\overset{0}{\boxed{h}})-g(x)\}=0$

$\therefore$ $h\to 0$ のとき，$u\to 0$

さらに，$g(x)=t$ とおくと，①は

$\dfrac{dy}{dx}=\displaystyle\lim_{h\to 0}\dfrac{f(\overset{t}{\boxed{g(x)}}+u)-f(\overset{t}{\boxed{g(x)}})}{\underset{\sim}{u}}\cdot\dfrac{\underset{\sim}{u}}{h}$

$\boxed{g(x+h)-g(x)\ (②より)}$

$\boxed{\underset{\sim}{u}\ \text{で割った分}\ \underset{\sim}{u}\ \text{をかけた！}}$

$=\displaystyle\lim_{\substack{h\to 0 \\ (u\to 0)}}\boxed{\dfrac{f(t+u)-f(t)}{u}}\cdot\boxed{\dfrac{g(x+h)-g(x)}{h}}$

$\boxed{2\ \text{つの導関数の式が出来た！}}$

$\boxed{f'(t)=\dfrac{dy}{dt}}$ $\boxed{g'(x)=\dfrac{dt}{dx}}$

$=\dfrac{dy}{dt}\cdot\dfrac{dt}{dx}$ となって，公式が導けた！

これで，様々な関数の微分が可能となる。いくつか例題をやってみよう。

(1) $(x^2\cdot\log x)'=(x^2)'\cdot\log x+x^2\cdot(\log x)'$ ← $\boxed{\text{公式}:(f\cdot g)'=f'\cdot g+f\cdot g'}$

$=2x\cdot\log x+x^2\cdot\dfrac{1}{x}=x\cdot(2\cdot\log x+1)$

(2) $(\tan x)'=\left(\dfrac{\sin x}{\cos x}\right)'=\dfrac{(\sin x)'\cdot\cos x-\sin x\cdot(\cos x)'}{\cos^2 x}$

$=\dfrac{\overset{1}{\boxed{\cos^2 x+\sin^2 x}}}{\cos^2 x}=\dfrac{1}{\cos^2 x}=\sec^2 x$

$\boxed{\text{公式}:\left(\dfrac{f}{g}\right)'=\dfrac{f'\cdot g-f\cdot g'}{g^2}}$

これでも，公式：$(\tan x)'=\sec^2 x$ (P63) が導けたね。

(3) $(a^x)'$ について，$a^x=e^{x\log a}$ ← $\boxed{a^x=e^{\log a^x}=e^{x\log a}\ \text{より}}$

$y=a^x=e^{\overset{t}{\boxed{x\log a}}}$ とおき，$x\cdot\log a=t$

とおくと，合成関数の微分から，

$(a^x)'=y'=\dfrac{dy}{dx}=\dfrac{d\overset{e^t}{\boxed{y}}}{dt}\cdot\dfrac{d\overset{x\cdot\log a}{\boxed{t}}}{dx}$

$$\therefore (a^x)' = (e^t)' \cdot (x \cdot \boxed{\log a})' = e^t \cdot \log a = \boxed{e^{x \cdot \log a}} \cdot \log a = a^x \cdot \log a$$

定数

a^x

このようにして公式：$(a^x)' = a^x \cdot \log a$ (**P63**) を導くこともできるんだね。

(4) 前回の宿題の 1 つ $\{\log f(x)\}'$ $(f(x) > 0)$ について，

$y = \log f(x)$, $f(x) = t$ とおくと

$$\frac{dy}{dx} = \{\log f(x)\}' = \frac{d\boxed{y}}{dt} \cdot \frac{d\boxed{t}}{dx} = \frac{1}{\boxed{t}} \cdot f'(x) = \frac{f'(x)}{f(x)}$$

$\log t$　$f(x)$

$f(x)$

$$\therefore 公式：\{\log f(x)\}' = \frac{f'(x)}{f(x)} \ (\textbf{P63}) が導ける。$$

(5) $(\sinh x)' = \left(\dfrac{e^x - e^{-x}}{2}\right)' = \dfrac{1}{2}\{(e^x)' - (\boxed{e^{-x}})'\}$

t とおくと，合成関数の微分

y

$$= \frac{1}{2}\{e^x - \underbrace{e^{-x}}_{\frac{dy}{dt}} \cdot \underbrace{(-1)}_{\frac{dt}{dx}}\} = \frac{e^x + e^{-x}}{2} = \cosh x$$

(同様に，$(\cosh x)' = \sinh x$ も導ける。)

(6) $(x^x)'$ $(x > 0)$ について，$y = x^x$ $(x > 0)$ とおくと，

この両辺は正より，両辺の自然対数をとると，

$$\log y = \log x^{\boxed{x}} = x \cdot \log x \longleftarrow$$

この両辺を x で微分して

$$\frac{d(\log y)}{dx} = \underbrace{x'}_{1} \cdot \log x + x \cdot \underbrace{(\log x)'}_{\frac{1}{x}}$$

$$\boxed{\frac{d(\log y)}{dy} \cdot \frac{dy}{dx} = \frac{1}{y} \cdot y'}$$ 合成関数の微分

対数微分法

一般に $y = (x の式)^{(x の式)}$ の両辺が正のとき，これを微分するには，両辺の自然対数をとって，

$$\log y = \log(x の式)^{(x の式)}$$

の形にしてから微分するとうまくいく。

$$\therefore \frac{1}{y} \cdot y' = \log x + 1 \ より，\qquad y' = \boxed{y}(\log x + 1)$$

x^x

以上より，$(x^x)' = x^x \cdot (\log x + 1)$

(7) 最後に前回の宿題の残り $\underline{(x^\alpha)' = \alpha \cdot x^{\alpha-1}}$ $(\alpha：実数)$

の証明もしておこう。 **12 の基本公式の (6)(P63)**

$\quad y = x^\alpha \cdots\cdots ①\quad (x \neq 0)$ とおく。

(i) $x > 0$ のとき，

①の両辺が正より，両辺の自然対数をとって，

$\quad \log y = \log x^\alpha = \alpha \cdot \log x$

この両辺を x で微分して，

$\dfrac{1}{y} \cdot y' = \alpha \cdot (\log x)' = \alpha \cdot \dfrac{1}{x} \quad \therefore y' = \alpha \cdot y \cdot \dfrac{1}{x} = \alpha \cdot x^\alpha \cdot x^{-1} = \alpha \cdot x^{\alpha-1}$

(ii) $x < 0$ のとき，

$x = -u \quad (u > 0)$ とおくと，$y = x^\alpha = (-u)^\alpha = (-1)^\alpha u^\alpha$

$\dfrac{dy}{dx} = \dfrac{d\overbrace{(y)}^{(-1)^\alpha \cdot u^\alpha}}{du} \cdot \dfrac{d\overbrace{(u)}^{-x}}{dx} = (-1)^\alpha \cdot \underbrace{\alpha \overbrace{(u)}^{-x}{}^{\alpha-1}}_{(u^\alpha)' \,(\because u>0)} \cdot (-1)$

$= \underwave{(-1)^{\alpha+1} \cdot \alpha \cdot (-1)^{\alpha-1}} \cdot x^{\alpha-1} = \underbrace{(-1)^{2\alpha}}_{1} \cdot \alpha \cdot x^{\alpha-1} = \alpha \cdot x^{\alpha-1}$

以上 (i)(ii) より，$(x^\alpha)' = \alpha \cdot x^{\alpha-1}$ $(\alpha：実数)$ が成り立つ。

以上で，微分の **12 の基本公式**の証明もすべて終わった！

● 媒介変数と陰関数の微分法はこれだ！

一般に $y = f(x)$ の形の導関数 $f'(x)$ は次のように表すことができる。

$f'(x) = y' = \dfrac{dy}{dx} = \lim\limits_{\Delta x \to 0} \dfrac{\Delta y}{\Delta x}$ $\quad (\Delta x：x の変化分，\ \Delta y：y の変化分)$

ここで，媒介変数 (パラメータ) 表示された曲線

$x = f(\theta),\ y = g(\theta)\quad (\theta：媒介変数)$

の導関数 $\dfrac{dy}{dx}$ は，次のように求めることができる。

$\dfrac{dy}{dx} = \dfrac{\dfrac{dy}{d\theta}}{\dfrac{dx}{d\theta}}\quad \left(\because \dfrac{dy}{dx} = \lim\limits_{\Delta x \to 0}\dfrac{\Delta y}{\Delta x} = \lim\limits_{\Delta \theta \to 0}\dfrac{\dfrac{\Delta y}{\Delta \theta}}{\dfrac{\Delta x}{\Delta \theta}}\right)$

$\dfrac{dx}{d\theta}$ と $\dfrac{dy}{d\theta}$ を別々に求めて，商の形にする。このとき，一般に，$\dfrac{dy}{dx}$ は θ の式で表されることにも注意する。

次に，陰関数の微分に関しては，陰関数表示のアステロイド曲線：

$x^{\frac{2}{3}}+y^{\frac{2}{3}}=a^{\frac{2}{3}}$ $(a>0)$ の微分を例として示せば十分だと思う。

陰関数表示の場合，そのまま両辺を x で微分する。

$$\boxed{\left(x^{\frac{2}{3}}\right)'}+\boxed{\left(y^{\frac{2}{3}}\right)'}=\boxed{\overset{0}{\left(a^{\frac{2}{3}}\right)'}}$$

$\boxed{\dfrac{2}{3}x^{-\frac{1}{3}}}$ $\boxed{\dfrac{d(y^{\frac{2}{3}})}{dy}\cdot\dfrac{dy}{dx}=\dfrac{2}{3}\cdot y^{-\frac{1}{3}}\cdot y'}$ ← 合成関数の微分

$\dfrac{2}{3}\left(\dfrac{1}{\sqrt[3]{x}}+\dfrac{1}{\sqrt[3]{y}}\cdot y'\right)=0$ $y'=-\dfrac{\sqrt[3]{y}}{\sqrt[3]{x}}$ （ただし，$|x|<a$, $x\neq0$）

● 高階導関数の基本を押さえよう！

← "n 次導関数" ともいう

関数 $y=f(x)$ を x で n 回微分した関数を $f(x)$ の "n 階導関数" といい，次のように表す。$n\geqq2$ のとき，これを "高階微分" や "高階導関数" と呼ぶ。

■ n 階導関数

$$f^{(n)}(x)=y^{(n)}=\dfrac{d^ny}{dx^n}\qquad (n=1,\,2,\,3,\,\cdots)$$

$n\geqq2$ のとき，これを "高次微分" や "高次導関数" とも呼ぶ。

これから，$f'(x)=f^{(1)}(x)$, $f''(x)=f^{(2)}(x)$ などと表してもよい。

主な関数の n 階導関数 $f^{(n)}(x)$ を示す。

(1) $f(x)=e^x$ のとき，$f'(x)=e^x$ より，$f(x)$ を x で n 回微分しても変化しない。

∴ $f^{(n)}(x)=\boxed{(e^x)^{(n)}=e^x}$

(2) $f(x)=x^n$ （n：自然数）のとき，

$f^{(1)}(x)=n\cdot x^{n-1}$, $f^{(2)}(x)=n\cdot(n-1)\cdot x^{n-2}$ 以下同様に，

$f^{(n)}(x)=n\cdot(n-1)\cdot(n-2)\cdots\cdots3\cdot2\cdot1\cdot x^0=n!$ より，$f^{(n)}(x)=n!$ となる。

∴ $f^{(n)}(x)=\boxed{(x^n)^{(n)}=n!}$

(3) 三角関数 $\sin x$ と $\cos x$ は共に，$(\sin x)''=-\sin x$, $(\cos x)''=-\cos x$ と，2 回微分すると，自分自身に $\ominus$ をつけたものになる。ということは，4 回微分すると自分自身に戻るという周期性をもっているんだね。

$f(x)=\sin x$ とすると，

← 元に戻った！

$f^{(1)}(x)=\cos x$, $f^{(2)}(x)=-\sin x$, $f^{(3)}(x)=-\cos x$, $f^{(4)}(x)=\sin x$

以下同様に，

$f^{(5)}(x) = \cos x, \ f^{(6)}(x) = -\sin x, \ \cdots\cdots$ と同じ式が繰り返し現れる。

ここで，$\quad f^{(1)}(x) = \cos x = \sin\left(x + \dfrac{\pi}{2}\right) \qquad [\, = f^{(5)}(x) = f^{(9)}(x) = \cdots\,]$

$\qquad\qquad f^{(2)}(x) = -\sin x = \sin(x + \pi) \qquad [\, = f^{(6)}(x) = f^{(10)}(x) = \cdots]$

$\qquad\qquad f^{(3)}(x) = -\cos x = \sin\left(x + \dfrac{3}{2}\pi\right) \quad [\, = f^{(7)}(x) = f^{(11)}(x) = \cdots]$

$\qquad\qquad f^{(4)}(x) = \sin x = \sin(x + 2\pi) \qquad [\, = f^{(8)}(x) = f^{(12)}(x) = \cdots]$

となるので，$f(x) = \sin x$ の n 階導関数 $f^{(n)}(x)$ は，スッキリと，

$$f^{(n)}(x) = (\sin x)^{(n)} = \sin\left(x + \dfrac{n\pi}{2}\right) \quad (n = 1, 2, 3, \cdots) \quad \text{で表される。}$$

同様に，$g(x) = \cos x$ とおくと，

$\qquad\qquad g^{(1)}(x) = -\sin x = \cos\left(x + \dfrac{\pi}{2}\right) \quad [\, = g^{(5)}(x) = g^{(9)}(x) = \cdots\,]$

$\qquad\qquad g^{(2)}(x) = -\cos x = \cos(x + \pi) \qquad [\, = g^{(6)}(x) = g^{(10)}(x) = \cdots]$

$\qquad\qquad g^{(3)}(x) = \sin x = \cos\left(x + \dfrac{3}{2}\pi\right) \quad [\, = g^{(7)}(x) = g^{(11)}(x) = \cdots]$

$\qquad\qquad g^{(4)}(x) = \cos x = \cos(x + 2\pi) \qquad [\, = g^{(8)}(x) = g^{(12)}(x) = \cdots]$

よって，$g^{(n)}(x) = (\cos x)^{(n)} = \cos\left(x + \dfrac{n\pi}{2}\right) \ (n = 1, 2, 3, \cdots)$ と表される。

● ライプニッツの微分公式は，二項展開と似ている！

2 つの関数の積の高階微分には，ライプニッツの微分公式が有効だ。2 つの関数 $f(x)$ と $g(x)$ を，f, g と略記して，その積の高階微分を求めると，

$(f \cdot g)^{(1)} = f^{(1)} \cdot g + f \cdot g^{(1)} = f' \cdot g + f \cdot g'$

$(f \cdot g)^{(2)} = (f' \cdot g + f \cdot g')' = \underline{(f' \cdot g)'} + \underline{(f \cdot g')'}$

$\qquad\qquad = \underwave{f'' \cdot g + f' \cdot g'} + \underline{f' \cdot g' + f \cdot g''}$

$\qquad\qquad = f^{(2)} \cdot g + 2f^{(1)} \cdot g^{(1)} + f \cdot g^{(2)}$

$\qquad\qquad = {}_2\mathrm{C}_0 f^{(2)} g + {}_2\mathrm{C}_1 f^{(1)} \cdot g^{(1)} + {}_2\mathrm{C}_2 f g^{(2)}$

$$(f \cdot g)^{(3)} = (f'' \cdot g + 2f' \cdot g' + f \cdot g'')' = \underline{(f'' \cdot g)'} + 2\underline{\underline{(f' \cdot g')'}} + \underline{\underline{\underline{(f \cdot g'')'}}}$$

$$= \underline{f''' \cdot g + f'' \cdot g'} + 2\underline{\underline{(f'' \cdot g' + f' \cdot g'')}} + \underline{\underline{\underline{f' \cdot g'' + f \cdot g'''}}}$$

$$= f''' \cdot g + 3f'' \cdot g' + 3f' \cdot g'' + f \cdot g'''$$

$$= {}_3C_0 f^{(3)} g + {}_3C_1 f^{(2)} g^{(1)} + {}_3C_2 f^{(1)} g^{(2)} + {}_3C_3 f g^{(3)}$$

どう？ これを一般化すると，二項展開の公式：

$$(a+b)^n = {}_nC_0 a^n + {}_nC_1 a^{n-1}b + {}_nC_2 a^{n-2}b^2 + \cdots\cdots + {}_nC_n b^n$$

と同様の形の公式になっているのがわかるね。これを "**ライプニッツの微分公式**" という。

ライプニッツの微分公式

$$(f \cdot g)^{(n)} = {}_nC_0 f^{(n)} \cdot g + {}_nC_1 f^{(n-1)} \cdot g^{(1)} + {}_nC_2 f^{(n-2)} \cdot g^{(2)} + \cdots$$
$$\cdots + {}_nC_{n-1} f^{(1)} \cdot g^{(n-1)} + {}_nC_n f \cdot g^{(n)}$$

それでは，実際にこの公式を使ってみよう。

(1) $y = x^3 \cdot e^{-x}$ のとき，この 3 階導関数 (3 次導関数) は

$$y^{(3)} = \underset{\underset{3!}{\underbrace{}}}{\underset{\underset{1}{\underbrace{}}}{{}_3C_0 (x^3)^{(3)}}} \cdot e^{-x} + \underset{3}{{}_3C_1} \cdot \underset{\underset{3 \cdot 2 \cdot x}{\underbrace{}}}{(x^3)^{(2)}} \cdot \underset{(-e^{-x})}{(e^{-x})^{(1)}} + \underset{3}{{}_3C_2} \underset{\underset{3 \cdot x^2}{\underbrace{}}}{(x^3)^{(1)}} \cdot \underset{e^{-x}}{(e^{-x})^{(2)}} + \underset{1}{{}_3C_3} x^3 \cdot \underset{-e^{-x}}{(e^{-x})^{(3)}}$$

$$= 6e^{-x} - 18xe^{-x} + 9x^2 e^{-x} - x^3 e^{-x}$$

$$= (6 - 18x + 9x^2 - x^3)e^{-x}$$

(2) $y = e^x \cdot \sin x$ のとき，この 4 階導関数 (4 次導関数) は，

$$y^{(4)} = \underset{1}{{}_4C_0} \underset{e^x}{(e^x)^{(4)}} \sin x + \underset{4}{{}_4C_1} \underset{e^x}{(e^x)^{(3)}} \cdot \underset{\cos x}{(\sin x)^{(1)}} + \underset{6}{{}_4C_2} \underset{e^x}{(e^x)^{(2)}} \cdot \underset{-\sin x}{(\sin x)^{(2)}}$$

$$+ \underset{4}{{}_4C_3} \underset{e^x}{(e^x)^{(1)}} \cdot \underset{-\cos x}{(\sin x)^{(3)}} + \underset{1}{{}_4C_4} e^x \cdot \underset{\sin x}{(\sin x)^{(4)}}$$

$$= e^x \cdot \sin x + 4\cancel{e^x \cos x} - 6e^x \sin x - 4\cancel{e^x \cos x} + e^x \sin x$$

$$= -4e^x \sin x$$

次の関数を微分せよ。

(1) $x^3 \cdot \log 2x$　　　　　　　　　(2) $\sin(\cos x)$

(3) $\sin^{-1} 2x$　　　　　　　　　　(4) $\sinh^{-1} x$

ヒント！ (1) 2つの関数の積の微分。(2) 合成関数の微分。(3) 逆三角関数の合成関数の微分。(4) $\sinh^{-1} x = \log(x + \sqrt{x^2 + 1})$ の微分。

解答＆解説

(1) $(x^3 \cdot \log 2x)' = (x^3)' \cdot \log 2x + x^3 \cdot (\log 2x)'$　⟵ 公式：$(f \cdot g)' = f' \cdot g + f \cdot g'$

$$= 3x^2 \cdot \log 2x + x^3 \cdot \frac{\cancel{2}}{\cancel{2}x} = x^2(3\log 2x + 1) \quad \cdots\cdots\cdots\cdots\text{（答）}$$

(2) $\{\sin(\cos x)\}' = \underline{\cos(\cos x)} \cdot \underline{(\cos x)'}$

$y = \sin t$, $t = \cos x$ とおいて $\dfrac{dy}{dx} = \dfrac{dy}{dt} \cdot \dfrac{dt}{dx}$ となる。

$$= -\sin x \cdot \cos(\cos x) \quad \cdots\cdots\cdots\cdots\cdots\cdots\text{（答）}$$

(3) $\{\sin^{-1} 2x\}' = \dfrac{1}{\sqrt{1 - (2x)^2}} \cdot (2x)'$　⟵ 公式：$(\sin^{-1} t)' = \dfrac{1}{\sqrt{1 - t^2}}$

$y = \sin^{-1} t$, $t = 2x$ とおいて $\dfrac{dy}{dx} = \dfrac{dy}{dt} \cdot \dfrac{dt}{dx}$ となる。

$$= \frac{2}{\sqrt{1 - 4x^2}} \quad \cdots\cdots\cdots\cdots\cdots\cdots\cdots\cdots\text{（答）}$$

(4) $\sinh^{-1} x = \log(x + \sqrt{x^2 + 1})$ より，　⟵ 演習問題 5 (P44) 参照

$(\sinh^{-1} x)' = \{\log(x + \sqrt{x^2 + 1})\}'$　$\left(\log f\right)' = \dfrac{f'}{f}$ を使った。

$$= \frac{\{x + (x^2 + 1)^{\frac{1}{2}}\}'}{x + \sqrt{x^2 + 1}} = \frac{1 + \frac{1}{2}(x^2 + 1)^{-\frac{1}{2}} \cdot \cancel{2}x}{x + \sqrt{x^2 + 1}}$$

$$= \frac{\sqrt{x^2 + 1} + x}{(x + \sqrt{x^2 + 1}) \cdot \sqrt{x^2 + 1}}$$　⟵ 分子・分母に $\sqrt{x^2 + 1}$ をかけた。

$$= \frac{1}{\sqrt{x^2 + 1}} \quad \cdots\cdots\cdots\cdots\cdots\cdots\cdots\cdots\text{（答）}$$

実践問題 9	● 微分計算の練習（Ⅱ）●

次の関数を微分せよ。

(1) $x^2 \cdot e^{-x}$ 　　　　　　　(2) $\cos(\sin x)$

(3) $\tan^{-1} 2x$ 　　　　　　　(4) $\tanh^{-1} x \quad (-1 < x < 1)$

ヒント！ (4) 実践問題 5（P45）より，$\tanh^{-1} x = \dfrac{1}{2}\log\dfrac{1+x}{1-x} \quad (-1 < x < 1)$

解答＆解説

(1) $(x^2 \cdot e^{-x})' = (x^2)' \cdot e^{-x} + x^2 \cdot (e^{-x})'$

$\qquad\qquad = \boxed{(\mathcal{P})} = x(2-x)\cdot e^{-x}$ …………（答）

(2) $\{\cos(\sin x)\}' = \boxed{(\mathcal{イ})} \cdot \underline{(\sin x)'}$

$\boxed{y = \cos t,\ t = \sin x \text{ とおいて } \dfrac{dy}{dx} = \dfrac{dy}{dt} \cdot \dfrac{dt}{dx} \text{ となる。}}$

$\qquad\qquad = -\cos x \cdot \sin(\sin x)$ …………………（答）

(3) $\{\tan^{-1} 2x\}' = \dfrac{1}{1+(2x)^2} \cdot \underline{(2x)'} = \boxed{(\mathcal{ウ})}$ ………………（答）

$\boxed{y = \tan^{-1} t,\ t = 2x \text{ とおいて } \dfrac{dy}{dx} = \dfrac{dy}{dt} \cdot \dfrac{dt}{dx} \text{ となる。}}$

$\boxed{\text{公式}: (\tan^{-1} t)' = \dfrac{1}{1+t^2}}$

(4) $\tanh^{-1} x = \dfrac{1}{2}\{\log(1+x) - \log(1-x)\} \quad (-1 < x < 1)$ より，

実践問題 5（P45）参照

$(\tanh^{-1} x)' = \dfrac{1}{2}\{\log(1+x) - \log(1-x)\}'$

$\qquad = \boxed{(\mathcal{エ})}$

$\qquad = \dfrac{1}{2} \cdot \dfrac{1 - \cancel{x} + 1 + \cancel{x}}{(1+x)(1-x)} = \dfrac{1}{1-x^2}$ …………………（答）

解答 $(\mathcal{P})\ 2x \cdot e^{-x} + x^2 \cdot (-1) \cdot e^{-x}$ 　　$(\mathcal{イ})\ -\sin(\sin x)$

$\qquad (\mathcal{ウ})\ \dfrac{2}{1+4x^2}$ 　　$(\mathcal{エ})\ \dfrac{1}{2}\left(\dfrac{1}{1+x} - \dfrac{-1}{1-x}\right)$ または $\dfrac{1}{2}\left(\dfrac{1}{1+x} + \dfrac{1}{1-x}\right)$

(1) $y = x^{\sin^{-1}x}$ $(0 < x < 1)$ を微分せよ。

(2) $y = (1+x^2)\tan^{-1}x$ の 3 階導関数を求めよ。

ヒント！ (1) 両辺の自然対数をとって微分する。(2) 高階微分の問題。

解答＆解説

$\boxed{y = (x \text{ の式})^{(x \text{ の式})} \text{ の微分}}$

(1) $y = x^{\sin^{-1}x}$ $(0 < x < 1)$ の両辺は正より，両辺の自然対数をとって，

$$\log y = \log x^{\boxed{\sin^{-1}x}} \qquad \therefore \log y = \sin^{-1}x \cdot \log x$$

この両辺を x で微分して

$$\underbrace{\frac{1}{y} \cdot y'}_{\substack{d(\log y) \\ dy} \cdot \frac{dy}{dx}} = \underbrace{(\boxed{(\sin^{-1}x)'})}_{\frac{1}{\sqrt{1-x^2}}} \cdot \log x + \sin^{-1}x \cdot \underbrace{(\boxed{(\log x)'})}_{\frac{1}{x}}$$

$$\therefore y' = y \cdot \left(\frac{\log x}{\sqrt{1-x^2}} + \frac{\sin^{-1}x}{x} \right) = x^{\sin^{-1}x}\left(\frac{\log x}{\sqrt{1-x^2}} + \frac{\sin^{-1}x}{x} \right) \quad \cdots\cdots (答)$$

(2) $y = (1+x^2) \cdot \tan^{-1}x$ を 3 回，x で微分すると，

$$y' = (1+x^2)' \cdot \tan^{-1}x + (1+x^2) \cdot \underbrace{(\boxed{(\tan^{-1}x)'})}_{\frac{1}{1+x^2}} = 2x \cdot \tan^{-1}x + (1+x^2) \cdot \frac{1}{1+x^2}$$

$$= 2x \cdot \tan^{-1}x + 1$$

$$y'' = 2 \cdot x' \cdot \tan^{-1}x + 2x \cdot (\tan^{-1}x)' = 2 \cdot 1 \cdot \tan^{-1}x + 2x \cdot \frac{1}{1+x^2}$$

$$= 2\tan^{-1}x + \frac{2x}{1+x^2}$$

$$y^{(3)} = 2 \cdot (\tan^{-1}x)' + 2 \cdot \left(\frac{x}{1+x^2} \right)' = \frac{2}{1+x^2} + 2 \cdot \frac{1 \cdot (1+x^2) - x \cdot 2x}{(1+x^2)^2}$$

$$= \frac{2}{1+x^2} + \frac{2(1-x^2)}{(1+x^2)^2} = \frac{2(1+x^2) + 2(1-x^2)}{(1+x^2)^2}$$

$$= \frac{4}{(1+x^2)^2} \quad \cdots\cdots\cdots\cdots\cdots\cdots\cdots\cdots (答)$$

実践問題 10　　● 対数微分法と高階導関数（Ⅱ）●

(1) $y = x^{\tan^{-1}x}$ $(x > 0)$ を微分せよ。

(2) $y = x \cdot \sin^{-1}x$ $(-1 < x < 1)$ の 2 階導関数を求めよ。

ヒント！ **(1)** 対数微分法を用いる。**(2)** 高次微分の問題。

解答＆解説

$y = (x \text{ の式})^{(x\text{ の式})}$ の微分

(1) $y = x^{\tan^{-1}x}$ $(x > 0)$ の両辺は正より，両辺の自然対数をとって，

$$\log y = \log x^{\boxed{\tan^{-1}x}} \qquad \therefore \log y = \boxed{(\text{ア})}$$

この両辺を x で微分して

$$\boxed{(\text{イ})} = \underbrace{(\tan^{-1}x)'}_{\frac{1}{1+x^2}} \cdot \log x + \tan^{-1}x \cdot \underbrace{(\log x)'}_{\frac{1}{x}}$$

$$\therefore y' = y \cdot \left(\frac{\log x}{1+x^2} + \frac{\tan^{-1}x}{x} \right) = x^{\tan^{-1}x}\left(\frac{\log x}{1+x^2} + \frac{\tan^{-1}x}{x} \right) \quad \cdots\cdots（答）$$

(2) $y = x \cdot \sin^{-1}x$ $(-1 < x < 1)$ を 2 回，x で微分すると，

$$y' = x' \cdot \sin^{-1}x + x \cdot (\sin^{-1}x)' = \boxed{(\text{ウ})}$$

$$= \sin^{-1}x + x(1-x^2)^{-\frac{1}{2}}$$

$$y'' = (\sin^{-1}x)' + x' \cdot (1-x^2)^{-\frac{1}{2}} + x \cdot \{(1-x^2)^{-\frac{1}{2}}\}'$$

$$= \frac{1}{\sqrt{1-x^2}} + \frac{1}{\sqrt{1-x^2}} + x \cdot \left(-\frac{1}{2} \right) \cdot (1-x^2)^{-\frac{3}{2}} \cdot (-2x)$$

$$= \frac{2}{\sqrt{1-x^2}} + \frac{x^2}{\sqrt{1-x^2} \cdot (1-x^2)}$$

$$= \frac{2(1-x^2)+x^2}{\sqrt{1-x^2} \cdot (1-x^2)} = \boxed{(\text{エ})} \quad \cdots\cdots\cdots\cdots\cdots\cdots\cdots（答）$$

解答 （ア）$\tan^{-1}x \cdot \log x$ 　（イ）$\dfrac{1}{y} \cdot y'$ 　（ウ）$\sin^{-1}x + \dfrac{x}{\sqrt{1-x^2}}$ 　（エ）$\dfrac{2-x^2}{\sqrt{1-x^2} \cdot (1-x^2)}$

§3. ロピタルの定理と関数の極限

関数の極限で，$\dfrac{0}{0}$ や $\dfrac{\infty}{\infty}$ の不定形が出てき

たとき，早熟な(?)高校生なら，"ロピタル
の定理"を使ったかも知れないね。これは
非常に実践的で役に立つ定理なんだけど，
その証明法となると，右のような手順を踏
まないといけないから，結構手ゴワイよ。

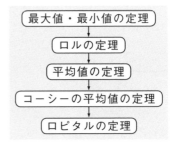

でも，この論証が重要だから，是非マスターしてくれ。もちろん，慣れて
ないと大変に感じるはずだから，1回でマスターしようと力む必要はない
よ。繰り返し練習して，自然に身についていくものなんだ。

● 最大値・最小値の定理から，いざ出発！

最終的に "ロピタルの定理" を証明するために，次の**"最大値・最小値
の定理"**は自明なこととして扱う。つまり，この定理を基にして，次々に
定理を導いていくんだよ。

最大値・最小値の定理

関数 $f(x)$ が，閉区間 $[a, b]$ で連
続のとき，$f(x)$ が最大値 M をと
る x と，最小値 m をとる x が，
この区間内にそれぞれ少なくと
も1つは存在する。

最大値 M
最小値 m
連続関数 $y = f(x)$

連続条件のみだ
から，とんがっ
た点があっても
かまわない。

a　x_m　x_M　b　x
最小値をとる x　最大値をとる x

この最大値・最小値の定理も，実は，**"実数の連続性の公理"**から導かれる
ものなんだけれど，今回は，この定理を基にして，"ロルの定理"以降の
さまざまな定理を導く。

まず，"**ロルの定理**"を下に示す。

ロルの定理

関数 $f(x)$ が，閉区間 $[a, b]$ で連続，かつ開区間 (a, b) で微分可能，さらに $f(a) = f(b)$ であるとき，

$\quad f'(c) = 0 \quad (a < c < b)$

をみたす c が，少なくとも 1 つ存在する。

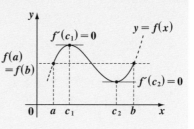

今回の関数 $y = f(x)$ は，$a \leqq x \leqq b$ で連続，かつ $a < x < b$ で微分可能といっているので，この範囲内でとんがったところ（微分不能な点）のない，連続でなめらかな曲線になる。さらに，$f(a) = f(b)$ から，両端点の y 座標が等しいグラフになる。このとき，$f'(c) = 0 \quad (a < c < b)$ をみたす c が，区間 (a, b) の範囲に存在することを，最大値・最小値の定理から示そう！

（I）$f(x) > f(a)$ をみたす x があれば，最大値・最小値の定理より，$f(x)$ は最大値 $f(c) \ (a < c < b)$ をもつ。$f(c)$ は最大値なので，c より $h \ (\neq 0)$ だけずれた点の y 座標 $f(c + h)$ は必ず，

$\quad \underset{\text{最大値}}{\underline{f(c)}} \geqq f(c + h) \quad \cdots\cdots ① \quad (h \neq 0)$ をみたす。

（ i ）$h > 0$ のとき，①より，

$\qquad f(c + h) - f(c) \leqq 0 \qquad \dfrac{f(c + h) - f(c)}{h} \leqq 0$ 　　　両辺を $h (> 0)$ で割った！

$\quad \therefore \displaystyle\lim_{h \to 0} \dfrac{f(c + h) - f(c)}{h} = \boxed{f'(c) \leqq 0}$

（ ii ）$h < 0$ のとき，①より，

$\qquad f(c + h) - f(c) \leqq 0 \qquad \dfrac{f(c + h) - f(c)}{h} \geqq 0$ 　　　両辺を $h (< 0)$ で割った！

$\quad \therefore \displaystyle\lim_{h \to 0} \dfrac{f(c + h) - f(c)}{h} = \boxed{f'(c) \geqq 0}$

以上（ i ）（ ii ）より，$0 \leqq f'(c) \leqq 0$。

よって，$f'(c) = 0 \quad (a < c < b)$ が成り立つ。

(II) 同様に, $f(x) < f(a)$ をみたす x があれば, 最大値・最小値の定理より $f(x)$ は最小値 $f(c)$ $(a < c < b)$ をもつ。$f(c)$ は最小値より,

$$f(c) \leqq f(c+h) \quad \cdots\cdots ② \quad (h \neq 0)$$

(i) $h > 0$ のとき, ②より,

$$\frac{f(c+h) - f(c)}{h} \geqq 0 \qquad \therefore \lim_{h \to 0} \frac{f(c+h) - f(c)}{h} = \boxed{f'(c) \geqq 0}$$

(ii) $h < 0$ のとき, ②より,

$$\frac{f(c+h) - f(c)}{h} \leqq 0 \qquad \therefore \lim_{h \to 0} \frac{f(c+h) - f(c)}{h} = \boxed{f'(c) \leqq 0}$$

以上 (i)(ii) より, $f'(c) = 0$ $(a < c < b)$ となる。

(III) $f(x) > f(a)$, $f(x) < f(a)$ をみたす x が存在しないとき, $y = f(x)$ は定数関数 $y = f(a)$ となるので, $a < x < b$ の範囲のすべての x が, $f'(x) = 0$ をみたす。

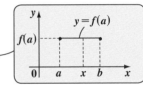

すなわち, $f'(c) = 0$ $(a < c < b)$ をみたす c が存在する。

以上 (I)(II)(III) より, ロルの定理は成り立つ。………………………(終)

このロルの定理は, これから話す"平均値の定理"や"コーシーの平均値の定理"だけでなく, 後で出てくる"テイラーの定理"の証明でも必要だから, シッカリ頭に入れておいてくれ。

● ロルの定理から, 平均値の定理を証明できる!

"平均値の定理"と, そのイメージを下に示すよ。

平均値の定理

関数 $f(x)$ が, 閉区間 $[a, b]$ で連続, かつ開区間 (a, b) で微分可能であるとき,

$$\frac{f(b) - f(a)}{b - a} = f'(c) \quad (a < c < b)$$

をみたす c が, 少なくとも 1 つ存在する。

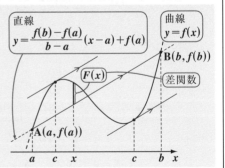

これも，$a \leqq x \leqq b$ の範囲で連続かつなめらかな曲線 $y = f(x)$ を考えれば
いい。この曲線について，両端点 $A(a, f(a))$ と $B(b, f(b))$ を通る直線
AB の傾きと等しい傾きをもった接線の接点の x 座標 c が，$a < x < b$ の範
囲に必ず 1 つは存在する，と言ってるんだね。

この平均値の定理は，曲線 $y = f(x)$ と直線 AB の差関数をとれば，ロル
の定理から次のように証明することができる。

曲線 $y = f(x)$ （$a \leqq x \leqq b$）の両端点 $A(a, f(a))$ と $B(b, f(b))$ を通る直
線の方程式は，

直線 AB の傾き。"平均変化率" のこと。

$$y = \boxed{\frac{f(b) - f(a)}{b - a}}(x - a) + f(a) \quad \text{となる。}$$

曲線 $y = f(x)$ と直線 AB との差関数を $F(x)$ とおくと，

$$F(x) = f(x) - \left\{ \frac{f(b) - f(a)}{b - a}(x - a) + f(a) \right\}$$

$$F(x) = f(x) - \frac{f(b) - f(a)}{b - a}(x - a) - f(a) \quad \cdots\cdots ①$$

①に $x = a$, b を代入すると，

$$\begin{cases} F(a) = \cancel{f(a)} - \dfrac{f(b) - f(a)}{b - a}(\cancel{a - a}) - \cancel{f(a)} = 0 \\[2mm] F(b) = f(b) - \dfrac{f(b) - f(a)}{\cancel{b - a}}(\cancel{b - a}) - f(a) \\[2mm] \qquad = \cancel{f(b)} - \cancel{f(b)} + \cancel{f(a)} - \cancel{f(a)} = 0 \end{cases}$$

ロルの定理

$F(x)$ は，$[a, b]$ で連続，(a, b) で微分可能，そして $F(a) = F(b)$ より，$F'(c) = 0$ $(a < c < b)$ をみたす c が存在する。

よって，$F(x)$ は，$[a, b]$ で連続，(a, b) で
微分可能，そして $F(a) = F(b)$ より，ロルの
定理から $F'(c) = 0$ $(a < c < b)$ をみたす c が
必ず存在する。

①の両辺を x で微分すると，

$$F'(x) = f'(x) - \frac{f(b) - f(a)}{b - a}$$

ここで，$F'(c) = 0$ $(a < c < b)$ をみたす c が必ず存在するので，

$$F'(c) = \boxed{f'(c) - \frac{f(b) - f(a)}{b - a} = 0} \quad (a < c < b)$$

したがって，$[a, b]$ で連続，(a, b) で微分可能な関数 $f(x)$ に対して，

$$\frac{f(b) - f(a)}{b - a} = f'(c) \quad (a < c < b) \text{ をみたす } c \text{ が少なくとも 1 つ存在する。}$$

……(終)

これで，平均値の定理の証明も終わったね。次は，"コーシーの平均値の定理"の証明に入ろう。少し複雑だけど，同様に証明できるよ。

● **コーシーの平均値の定理も，ロルの定理から導ける！**

"コーシーの平均値の定理"を以下に示す。

コーシーの平均値の定理

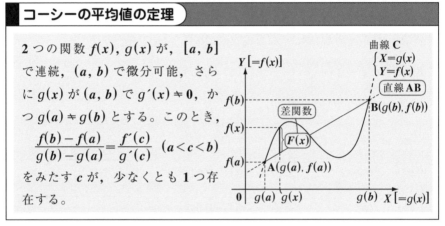

2 つの関数 $f(x)$, $g(x)$ が，$[a, b]$ で連続，(a, b) で微分可能，さらに $g(x)$ が (a, b) で $g'(x) \neq 0$, かつ $g(a) \neq g(b)$ とする。このとき，

$$\frac{f(b) - f(a)}{g(b) - g(a)} = \frac{f'(c)}{g'(c)} \quad (a < c < b)$$

をみたす c が，少なくとも 1 つ存在する。

この証明には，XY 座標平面上に媒介変数 x で表された曲線 C

$$\begin{cases} X = g(x) \quad \boxed{x \text{ を媒介変数と考えるのがミソ！}} \\ Y = f(x) \quad (a \leq x \leq b) \end{cases} \text{ を考えるといい。}$$

曲線 C 上の両端点 $A(g(a), f(a))$, $B(g(b), f(b))$ を通る直線の方程式は

$$Y = \frac{f(b) - f(a)}{g(b) - g(a)} \underset{\underset{g(x)}{\mathbb{T}}}{\{X - g(a)\}} + f(a) \quad (a \leq x \leq b)$$

$$\boxed{X \text{ ではなく，} x \text{ の関数であることに注意！}}$$

ここで，$Y = f(x)$ と直線 AB の差関数 $\underline{F(x)}$ をとる。

$$F(x) = f(x) - \left[\frac{f(b) - f(a)}{g(b) - g(a)} \{g(x) - g(a)\} + f(a) \right]$$

$$F(x) = f(x) - \frac{f(b) - f(a)}{g(b) - g(a)} \{g(x) - g(a)\} - f(a) \quad \cdots\cdots① \quad (a \leq x \leq b)$$

$F(x)$ は，$[a, b]$ で連続，かつ (a, b) で微分可能な関数である。

①に $x = a, b$ を代入すると

$$\begin{cases} F(a) = \cancel{f(a)} - \dfrac{f(b) - f(a)}{g(b) - g(a)} \{ \cancel{g(a)} - \cancel{g(a)} \} - \cancel{f(a)} = 0 \\[2mm] F(b) = f(b) - \dfrac{f(b) - f(a)}{\cancel{g(b) - g(a)}} \{ \cancel{g(b) - g(a)} \} - f(a) \\[2mm] \qquad = \cancel{f(b)} - \cancel{f(b)} + \cancel{f(a)} - \cancel{f(a)} = 0 \end{cases}$$

> **ロルの定理**
>
> $F(x)$ は，$[a, b]$ で連続，(a, b) で微分可能，そして $F(a) = F(b)$ より，$F'(c) = 0$ $(a < c < b)$ をみたす c が存在する。

以上より，$F(x)$ は，$[a, b]$ で連続，(a, b) で微分可能，そして $F(a) = F(b)$ であるから，ロルの定理より $F'(c) = 0$ $(a < c < b)$ をみたす c が必ず存在する。

①の両辺を x で微分すると，

$$F'(x) = f'(x) - \frac{f(b) - f(a)}{g(b) - g(a)} \cdot g'(x)$$

ここで，$F'(c) = 0$ $(a < c < b)$ をみたす c が必ず存在するので，

$$F'(c) = \boxed{f'(c) - \frac{f(b) - f(a)}{g(b) - g(a)} \cdot g'(c) = 0} \quad (a < c < b)$$

$$\therefore \frac{f(b) - f(a)}{g(b) - g(a)} = \frac{f'(c)}{g'(c)} \quad (a < c < b) \text{ が成り立つ。} \cdots\cdots\cdots\cdots\text{(終)}$$

● ロピタルの定理の証明に挑戦だ！

さァ，いよいよ本丸の "ロピタルの定理" の証明に入ろう！まず，"**ロピタルの定理**" を下に示す。役に立つ定理だから頭に入れてくれ。

■ ロピタルの定理

（Ⅰ）$f(x), g(x)$ は $x = a$ の付近で微分可能で，$f(a) = g(a) = 0$

とする。このとき，$\displaystyle\lim_{x \to a} \frac{f(x)}{g(x)} = \lim_{x \to a} \frac{f'(x)}{g'(x)}$ が成り立つ。

（Ⅱ）$f(x), g(x)$ は，$x = a$ を除く $x = a$ の付近で微分可能で，

$\displaystyle\lim_{x \to a} f(x) = \lim_{x \to a} g(x) = \pm\infty$ とする。

このとき，$\displaystyle\lim_{x \to a} \frac{f(x)}{g(x)} = \lim_{x \to a} \frac{f'(x)}{g'(x)}$ が成り立つ。

（ここで，a は，$\pm\infty$ でもかまわない。）

（Ⅰ）は $\dfrac{0}{0}$ の不定形，（Ⅱ）は $\dfrac{\infty}{\infty}$ の不定形を調べるのに使う。それでは，"コーシーの平均値"の定理を使って，（Ⅰ），（Ⅱ）の順に証明してみよう。

（Ⅰ）コーシーの平均値の定理の b に x を代入して，$f(a)=g(a)=0$ より，

$$\frac{f(x)-\overbrace{f(a)}^{0}}{g(x)-\underbrace{g(a)}_{0}}=\frac{f'(c)}{g'(c)} \qquad \therefore \frac{f(x)}{g(x)}=\frac{f'(c)}{g'(c)} \qquad \left(\begin{array}{l} a<c<x \\ \text{または } x<c<a \end{array}\right)$$

ここで，$x \to a$ のとき，はさみ打ちの原理から，$c \to a$

よって，$\displaystyle\lim_{x \to a}\frac{f(x)}{g(x)}=\lim_{\substack{x \to a \\ (c \to a)}}\frac{f'(c)}{g'(c)}=\lim_{c \to a}\frac{f'(c)}{g'(c)}$ 　この c を，x におきかえても同じ！

$$\therefore \underline{\lim_{x \to a}\frac{f(x)}{g(x)}}=\underline{\lim_{x \to a}\frac{f'(x)}{g'(x)}} \quad \text{が成り立つ。} \quad \cdots\cdots\cdots\cdots\text{（終）}$$

$\dfrac{0}{0}$ の不定形 　　$\dfrac{0}{0}$ の不定形でも，分子・分母を微分した極限として計算できる！

（Ⅱ）$\displaystyle\lim_{x \to a}\frac{f'(x)}{g'(x)}=\alpha$ とすると，これは，ε-δ 論法で次のように表せる。

$$^{\forall}\varepsilon>0, \ ^{\exists}\delta>0 \ \text{ s.t. } \boxed{0<|\underset{\sim}{x}-a|<\delta \Rightarrow \left|\frac{f'(x)}{g'(x)}-\alpha\right|<\varepsilon \quad \cdots\cdots①}$$

コーシーの平均値の定理より，

$$\frac{f(x)-f(b)}{g(x)-g(b)}=\frac{f'(c)}{g'(c)} \qquad \left(\begin{array}{l} \text{ただし，} b<c<x \ [<a] \\ \text{または，} [a<] \ x<c<b \end{array}\right)$$

をみたす c が存在する。この左辺を変形して，

$$\frac{f(x)\cdot\left\{1-\dfrac{f(b)}{f(x)}\right\}}{g(x)\cdot\left\{1-\dfrac{g(b)}{g(x)}\right\}}=\boxed{\frac{f(x)}{g(x)}\cdot\frac{1-\dfrac{f(b)}{f(x)}}{1-\dfrac{g(b)}{g(x)}}=\frac{f'(c)}{g'(c)} \quad \cdots\cdots②}$$

b を十分 a に近くとれば，c は b よりさらに a に近くなり，$0<|\underset{\sim}{c}-a|<\delta$ とすることができる。よって①より，

$$\left|\frac{f'(c)}{g'(c)}-\alpha\right|<\varepsilon \qquad \text{②を代入して，} \quad \left|\frac{f(x)}{g(x)}\cdot\frac{1-\dfrac{f(b)}{f(x)}}{1-\dfrac{g(b)}{g(x)}}-\alpha\right|<\varepsilon$$

ここで，b を固定して，$x \to a$ とすると，$f(x) \to \pm\infty$，$g(x) \to \pm\infty$ より，

$$\underset{\underset{\pm\infty}{}}{\frac{\overset{定数}{f(b)}}{f(x)}} \to 0, \qquad \underset{\underset{\pm\infty}{}}{\frac{\overset{定数}{g(b)}}{g(x)}} \to 0 \qquad また，0 < |x-a| < \delta \ となり，このとき$$

$$\left| \frac{f(x)}{g(x)} \cdot \frac{1 - \overset{0}{\underset{}{\dfrac{f(b)}{f(x)}}}}{1 - \underset{0}{\dfrac{g(b)}{g(x)}}}{}^{\nearrow 1} - \alpha \right| \to \left| \frac{f(x)}{g(x)} \times 1 - \alpha \right| < \varepsilon \quad \cdots\cdots ③$$

∴ どんなに小さな正の数 ε に対しても，③は成り立つので，

$$\underset{\boxed{\frac{\infty}{\infty}\text{の不定形}}}{\lim_{x \to a} \frac{f(x)}{g(x)}} = \alpha = \underset{\boxed{\frac{\infty}{\infty}\text{の不定形でも，分子・分母を微分した極限として計算できる！}}}{\lim_{x \to a} \frac{f'(x)}{g'(x)}} \quad が成り立つ。 \cdots\cdots\cdots\cdots\cdots\cdots(終)$$

それでは，実際にこの"ロピタルの定理"を使ってみよう。威力がわかるよ！

(1) $\displaystyle\lim_{x \to 0} \frac{e^x - 1}{x}$ $\boxed{\frac{0}{0}\text{の不定形}}$ $= \displaystyle\lim_{x \to 0} \frac{(e^x - 1)'}{x'} = \lim_{x \to 0} \frac{\overset{e^0 = 1}{\overbrace{e^x}}}{1} = 1 \leftarrow$ $\boxed{\text{公式がアッサリ証明できた！}}$

(2) $\displaystyle\lim_{x \to 1} \frac{\log x}{x - 1}$ $\boxed{\frac{0}{0}\text{の不定形}}$ $= \displaystyle\lim_{x \to 1} \frac{(\log x)'}{(x-1)'} = \lim_{x \to 1} \frac{\frac{1}{x}}{1} = \lim_{x \to 1} \underset{1}{\boxed{\frac{1}{x}}} = 1$

(3) $\displaystyle\lim_{x \to \infty} \frac{\log x}{x}$ $\boxed{\frac{\infty}{\infty}\text{の不定形}}$ $= \displaystyle\lim_{x \to \infty} \frac{(\log x)'}{x'} = \lim_{x \to \infty} \frac{\frac{1}{x}}{1} = \lim_{x \to \infty} \underset{\infty}{\boxed{\frac{1}{x}}} = 0$

(4) $\displaystyle\lim_{x \to 0} \frac{\sin x - x}{x^3}$ $\boxed{\frac{0}{0}\text{の不定形}}$ $= \displaystyle\lim_{x \to 0} \frac{(\sin x - x)'}{(x^3)'} = \lim_{x \to 0} \frac{\cos x - 1}{3x^2}$ $\leftarrow$ $\boxed{\text{まだ，}\frac{0}{0}\text{の不定形}}$

$= \displaystyle\lim_{x \to 0} \frac{(\cos x - 1)'}{(3x^2)'}$ $\boxed{\text{ロピタル 2 連発！}}$ $= \displaystyle\lim_{x \to 0} \frac{-\sin x}{6x}$

$= \displaystyle\lim_{x \to 0} \left(-\frac{1}{6}\right)\left(\underset{1}{\boxed{\frac{\sin x}{x}}}\right) = -\frac{1}{6} \times 1 = -\frac{1}{6}$ $\boxed{\text{これにロピタルを使ってもよいが，公式を適用した！}}$

次の関数の極限を求めよ。

(1) $\displaystyle\lim_{x \to 0} \frac{\sinh(\tan^{-1}2x)}{x}$　　　　(2) $\displaystyle\lim_{x \to +0} x^{x^2}$ $(x > 0)$

ヒント！　(1) $\tan^{-1}2x = \theta$ とおくと，$2x = \tan\theta$ となり，$x \to 0$ のとき，$\theta \to 0$ となる。(2) は，x^{x^2} の自然対数をとって "ロピタルの定理" を利用しよう。

解答＆解説

(1) $\displaystyle\lim_{x \to 0} \frac{\sinh(\tan^{-1}2x)}{x}$ について，$\tan^{-1}2x = \theta$ $\left(-\dfrac{\pi}{2} < \theta < \dfrac{\pi}{2}\right)$ とおくと，

$2x = \tan\theta$ より，$x = \dfrac{1}{2}\tan\theta$　また，$x \to 0$ のとき，$\theta \to 0$ となる。

$\therefore \displaystyle\lim_{x \to 0} \frac{\sinh(\tan^{-1}2x)}{x} = \lim_{\theta \to 0} \frac{\sinh\theta}{\dfrac{1}{2}\tan\theta} \xleftarrow{\boxed{\dfrac{0}{0}\text{の不定形}}} = \lim_{\theta \to 0} \frac{(\sinh\theta)'}{\left(\dfrac{1}{2}\tan\theta\right)'}$

$= \displaystyle\lim_{\theta \to 0} \frac{\cosh\theta}{\dfrac{1}{2}\cdot\dfrac{1}{\cos^2\theta}} = \frac{\boxed{\cosh 0}}{\dfrac{1}{2\cos^2 0}} = \frac{1}{\dfrac{1}{2 \times 1^2}} = 2$ ………(答)

$\boxed{\dfrac{e^0 + e^0}{2} = \dfrac{1+1}{2} = 1}$

公式：$(\sinh x)' = \cosh x$ $\left(\because \sinh x = \dfrac{e^x - e^{-x}}{2},\ \cosh x = \dfrac{e^x + e^{-x}}{2}\right)$

(2) $x > 0$ より，$x^{x^2} > 0$ である。よって，x^{x^2} の自然対数をとって，この $x \to +0$ の極限を求めると，

$\displaystyle\lim_{x \to +0} \log x^{x^2} = \lim_{x \to +0} x^2 \cdot \log x \xleftarrow{\boxed{\begin{array}{c}(+0)\times(-\infty)\\ \text{の不定形}\end{array}}} = \lim_{x \to +0} \frac{\log x}{\dfrac{1}{x^2}} \xleftarrow{\boxed{\dfrac{-\infty}{\infty}\text{の不定形}}}$

$= \displaystyle\lim_{x \to +0} \frac{(\log x)'}{(x^{-2})'} = \lim_{x \to +0} \frac{\dfrac{1}{x}}{-2 \cdot x^{-3}} = \lim_{x \to +0} \left(-\frac{x^2}{2}\right) = 0$

$\boxed{\begin{array}{c}\text{分子・分母に}\\ x^3 \text{をかけた。}\end{array}}$

$\therefore \displaystyle\lim_{x \to +0} \log\boxed{x^{x^2}} = 0 = \log\boxed{1}$ より，$\displaystyle\lim_{x \to +0} x^{x^2} = 1$ ……………………(答)

実践問題 11　　● 関数の極限とロピタルの定理（Ⅱ）●

次の関数の極限を求めよ。

(1) $\displaystyle\lim_{x \to 0} \frac{\sinh(\sin^{-1}x)}{x}$　　　　(2) $\displaystyle\lim_{x \to \infty} x^{\frac{1}{x}}$　$(x > 0)$

ヒント！　(1) $\sin^{-1}x = \theta$ とおくと，$x = \sin\theta$。また，$x \to 0$ のとき，$\theta \to 0$ となる。(2) 自然対数をとって，"ロピタルの定理" を使う。

解答&解説

(1) $\displaystyle\lim_{x \to 0} \frac{\sinh(\sin^{-1}x)}{x}$ について，$\sin^{-1}x = \theta \left(-\dfrac{\pi}{2} \leqq \theta \leqq \dfrac{\pi}{2} \right)$ とおくと，

$x = \sin\theta$　また，$x \to 0$ のとき，$\theta \to 0$

$\therefore \displaystyle\lim_{x \to 0} \frac{\sinh(\sin^{-1}x)}{x} = \lim_{\theta \to 0} \frac{\sinh\theta}{\sin\theta} = \lim_{\theta \to 0} \boxed{(ア)}$　← ロピタルの定理

$= \displaystyle\lim_{\theta \to 0} \frac{\cosh\theta}{\cos\theta} = \boxed{(イ)} = \frac{1}{1} = 1$ …………………(答)

(2) $x > 0$ より，$x^{\frac{1}{x}} > 0$　　$x^{\frac{1}{x}}$の自然対数をとって，$x \to \infty$ とすると，

$\displaystyle\lim_{x \to \infty} \log x^{\frac{1}{x}} = \lim_{x \to \infty} \boxed{(ウ)}$　← $\dfrac{\infty}{\infty}$ の不定形　$= \displaystyle\lim_{x \to \infty} \frac{(\log x)'}{x'}$

$= \displaystyle\lim_{x \to \infty} \frac{\dfrac{1}{x}}{1} = \lim_{x \to \infty} \frac{1}{x} = 0$

$\therefore \displaystyle\lim_{x \to \infty} \log x^{\frac{1}{x}} = 0 = \log\boxed{1}$ より，$\displaystyle\lim_{x \to \infty} x^{\frac{1}{x}} = \boxed{(エ)}$ ……………………(答)

解答　(ア)$\dfrac{(\sinh\theta)'}{(\sin\theta)'}$　(イ)$\dfrac{\cosh 0}{\cos 0}$　(ウ)$\dfrac{\log x}{x}$　(エ)1

§4. 微分法と関数のグラフ

これまでの講義でさまざまな関数を微分できるようになり，さらに"ロピタルの定理"もマスターしたので，関数の極限も自由に計算できるようになったんだね。今回は，これらの計算テクニックを使って，さまざまな関数のグラフの概形を描くことにしよう。意外とアッサリ描けるので驚くかも知れないね。

● $f'(x)$ の正・負で，曲線 $y = f(x)$ の増減がわかる！

導関数 $f'(x)$ の正・負により，曲線 $y = f(x)$ の増減が決定されることは，既に知っているよね。

今回は，これを"平均値の定理"を用いて右に証明しておくよ。

$f'(x)$ の正・負とグラフの増減
$f(x)$ が区間 (a, b) で微分可能のとき，この区間で， （ i ）$f'(x) > 0$ ならば， 　　　$f(x)$ は単調に増加する。 （ ii ）$f'(x) < 0$ ならば， 　　　$f(x)$ は単調に減少する。

（ i ）について示す。
$a < x_1 < x_2 < b$ をみたす任意の $x_1,\ x_2$ をとると，平均値の定理より
$$\frac{f(x_2) - f(x_1)}{x_2 - x_1} = f'(c) \quad (x_1 < c < x_2)$$
をみたす c が存在する。
$$\therefore f(x_2) - f(x_1) = \underset{\oplus}{f'(c)}\,\underset{\oplus}{(x_2 - x_1)}$$

ここで，$x_2 - x_1 > 0$
また，$a < x < b$ で $f'(x) > 0$ より，$f'(c) > 0$
$\therefore f(x_2) - f(x_1) > 0$ より，$f(x_2) > f(x_1)$ $(x_2 > x_1)$
以上より，$a < x < b$ において，$f(x)$ は単調に増加する。
（ ii ）についても同様だね。

● 極大・極小は尖点でもOKだ！

次に，関数の極大・極小について話す。極大・極小の定義において，関数 $y = f(x)$ の条件は連続だけだから，微分不能なとんがった点（尖点）が，極大や極小になり得ることにも注意しよう。

極大値と極小値

$x=a$ の付近で連続な関数 $f(x)$ について
(i) $f(a)>f(x)$ （$x\neq a$）が成り立つ
とき，$f(x)$ は $x=a$ で "**極大である**"
といい，$f(a)$ を "**極大値**" という。
(ii) $f(a)<f(x)$ （$x\neq a$）が成り立つ
とき，$f(x)$ は $x=a$ で "**極小である**"
といい，$f(a)$ を "**極小値**" という。

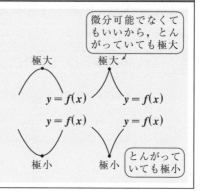

微分可能でなくてもいいから，とんがっていても極大

とんがっていても極小

極大・極小と最大・最小の区別は，図1の $y=f(x)$ （$a\leqq x\leqq b$）のグラフを見れば明らかだね。この区間内の最大の y 座標と，最小の y 座標をそれぞれ最大値，最小値と呼び，山や谷の y 座標を極大値，極小値と呼ぶ。図1の $x=c_2$ では，極小値と最小値が一致しているね。

図1 極大・極小と最大・最小

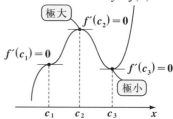

次に，関数 $y=f(x)$ が微分可能な関数のとき，$y=f(x)$ が

不連続やとんがりのない，なめらかな曲線

(i) $x=c$ で極値（極大値または極小値）をとれば，$f'(c)=0$ となるが，
(ii) $f'(c)=0$ となったからといって，$x=c$ で極値をとるとは限らない。

図2の $x=c_2, c_3$ で $y=f(x)$ は極値をとっているので，$f'(c_2)=f'(c_3)=0$ となる。しかし，$f'(c_1)=0$ となってはいるが，$y=f(x)$

図2 $f'(c)=0$ と極値の関係

は $x=c_1$ で極値をとっていないね。グラフで見れば，一目瞭然のはずだ。

● $f''(x)$ の正負で，$f(x)$ の凹凸が決まる！

関数 $f(x)$ が 2 回微分可能なとき，2 階導関数 $f''(x)$ の正・負により，$y = f(x)$ のグラフの凹凸が決まる。

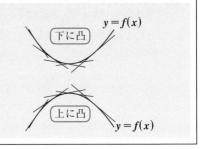

$f''(x)$ の正負とグラフの凹凸

$f(x)$ が 2 回微分可能な関数のとき
（ⅰ）$f''(x) > 0$ のとき，$y = f(x)$ は
　　　下に凸なグラフになる。
（ⅱ）$f''(x) < 0$ のとき，$y = f(x)$ は
　　　上に凸なグラフになる。

図 3 のように，2 回微分可能な関数 $y = f(x)$ について，$f''(c) = 0$，かつその前後で $f''(x)$ の符号が変化するとき，点 $(c, f(c))$ を境にして凹凸が変化する。この点 $(c, f(c))$ を "変曲点" と呼ぶ。

図3 $y = f(x)$ の変曲点

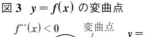

● 曲線 $y = f(x)$ のグラフを描こう！

$f'(x)$，$f''(x)$ の符号，それに関数の極限を計算できれば，さまざまな関数のグラフの概形を描けるようになる。

1 例として，$y = f(x) = x^2 \cdot e^{-x}$ のグラフを描いてみよう。

$y = f(x) = x^2 \cdot e^{-x}$ を x で微分して

$\cdot f'(x) = (x^2)' \cdot e^{-x} + x^2 \cdot (e^{-x})' = 2xe^{-x} - x^2 e^{-x}$

$= (2x - x^2)e^{-x} = \overset{\oplus}{\boxed{x \cdot (2 - x)}} \cdot \boxed{e^{-x}}$

$\widetilde{f'(x)} = \begin{cases} \oplus \\ \textcircled{0} \\ \ominus \end{cases}$

$f'(x) = 0$ のとき，$x(2 - x) = 0$

$\therefore x = 0,\ 2$

> $f'(x)$ については符号にしか興味がないから，e^{-x} (> 0) は考えなくてよい。符号に関する $f'(x)$ の本質的部分を $\widetilde{f'(x)}$ とおくと，$\widetilde{f'(x)} = x \cdot (2 - x)$ より
>
>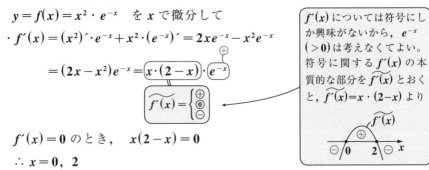

92

$f'(x) = (2x - x^2)e^{-x}$ をさらに x で微分して

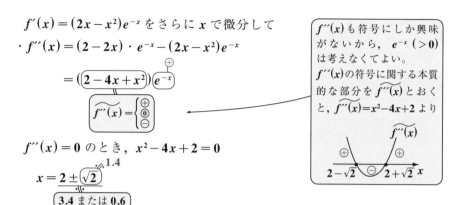

$\cdot\, f''(x) = (2 - 2x) \cdot e^{-x} - (2x - x^2)e^{-x}$

$= (\underbrace{(2 - 4x + x^2)}\,\overset{\oplus}{e^{-x}})$

$\widetilde{f''(x)} = \begin{cases} \oplus \\ \textcircled{0} \\ \ominus \end{cases}$

$f''(x) = 0$ のとき, $x^2 - 4x + 2 = 0$

$x = 2 \pm \widetilde{\sqrt{2}}^{\,1.4}$

$\boxed{3.4\ \text{または}\ 0.6}$

> $f''(x)$ も符号にしか興味がないから, $e^{-x}\ (>0)$ は考えなくてよい。$f''(x)$ の符号に関する本質的な部分を $\widetilde{f''(x)}$ とおくと, $\widetilde{f''(x)} = x^2 - 4x + 2$ より

右に増減・凹凸表を示す。

・極小値

$f(0) = 0^2 \cdot e^0 = 0$

・極大値

$f(2) = 2^2 \cdot e^{-2} = 4e^{-2}$

$\cdot\, f(2 - \sqrt{2}) = (2 - \sqrt{2})^2 \cdot e^{-(2 - \sqrt{2})}$

$\quad = (6 - 4\sqrt{2})e^{-2 + \sqrt{2}}$

$\cdot\, f(2 + \sqrt{2}) = (2 + \sqrt{2})^2 \cdot e^{-(2 + \sqrt{2})} = (6 + 4\sqrt{2})e^{-2 - \sqrt{2}}$

増減・凹凸表

x		0		$2 - \sqrt{2}$		2		$2 + \sqrt{2}$	
$f'(x)$	$-$	0	$+$	$+$	$+$	0	$-$	$-$	$-$
$f''(x)$	$+$	$+$	$+$	0	$-$	$-$	$-$	0	$+$
$f(x)$	↘	極小	↗	変曲点	↗	極大	↘	変曲点	↘

> $f'(x) > 0$：増加
> $f''(x) > 0$：下に凸

> $f'(x) < 0$：減少
> $f''(x) < 0$：上に凸

> 他も, この要領で調べている

次に, 極限も調べる。

$\cdot\, \displaystyle\lim_{x \to \infty} f(x) = \lim_{x \to \infty} \frac{x^2}{e^x} = \lim_{x \to \infty} \frac{(x^2)'}{(e^x)'} = \lim_{x \to \infty} \frac{2x}{e^x}$

> $\dfrac{\infty}{\infty}$ の不定形

> ロピタル

> $\dfrac{\infty}{\infty}$ の不定形

$= \displaystyle\lim_{x \to \infty} \frac{(2x)'}{(e^x)'} = \lim_{x \to \infty} \frac{2}{e^x} = 0$

> ロピタル

$\cdot\, \displaystyle\lim_{x \to -\infty} f(x) = \lim_{x \to -\infty} x^2 \cdot e^{-x} = \infty$

> $(-\infty)^2 = \infty$

> ∞

以上より, 求める関数 $y = f(x) = x^2 \cdot e^{-x}$ のグラフの概形を右に示す。意外に簡単にグラフが描けることがわかったはずだ。

図4 $y = f(x) = x^2 \cdot e^{-x}$ のグラフ

$\displaystyle\lim_{x \to -\infty} f(x) = \infty$

$\dfrac{4}{e^2}$

極大

$\displaystyle\lim_{x \to \infty} f(x) = 0$

0 極小 2 変曲点

変曲点 $(2 + \sqrt{2},\ (6 + 4\sqrt{2})e^{-2 - \sqrt{2}})$

$(2 - \sqrt{2},\ (6 - 4\sqrt{2})e^{-2 + \sqrt{2}})$

演習問題 12　● 関数の増減・凹凸とグラフの概形（Ⅰ）●

関数 $y = x \cdot e^{-x^2}$ の増減・凹凸を調べて，グラフの概形を描け。

> ヒント！）$y = f(x) = x \cdot e^{-x^2}$ とおいて，まず，$f(-x) = -f(x)$ を確認する。

解答＆解説

$y = f(x) = x \cdot e^{-x^2}$ とおく。$f(-x) = -x \cdot e^{-(-x)^2} = -x \cdot e^{-x^2} = -f(x)$ より

$y = f(x)$ は奇関数。←──　原点に関して点対称なグラフ

よって，まず $x \geqq 0$ についてのみ調べる。

$f'(x) = 1 \cdot e^{-x^2} + x \cdot (-2x) \cdot e^{-x^2} = (1 - 2x^2) e^{-x^2}$

$= \boxed{(1 - \sqrt{2}x)} \boxed{(1 + \sqrt{2}x) \cdot e^{-x^2}}$

$\underbrace{\phantom{(1-\sqrt{2}x)}}_{\widetilde{f'(x)}}$　　$\oplus \ (\because x \geqq 0)$

$f'(x) = 0$ のとき，$1 - \sqrt{2}x = 0$　　　$\therefore x = \dfrac{1}{\sqrt{2}}$

$f''(x) = -4x \cdot e^{-x^2} + (1 - 2x^2) \cdot (-2x) \cdot e^{-x^2} = 2x(2x^2 - 3) e^{-x^2}$

$= \boxed{x(\sqrt{2}x - \sqrt{3})} \cdot \boxed{2(\sqrt{2}x + \sqrt{3}) \cdot e^{-x^2}}$

$\underbrace{\phantom{x(\sqrt{2}x-\sqrt{3})}}_{\widetilde{f''(x)}}$　　$\oplus \ (\because x \geqq 0)$

$f''(x) = 0$ のとき，$x(\sqrt{2}x - \sqrt{3}) = 0$　　$\therefore x = 0, \sqrt{\dfrac{3}{2}}$

・極大値

$f\left(\dfrac{1}{\sqrt{2}}\right) = \dfrac{1}{\sqrt{2}} e^{-\frac{1}{2}} = \dfrac{1}{\sqrt{2e}}$

$\cdot f\left(\sqrt{\dfrac{3}{2}}\right) = \dfrac{\sqrt{6}}{2} \cdot e^{-\frac{3}{2}} = \dfrac{\sqrt{6}}{2e\sqrt{e}}$

$\cdot \lim_{x \to \infty} f(x) = \lim_{x \to \infty} \dfrac{x}{e^{x^2}}$ $\left(\dfrac{\infty}{\infty}\right)$

$= \lim_{x \to \infty} \dfrac{x'}{(e^{x^2})'} = \lim_{x \to \infty} \dfrac{1}{2x \cdot e^{x^2}} = 0$

$y = f(x)$ が原点に関して対称である

ことを考慮して，$y = f(x)$ のグラフ

は右のようになる。…………(答)

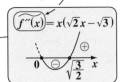

$f'(x)$ の符号に関する本質的な部分のコト

$\widetilde{f'(x)} = -\sqrt{2}x + 1$

$f''(x)$ の符号に関する本質的な部分のコト

$\widetilde{f''(x)} = x(\sqrt{2}x - \sqrt{3})$

増減・凹凸表 $(x \geqq 0)$

x	0		$\dfrac{1}{\sqrt{2}}$		$\sqrt{\dfrac{3}{2}}$	
$f'(x)$	$+$	$+$	0	$-$	$-$	$-$
$f''(x)$	0	$-$	$-$	$-$	0	$+$
$f(x)$	変曲点	↗	極大	↘	変曲点	↘

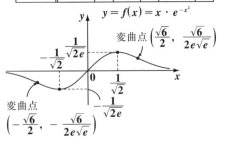

$y = f(x) = x \cdot e^{-x^2}$

変曲点 $\left(\dfrac{\sqrt{6}}{2},\ \dfrac{\sqrt{6}}{2e\sqrt{e}}\right)$

変曲点 $\left(-\dfrac{\sqrt{6}}{2},\ -\dfrac{\sqrt{6}}{2e\sqrt{e}}\right)$

実践問題 12 　● 関数の増減・凹凸とグラフの概形（Ⅱ）●

関数 $y = e^{-x^2}$ の増減・凹凸を調べて，グラフの概形を描け。

ヒント！ $y = f(x) = e^{-x^2}$ とおくと，$f(-x) = f(x)$ より，偶関数がすぐわかる。

解答＆解説

$y = f(x) = e^{-x^2}$ とおく。$f(-x) = e^{-(-x)^2} = \boxed{\text{(ア)}}$ より

$y = f(x)$ は偶関数。◀ y軸に関して対称なグラフ

よって，まず $x \geqq 0$ についてのみ調べる。

$$f'(x) = (e^{-x^2})' = \underset{\underset{0 \text{ 以上}}{}}{-2x} \cdot \underset{+}{e^{-x^2}} \leqq 0 \qquad \therefore f'(x) = 0 \text{ のとき，} x = 0$$

$x > 0$ のとき，$f'(x) < 0$ より，$y = f(x)$ は $\boxed{\text{(イ)}}$

$$f''(x) = (-2x \cdot e^{-x^2})' = -2 \cdot \{1 \cdot e^{-x^2} + x \cdot (-2x) \cdot e^{-x^2}\}$$

$$= \boxed{\text{(ウ)}} = \underset{\widetilde{f''(x)}}{\boxed{(\sqrt{2}x - 1)}} \cdot \underset{+}{2(\sqrt{2}x + 1) \cdot e^{-x^2}}$$

$\widetilde{f''(x)} = \sqrt{2}x - 1$

$f''(x) = 0$ のとき，$\sqrt{2}x - 1 = 0$ $\therefore x = \dfrac{1}{\sqrt{2}}$

・極大値 $f(0) = e^0 = 1$

・$f\left(\dfrac{1}{\sqrt{2}}\right) = e^{-\frac{1}{2}} = \dfrac{1}{\sqrt{e}}$

・$\displaystyle \lim_{x \to \infty} f(x) = \lim_{x \to \infty} \frac{1}{\underset{\infty}{e^{x^2}}} = \boxed{\text{(エ)}}$

$y = f(x)$ が y 軸に関して対称であることを考慮して，$y = f(x)$ のグラフは右のようになる。…………………(答)

増減・凹凸表 $(x \geqq 0)$

x	0		$\dfrac{1}{\sqrt{2}}$	
$f'(x)$	0	$-$	$-$	$-$
$f''(x)$	$-$	$-$	0	$+$
$f(x)$	極大	↘	変曲点	↘

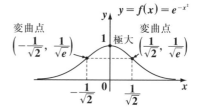

$y = f(x) = e^{-x^2}$

変曲点 $\left(-\dfrac{1}{\sqrt{2}}, \dfrac{1}{\sqrt{e}}\right)$　極大　変曲点 $\left(\dfrac{1}{\sqrt{2}}, \dfrac{1}{\sqrt{e}}\right)$

・・・

解答 　(ア) $e^{-x^2} = f(x)$ 　(イ) 単調に減少する。 　(ウ) $2(2x^2 - 1) \cdot e^{-x^2}$ 　(エ) 0

関数 $y = x(1 - \log x)$ $(x > 0)$ のグラフの概形を描け。

ヒント！ $y = f(x)$ とおいて，$f'(x)$, $f''(x)$，およびその極値を求める。

解答＆解説

対数関数の真数条件

$y = f(x) = x(1 - \log x)$ $\underline{(x > 0)}$ とおく。

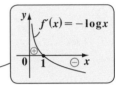

・ $f'(x) = 1 \cdot (1 - \log x) + x \cdot \left(-\dfrac{1}{x} \right) = -\log x$

　 $f'(x) = 0$ のとき，$-\log x = 0$ 　 $\therefore x = 1$

・ $f''(x) = (-\log x)' = -\dfrac{1}{x} < 0$ 　 $(\because x > 0)$

　 $\therefore x > 0$ のとき，$y = f(x)$ は上に凸なグラフになる。

・極大値 $f(1) = 1 \cdot (1 - \underset{0}{\underline{\log 1}}) = 1$

また，$f(e) = e \cdot (1 - \underset{1}{\underline{\log e}}) = 0$

増減・凹凸表 $(x > 0)$

x	0		1	
$f'(x)$		+	0	−
$f''(x)$		−	−	−
$f(x)$		⤴	極大	

・$\displaystyle\lim_{x \to \infty} f(x) = \lim_{x \to \infty} \underset{\infty}{\boxed{x}} \cdot (1 - \underset{\infty}{\boxed{\log x}}) = -\infty$

・$\displaystyle\lim_{x \to +0} f(x) = \lim_{x \to +0} \underset{0}{\boxed{x}} \cdot (1 - \underset{-\infty}{\boxed{\log x}}) = \lim_{x \to +0} \dfrac{1 - \log x}{\dfrac{1}{x}}$ 　 $\dfrac{\infty}{\infty}$ の形にもち込む

$= \displaystyle\lim_{x \to +0} \dfrac{(1 - \log x)'}{\left(\dfrac{1}{x} \right)'}$ 　ロピタル 　 $= \displaystyle\lim_{x \to +0} \left(\dfrac{-\dfrac{1}{\boxed{x}}}{-\dfrac{1}{\boxed{x^2}}} \right) = \lim_{x \to +0} x = 0$

以上より，$y = f(x) = x(1 - \log x)$ $(x > 0)$
のグラフの概形を右に示す。…………（答）

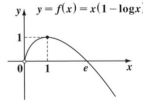

実践問題 13　● 関数の増減・凹凸とグラフの概形（Ⅳ）●

関数 $y = x \cdot e^{-x}$ のグラフの概形を描け。

ヒント！ $y = f(x)$ とおいて，$f'(x)$，$f''(x)$，およびその極値を求める。

解答＆解説

$y = f(x) = x \cdot e^{-x}$ とおく。

・$f'(x) = 1 \cdot e^{-x} + x \cdot (-1) \cdot e^{-x} = (\boxed{1-x}) \cdot \boxed{e^{-x}}$

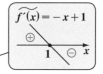

$f'(x) = 0$ のとき，$\boxed{\quad (ア) \quad}$　　∴ $x = 1$

・$f''(x) = -1 \cdot e^{-x} + (1-x) \cdot (-1) \cdot e^{-x} = (\boxed{x-2}) \cdot \boxed{e^{-x}}$

$f''(x) = 0$ のとき，$x - 2 = 0$　　∴ $x = 2$

・極大値 $f(1) = 1 \cdot e^{-1} = \boxed{(イ)}$

・$f(2) = 2 \cdot e^{-2}$

・$\lim_{x \to -\infty} f(x) = \lim_{x \to -\infty} \underset{-\infty}{\boxed{x}} \cdot \underset{+\infty}{\boxed{e^{-x}}} = -\infty$

・$\lim_{x \to \infty} f(x) = \lim_{x \to \infty} \dfrac{x}{e^x}$　$\dfrac{\infty}{\infty}$ の不定形

$= \lim_{x \to \infty} \boxed{(ウ)} = \lim_{x \to \infty} \dfrac{1}{\underset{\infty}{(e^x)'}} = \boxed{(エ)}$　ロピタル

増減・凹凸表

x		1		2	
$f'(x)$	+	0	−	−	−
$f''(x)$	−	−	−	0	+
$f(x)$	↗	極大	↘	変曲点	↘

以上より，$y = f(x) = x \cdot e^{-x}$ のグラフの概形を右に示す。 ………………(答)

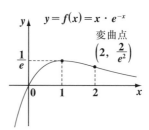

$y = f(x) = x \cdot e^{-x}$

変曲点 $\left(2, \dfrac{2}{e^2}\right)$

解答　(ア) $1 - x = 0$　　(イ) e^{-1} または $\dfrac{1}{e}$　　(ウ) $\dfrac{x'}{(e^x)'}$　　(エ) 0

§5. テイラー展開・マクローリン展開

いよいよ，微分法も最終ステージに入るよ。テーマは，テイラー展開と
マクローリン展開だ。これは，ベキ級数が「ズラ〜！」と並ぶので，「ヒェ
〜！」状態になる人が多いんだけれど，与えられた関数を，$a_0 + a_1 x + a_2 x^2 +$
……で近似しようというのは自然な発想なんだね。

もちろん，x がどのような範囲でうまく近似できるかも重要問題で，こ
れに答えるのが，講義 1 で勉強した "ダランベールの判定法" なんだよ。
ますます難しそうだって？ 大丈夫。本格的な内容をわかりやすく教える
からね。

● 曲線を 1 次式，2 次式，…で近似してみよう！

まず，曲線の接線の公式を下に示すよ。

接線の公式

微分可能な曲線 $y = f(x)$ 上の点
$(a, f(a))$ における接線の方程式
は，次式で表される。

$$y = f'(a)(x - a) + f(a)$$

点 $(a, f(a))$ を通り，傾き $f'(a)$ の直線

この見慣れた接線の公式が，実は曲線
$y = f(x)$ の "第 1 次近似" になっている
んだよ。図 1 を見てくれ。曲線 $y = f(x)$ と，
接線 $y = f'(a)(x - a) + f(a)$ は全く異なる
関数だけど，$x = a$ の付近では見分けがつ
かない位よく似ているね。よって，$x \doteqdot a$
のとき

$$f(x) \doteqdot f(a) + f^{(1)}(a)(x - a) \quad \cdots\cdots ①$$

と，第 1 次近似できる。第 1 次の意味は
1 次式での近似ということなんだね。

図 1　曲線 $y = f(x)$ の第 1 次近似

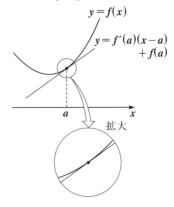

それでは，この近似精度を上げて，**2** 次式で $f(x)$ を近似しようとすると，

$$f(x) \fallingdotseq \underline{f(a)} + \underline{f^{(1)}(a)}(x-a) + \boxed{p}(x-a)^2 \quad \cdots\cdots② \quad (x \fallingdotseq a \text{ のとき})$$

定数　定数　　　この定数がまだ未定

となるね。ここで，定数 p がどうなるか調べてみよう。

（ⅰ）②の両辺を x で微分して

　　　左辺 $= f'(x)$　　右辺 $= f'(a) + 2p(x-a)$

　　ここで，両辺に $x = a$ を代入すると

　　　左辺 $= f'(a)$　　右辺 $= f'(a)$　と一致する。

（ⅱ）さらに，x で微分すると，

　　　左辺 $= f''(x)$　　右辺 $= 2p$

　　ここで，左辺に $x = a$ を代入すると

　　　左辺 $= f''(a)$　　右辺 $= 2p$　より，これを一致させるために

$$f''(a) = 2p \text{ から } p = \frac{f''(a)}{2} = \frac{f^{(2)}(a)}{2} \quad \text{とすればよい。}$$

$$\therefore f(x) \fallingdotseq f(a) + f^{(1)}(a)(x-a) + \frac{f^{(2)}(a)}{\underset{2!}{②}}(x-a)^2 \quad \text{となる。}$$

同様に，$f(x)$ を **3** 次式で近似して

$$f(x) \fallingdotseq f(a) + f^{(1)}(a)(x-a) + \frac{f^{(2)}(a)}{2!}(x-a)^2 + \underline{\underline{q}}(x-a)^3$$

とおき，$x = a$ における両辺の **3** 階の微分係数を一致させると

$$\underline{\underline{q}} = \frac{f^{(3)}(a)}{6} = \frac{f^{(3)}(a)}{3!} \text{ となる。}$$

右辺の次数を次々に大きくしていくと

$$f(x) \fallingdotseq f(a) + \frac{f^{(1)}(a)}{1!}(x-a) + \frac{f^{(2)}(a)}{2!}(x-a)^2 + \frac{f^{(3)}(a)}{3!}(x-a)^3 + \frac{f^{(4)}(a)}{4!}(x-a)^4 + \cdots$$

と，近似精度が上がっていくことがわかるはずだ。

　これが，曲線 $f(x)$ の "**テイラー展開**" と呼ばれるもので，曲線 $y = f(x)$ の $x = a$ 付近での近似公式となるんだよ。

そして，この a が 0 の特殊な場合，すなわち，

$$f(x) \doteqdot f(0) + \frac{f^{(1)}(0)}{1!}x + \frac{f^{(2)}(0)}{2!}x^2 + \frac{f^{(3)}(0)}{3!}x^3 + \frac{f^{(4)}(0)}{4!}x^4 + \cdots$$

を "マクローリン展開" と呼ぶ。

どう？ このように具体的に展開してみると，テイラー展開やマクローリン展開も身近に感じられたはずだ。しかし，どのような条件のときに，これらの展開公式が成り立つかについては，これから話すよ。

● テイラーの定理から始めよう！

前述したテイラー展開の基になる定理が，次の "**テイラーの定理**" なんだよ。以下に示すから，まず頭に入れてくれ。

■ テイラーの定理

関数 $f(x)$ が，閉区間 $[a, b]$ で連続，開区間 (a, b) において $n+1$ 回微分可能のとき，ある c $(a < c < b)$ が存在して，次式が成り立つ。

$$f(b) = f(a) + \frac{f^{(1)}(a)}{1!}(b-a) + \frac{f^{(2)}(a)}{2!}(b-a)^2 + \cdots + \frac{f^{(n)}(a)}{n!}(b-a)^n + \underline{R_{n+1}}$$

$$\left(\text{ただし，} R_{n+1} = \frac{f^{(n+1)}(c)}{(n+1)!}(b-a)^{n+1} \right) \quad \boxed{\text{ラグランジュ の剰余項}}$$

テイラーの定理の b に x を代入すると，テイラー展開らしきものになるけれど，最後の R_{n+1} が気になるだろうね。これは，左辺の $f(b)$ と右辺の $f(a) + \frac{f^{(1)}(a)}{1!}(b-a) + \cdots + \frac{f^{(n)}(a)}{n!}(b-a)^n$ との誤差で，"**ラグランジュの剰余項**" と呼ばれる。この c を，気取って $c = a + \theta(b-a)$ $(0 < \theta < 1)$ と書くこともある。 $\boxed{\theta = 0 \text{ のとき } c = a, \theta = 1 \text{ のとき } c = b \text{ となるので，} 0 < \theta < 1 \text{ ならば，} a < c < b \text{ と同じことだね。}}$

式の流れから考えると，$R_{n+1} = \frac{f^{(n+1)}(a)}{(n+1)!}(b-a)^{n+1}$ としたいところだけど，途中で式を中断した誤差から，$f^{(n+1)}(a)$ ではなく $f^{(n+1)}(c)$ になる。

このテイラーの定理が成り立つことを示すには，$R_{n+1} = \frac{\boxed{K}^{\text{未定}}}{(n+1)!}(b-a)^{n+1}$

とおいて，$K = f^{(n+1)}(c)$ $(a < c < b)$ となることを証明すればよい。この証明には "ロルの定理" を使う。それでは，始めるよ。

まず，

$$f(b) = f(a) + \frac{f^{(1)}(a)}{1!}(b-a) + \frac{f^{(2)}(a)}{2!}(b-a)^2 + \cdots$$

> これが $f^{(n+1)}(c)$ となることを示す！

$$\cdots + \frac{f^{(n)}(a)}{n!}(b-a)^n + \frac{\boxed{K}}{(n+1)!}(b-a)^{n+1} \quad \cdots \cdots ① \quad とおく。$$

ここで，まず $\overset{\cdot}{a}$ を変数 x に置き換えて，次の差関数 $F(x)$ を作る。

$$F(x) = f(b) - \left\{ f(x) + \frac{f^{(1)}(x)}{1!}(b-x) + \frac{f^{(2)}(x)}{2!}(b-x)^2 + \cdots \right.$$

$$\left. \cdots + \frac{f^{(n)}(x)}{n!}(b-x)^n + \frac{K}{(n+1)!}(b-x)^{n+1} \right\} \quad \cdots \cdots ②$$

・$F(x)$ は，$[a, b]$ で連続，(a, b) で微分可能な関数。

・$F(b) = f(b) - f(b) - \frac{f^{(1)}(b)}{1!}(b-b) - \cdots \cdots - \frac{K}{(n+1)!}(b-b)^{n+1} = 0$

・$F(a) = f(b) - \left\{ f(a) + \frac{f^{(1)}(a)}{1!}(b-a) + \frac{f^{(2)}(a)}{2!}(b-a)^2 + \cdots \right.$

$$\left. \cdots + \frac{f^{(n)}(a)}{n!}(b-a)^n + \frac{K}{(n+1)!}(b-a)^{n+1} \right\}$$

> $f(b)$

$$= f(b) - f(b) \quad （①より）$$

$$= 0$$

以上より，ロルの定理から，

$$F'(c) = 0 \quad (a < c < b)$$

をみたす c が必ず存在する。

ロルの定理

$F(x)$：微分可能，
$F(a) = F(b) = 0$
このとき，
$F'(c) = 0$ $(a < c < b)$
をみたす c が存在する。

---

②より

$$F(x) = \underbrace{f(b)}_{\boxed{定数}} - f(x) - (b-x) \cdot \frac{f^{(1)}(x)}{1!} - (b-x)^2 \cdot \frac{f^{(2)}(x)}{2!} - \cdots$$

$$\cdots - (b-x)^n \cdot \frac{f^{(n)}(x)}{n!} - \frac{K}{(n+1)!}(b-x)^{n+1}$$

この両辺を x で微分して,

$$F'(x) = -f^{(1)}(x) + \frac{f^{(1)}(x)}{1!} - (b-x)\frac{f^{(2)}(x)}{1!} + (b-x)\frac{f^{(2)}(x)}{1!} - (b-x)^2\frac{f^{(3)}(x)}{2!}$$

$$\cdots + (b-x)^n\frac{f^{(n)}(x)}{(n-1)!} \boxed{-(b-x)^n\frac{f^{(n+1)}(x)}{n!} + \frac{K}{n!}(b-x)^n} \quad \text{これのみが残る。}$$

$$\therefore \ F'(x) = -(b-x)^n\frac{f^{(n+1)}(x)}{n!} + \frac{K}{n!}(b-x)^n$$

"ロルの定理" より, $F'(c)=0 \ \ (a<c<b)$ をみたす c が存在するので,

$$F'(c) = -\underbrace{\frac{(b-c)^n}{n!}}_{0}\{f^{(n+1)}(c) - K\} = 0$$

ここで $\dfrac{(b-c)^n}{n!} \neq 0 \ \ (\because c<b, \ n=1, 2, \cdots)$ より, $f^{(n+1)}(c)-K=0$

$$\therefore \ K = f^{(n+1)}(c) \quad (a<c<b) \ となる。$$

以上より,テイラーの定理:

$$f(b) = f(a) + \frac{f^{(1)}(a)}{1!}(b-a) + \frac{f^{(2)}(a)}{2!}(b-a)^2 + \cdots + \frac{f^{(n)}(a)}{n!}(b-a)^n + R_{n+1}$$

$$\left(R_{n+1} = \frac{f^{(n+1)}(c)}{(n+1)!}(b-a)^{n+1}\right)$$

が成り立つ。さらにこの b に変数 x を代入して,$n \to \infty$ のとき $R_{n+1} \to 0$,

すなわち $\displaystyle\lim_{n\to\infty} R_{n+1} = \lim_{n\to\infty}\frac{f^{(n+1)}(c)}{(n+1)!}(x-a)^{n+1} = 0$ が成り立つならば,$f(x)$

を $f(a)$ と $\dfrac{f^{(k)}(a)}{k!}(x-a)^k \ \ (k=1, 2, 3, \cdots)$ を項にもつ無限級数で表せる。

これを "テイラー展開" と呼ぶ。

テイラー展開

関数 $f(x)$ が，$x = a$ を含むある区間で何回でも微分可能であり，かつ，$\lim_{n \to \infty} R_{n+1} = 0$ のとき，$f(x)$ は次のように表される。

$$f(x) = f(a) + \frac{f^{(1)}(a)}{1!}(x-a) + \frac{f^{(2)}(a)}{2!}(x-a)^2 + \cdots + \frac{f^{(n)}(a)}{n!}(x-a)^n + \cdots$$

そして，テイラー展開の a が $a = 0$ の特殊な場合を，"**マクローリン展開**" と呼ぶ。

マクローリン展開

関数 $f(x)$ が，$x = 0$ を含むある区間で何回でも微分可能であり，かつ，$\lim_{n \to \infty} R_{n+1} = 0$ のとき，$f(x)$ は次のように表される。

$$f(x) = f(0) + \frac{f^{(1)}(0)}{1!}x + \frac{f^{(2)}(0)}{2!}x^2 + \cdots + \frac{f^{(n)}(0)}{n!}x^n + \cdots$$

それでは実際に，$f(x) = \log(1+x)$ をマクローリン展開してみよう。

$f^{(1)}(x) = (1+x)^{-1}$ より $\qquad\qquad f^{(1)}(0) = 1$

$f^{(2)}(x) = -1 \cdot (1+x)^{-2} = -1!\,(1+x)^{-2}$ より $\quad f^{(2)}(0) = -1!$

$f^{(3)}(x) = 2 \cdot (1+x)^{-3} = 2!\,(1+x)^{-3}$ より $\qquad f^{(3)}(0) = 2!$

$f^{(4)}(x) = -6 \cdot (1+x)^{-4} = -3!\,(1+x)^{-4}$ より $\quad f^{(4)}(0) = -3!$

$\cdots\cdots\cdots\cdots\cdots\cdots\cdots\cdots\cdots\cdots\cdots\cdots\cdots\cdots\quad \cdots\cdots\cdots\cdots\cdots$

$f^{(n)}(x) = (-1)^{n-1} \cdot (n-1)!(1+x)^{-n}$ より $f^{(n)}(0) = (-1)^{n-1} \cdot (n-1)!$

以上より，$f(x) = \log(1+x)$ のマクローリン展開は，

$$\log(1+x) = \boxed{f(0)} + \boxed{\frac{f^{(1)}(0)}{1!}}x + \boxed{\frac{f^{(2)}(0)}{2!}}x^2 + \boxed{\frac{f^{(3)}(0)}{3!}}x^3 + \boxed{\frac{f^{(4)}(0)}{4!}}x^4 + \cdots + \boxed{\frac{f^{(n)}(0)}{n!}}x^n + \cdots$$

$\boxed{\log 1 = 0}$ $\boxed{\frac{1}{1!} = 1}$ $\boxed{\frac{-1!}{2!} = -\frac{1}{2}}$ $\boxed{\frac{2!}{3!} = \frac{1}{3}}$ $\boxed{\frac{-3!}{4!} = -\frac{1}{4}}$ $\boxed{\frac{(-1)^{n-1} \cdot (n-1)!}{n!} = \frac{(-1)^{n-1}}{n}}$

$\therefore \log(1+x) = x - \dfrac{x^2}{2} + \dfrac{x^3}{3} - \dfrac{x^4}{4} + \cdots\cdots + (-1)^{n-1} \cdot \dfrac{x^n}{n} + \cdots\cdots$ となるね。

でもここで，疑問に思う人が出てくるはず
だ。図2（ⅰ）に示した $y=\log(1+x)$ のグラ
フを，n を無限に大きくできるとはいえ，図2
（ⅱ）のような x の n 次関数で，本当に近似でき
るのか？ってね。当然の疑問だ！

図2（ⅰ）$y=\log(1+x)$

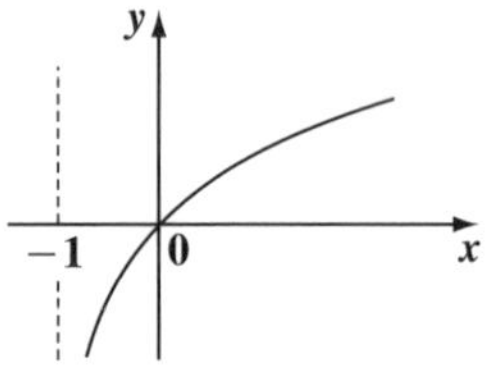

（ⅱ）$y=x-\dfrac{x^2}{2}+\dfrac{x^3}{3}-\cdots$

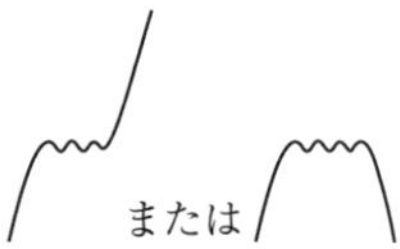

または

テイラー展開やマクローリン展開が可能なの
は，ラグランジュの剰余項 R_{n+1} が，$\displaystyle\lim_{n\to\infty}R_{n+1}=0$
となるときだけなんだね。そして，これが成り
立つ x の取り得る値の範囲は $|x|<R$ で表され，
この R を"収束半径"と呼ぶ。

x がこの範囲内にあるときのみ，右辺のベキ級数は左辺の $f(x)$ に収束
する。この収束半径を求める有効な手段が，前に勉強した"ダランベール
の判定法"なんだよ。エッ，忘れたって？大丈夫。その復習から入ろう。

● ダランベールの収束半径は簡単に求まる！

ダランベールの判定法は，正項級数（数列のすべての項が正の場合の無
限和）についてのものだったけれど，正項級数でない級数 $\displaystyle\sum_{n=0}^{\infty}b_n$ についても，

数列 $\{b_n\}$ の中に 0 以下の項も含まれる。

各項の絶対値をとった $\displaystyle\sum_{n=0}^{\infty}|b_n|$ は正項級数になる。そして，

「$\displaystyle\sum_{n=0}^{\infty}|b_n|$ が収束するならば，$\displaystyle\sum_{n=0}^{\infty}b_n$ も収束する」と言える。

これは証明なしに使う！

これを，"絶対収束"という。

そして，この正項級数 $\displaystyle\sum_{n=0}^{\infty}|b_n|$ の収
束・発散が右のダランベールの
判定法によって，判定できるん
だったね。

それでは，マクローリン展開
の右辺の式に，この判定法を使
ってみることにしよう。

ダランベールの判定法

正項級数 $\displaystyle\sum_{n=0}^{\infty}|b_n|$ は，

$\displaystyle\lim_{n\to\infty}\dfrac{|b_{n+1}|}{|b_n|}=r$ のとき，

$\begin{cases}（ⅰ）0\leqq r<1 \text{ ならば収束し，}\\（ⅱ）1<r \text{ ならば発散する。}\end{cases}$

（そして，$r=1$ のときは，判定不能）

右辺 $= a_0 + a_1 x + a_2 x^2 + a_3 x^3 + \cdots\cdots + a_n x^n + \cdots\cdots$ $\left(ただし,\ a_n = \dfrac{f^{(n)}(0)}{n!}\ とおく\right)$

$[\,b_0 + b_1 + b_2 + b_3 + \cdots\cdots + b_n + \cdots\cdots\quad とみる。\,]$

$= \displaystyle\sum_{n=0}^{\infty} a_n x^n\ \ \left[\,= \displaystyle\sum_{n=0}^{\infty} b_n\,\right]$ とおくと,この各項の絶対値をとった正項級数

$\displaystyle\sum_{n=0}^{\infty} |a_n x^n|\ \left[\,= \displaystyle\sum_{n=0}^{\infty} |b_n|\,\right]$ の収束・発散は,

$\displaystyle\lim_{n \to \infty} \dfrac{|a_{n+1} x^{n+1}|}{|a_n x^n|} = \lim_{n \to \infty} \left|\dfrac{a_{n+1}}{a_n}\right| |x|$ が,1 のときを境にして変わる。

このとき $|x| = R$ とおくと,

$\displaystyle\lim_{n \to \infty} \left|\dfrac{a_{n+1}}{a_n}\right| \cdot R = 1$ より $\quad R = \displaystyle\lim_{n \to \infty} \left|\dfrac{a_n}{a_{n+1}}\right|$ となる。

この R を "ダランベールの収束半径" と呼び,x が $|x| < R$ のとき,右辺のベキ級数は収束する。

それではもう 1 度,$\log(1+x)$ のマクローリン展開を書くと,

$\log(1+x) = \overset{a_1}{\underset{\|}{1}} \cdot x + \overset{a_2}{\underset{\|}{\left(-\dfrac{1}{2}\right)}} \cdot x^2 + \overset{a_3}{\underset{\|}{\dfrac{1}{3}}} \cdot x^3 - \cdots\cdots + \overset{a_n}{\boxed{\dfrac{(-1)^{n-1}}{n}}} \cdot x^n + \cdots\cdots$ より

収束半径 $R = \displaystyle\lim_{n \to \infty} \left|\dfrac{a_n}{a_{n+1}}\right| = \lim_{n \to \infty} \left|\dfrac{\frac{(-1)^{n-1}}{n}}{\frac{(-1)^n}{n+1}}\right| = \lim_{n \to \infty} \dfrac{n+1}{n}$

$= \displaystyle\lim_{n \to \infty} \left(1 + \overset{0}{\dfrac{1}{n}}\right) = 1$

$\therefore\ |x| < \overset{R}{\underset{\|}{\boxed{1}}}$ すなわち,$-1 < x \le 1$ のときのみ

実は,$x = 1$ のときも成り立つので,等号を加えておいた。

$\log(1+x) = x - \dfrac{1}{2}x^2 + \dfrac{1}{3}x^3 - \cdots + \dfrac{(-1)^{n-1}}{n} \cdot x^n + \cdots$ は成り立つ。面白かった?

それでは最後に,このマクローリン展開を使って,美しい "オイラーの公式" を導いておくことにしよう。

● **マクローリンから，"オイラーの公式"を導ける！**

e^x, $\sin x$, $\cos x$ のマクローリン展開をそれぞれ求めてみよう。

(i) $f(x) = e^x$ のとき

$f^{(1)}(x) = f^{(2)}(x) = f^{(3)}(x) = \cdots\cdots = f^{(n)}(x) = e^x$ より

$f^{(1)}(0) = f^{(2)}(0) = f^{(3)}(0) = \cdots\cdots = f^{(n)}(0) = 1$

$\therefore e^x = \underset{\underset{1}{\smile}}{\boxed{f(0)}} + \dfrac{\overset{1}{\overbrace{f^{(1)}(0)}}}{1!}x + \dfrac{\overset{1}{\overbrace{f^{(2)}(0)}}}{2!}x^2 + \dfrac{\overset{1}{\overbrace{f^{(3)}(0)}}}{3!}x^3 + \cdots + \dfrac{\overset{1}{\overbrace{f^{(n)}(0)}}}{n!}x^n + \cdots$

$\qquad = 1 + \dfrac{1}{1!}x + \dfrac{1}{2!}x^2 + \dfrac{1}{3!}x^3 + \cdots + \overset{a_n}{\boxed{\dfrac{1}{n!}}}x^n + \cdots$

$\left(\text{ダランベールの収束半径 } R = \lim_{n \to \infty} \left| \dfrac{a_n}{a_{n+1}} \right| = \lim_{n \to \infty} \dfrac{\dfrac{1}{n!}}{\dfrac{1}{(n+1)!}} = \lim_{n \to \infty} (n+1) = \infty \right)$

$\therefore e^x = 1 + \dfrac{x}{1!} + \dfrac{x^2}{2!} + \dfrac{x^3}{3!} + \dfrac{x^4}{4!} + \cdots + \dfrac{x^n}{n!} + \cdots \quad \cdots\cdots① \quad (-\infty < x < \infty)$

(ii) $f(x) = \sin x$ のとき

$f^{(1)}(x) = \cos x, \ f^{(2)}(x) = -\sin x, \ f^{(3)}(x) = -\cos x, \ f^{(4)}(x) = \sin x, \ \cdots$ より

$\boxed{\text{この 4 項の繰り返しになる！}}$

$f^{(1)}(0) = 1, \ f^{(2)}(0) = 0, \ f^{(3)}(0) = -1, \ f^{(4)}(0) = 0, \ f^{(5)}(0) = 1, \ \cdots$

$\therefore \sin x = \underset{\underset{0}{\smile}}{\boxed{f(0)}} + \dfrac{\overset{1}{\overbrace{f^{(1)}(0)}}}{1!}x + \dfrac{\overset{0}{\overbrace{f^{(2)}(0)}}}{2!}x^2 + \dfrac{\overset{-1}{\overbrace{f^{(3)}(0)}}}{3!}x^3 + \dfrac{\overset{0}{\overbrace{f^{(4)}(0)}}}{4!}x^4 + \dfrac{\overset{1}{\overbrace{f^{(5)}(0)}}}{5!}x^5 + \cdots$

$\qquad = \dfrac{1}{1!}x - \dfrac{1}{3!}x^3 + \dfrac{1}{5!}x^5 - \dfrac{1}{7!}x^7 + \cdots + \overset{b_n}{\boxed{\dfrac{(-1)^{n-1}}{(2n-1)!}}}x^{2n-1} + \cdots$

$\left(\begin{array}{l} \text{ダランベールの収束半径 } R \text{ は,} \\[2mm] R^2 = \lim_{n \to \infty} \left| \dfrac{b_n}{b_{n+1}} \right| = \lim_{n \to \infty} \left| \dfrac{\dfrac{(-1)^{n-1}}{(2n-1)!}}{\dfrac{(-1)^n}{(2n+1)!}} \right| = \lim_{n \to \infty} (2n+1) \cdot 2n = \infty \text{ より, } R = \infty \end{array} \right)$

注意

$x^1,\ x^3,\ x^5,\ \cdots$ と1つおきだ！

$\displaystyle\sum_{n=1}^{\infty} b_n x^{2n-1} = b_1 x + b_2 x^3 + b_3 x^5 + \cdots$ のように，規則的に項が抜けてい

ても，同様に $R^2 = \lim_{n\to\infty}\left|\dfrac{b_n}{b_{n+1}}\right|$ となる。 ← 1つおきなら R^2，2つおきなら R^3 の要領だ！

$$\therefore \sin x = \frac{x}{1!} - \frac{x^3}{3!} + \frac{x^5}{5!} - \frac{x^7}{7!} + \cdots + \frac{(-1)^{n-1}x^{2n-1}}{(2n-1)!} + \cdots \cdots ② \quad (-\infty < x < \infty)$$
$$(R^2 = \infty \text{ より，} R = \underline{\infty})$$

(ⅲ) $f(x) = \cos x$ のときも同様に

$f^{(1)}(x) = -\sin x,\ f^{(2)}(x) = -\cos x,\ f^{(3)}(x) = \sin x,\ f^{(4)}(x) = \cos x,\ \cdots$ より

$f^{(1)}(0) = 0,\ f^{(2)}(0) = -1,\ f^{(3)}(0) = 0,\ f^{(4)}(0) = 1,\ f^{(5)}(0) = 0,\ \cdots$

$$\therefore \cos x = \underbrace{f(0)}_{1} + \underbrace{\frac{f^{(1)}(0)}{1!}}_{0}x + \underbrace{\frac{f^{(2)}(0)}{2!}}_{-1}x^2 + \underbrace{\frac{f^{(3)}(0)}{3!}}_{0}x^3 + \underbrace{\frac{f^{(4)}(0)}{4!}}_{1}x^4 + \underbrace{\frac{f^{(5)}(0)}{5!}}_{0}x^5 + \cdots$$

$$= 1 - \frac{1}{2!}x^2 + \frac{1}{4!}x^4 - \frac{1}{6!}x^6 + \cdots + \underbrace{\frac{(-1)^n}{(2n)!}}_{b_n}x^{2n} + \cdots$$

ダランベールの収束半径 R は，

$$R^2 = \lim_{n\to\infty}\left|\frac{b_n}{b_{n+1}}\right| = \lim_{n\to\infty}\left|\frac{\frac{(-1)^n}{(2n)!}}{\frac{(-1)^{n+1}}{(2n+2)!}}\right| = \lim_{n\to\infty}(2n+2)\cdot(2n+1) = \infty \text{ より，} R = \infty$$

$$\therefore \cos x = 1 - \frac{x^2}{2!} + \frac{x^4}{4!} - \frac{x^6}{6!} + \cdots + \frac{(-1)^n x^{2n}}{(2n)!} + \cdots \cdots ③ \quad (-\infty < x < \infty)$$
$$(R^2 = \infty \text{ より，} R = \infty)$$

以上①，②，③より，①の x に $i\theta$ を代入すると，$(i = \sqrt{-1})$

$$e^{i\theta} = 1 + \frac{i\theta}{1!} + \frac{(i\theta)^2}{2!} + \frac{(i\theta)^3}{3!} + \frac{(i\theta)^4}{4!} + \frac{(i\theta)^5}{5!} + \frac{(i\theta)^6}{6!} + \frac{(i\theta)^7}{7!} + \cdots$$

$$= 1 + \frac{i\theta}{1!} - \frac{\theta^2}{2!} - \frac{i\theta^3}{3!} + \frac{\theta^4}{4!} + \frac{i\theta^5}{5!} - \frac{\theta^6}{6!} - \frac{i\theta^7}{7!} + \cdots$$

$$= \left(1 - \frac{\theta^2}{2!} + \frac{\theta^4}{4!} - \frac{\theta^6}{6!} + \cdots\right) + i\left(\frac{\theta}{1!} - \frac{\theta^3}{3!} + \frac{\theta^5}{5!} - \frac{\theta^7}{7!} + \cdots\right)$$

$$= \cos\theta + i\sin\theta \quad \text{と，美しい等式} \boxed{e^{i\theta} = \cos\theta + i\sin\theta} \text{ が導けた！}$$

オイラーの公式

(1) $f(x) = \dfrac{1}{1-x}$ のマクローリン展開を求めよ。

(2) (1) の結果を使って，$g(x) = \dfrac{1}{1+x^2}$ のマクローリン展開を求めよ。

ヒント! (1) 公式通り求める。(2) (1) の x に $-x^2$ を代入する。

解答 & 解説

(1) $f(x) = (1-x)^{-1}$ より

$f^{(1)}(x) = \underset{1!}{\boxed{1}} \cdot (1-x)^{-2}, \ f^{(2)}(x) = \underset{2!}{\boxed{2}} (1-x)^{-3}, \ f^{(3)}(x) = 3!(1-x)^{-4}, \ \cdots$　より

$f^{(1)}(0) = 1!, \ f^{(2)}(0) = 2!, \ f^{(3)}(0) = 3!, \ f^{(4)}(0) = 4!, \ \cdots$

$\therefore \ \dfrac{1}{1-x} = \overset{1}{\boxed{f(0)}} + \dfrac{\overset{1!}{\boxed{f^{(1)}(0)}}}{1!}x + \dfrac{\overset{2!}{\boxed{f^{(2)}(0)}}}{2!}x^2 + \dfrac{\overset{3!}{\boxed{f^{(3)}(0)}}}{3!}x^3 + \cdots + \dfrac{\overset{n!}{\boxed{f^{(n)}(0)}}}{n!}x^n + \cdots$

$= 1 + 1 \cdot x + 1 \cdot x^2 + 1 \cdot x^3 + \cdots + \overset{a_n}{\boxed{1}} \cdot x^n + \cdots$

$\left(ダランベールの収束半径 \ R = \lim_{n \to \infty} \left| \dfrac{a_n}{a_{n+1}} \right| = \lim_{n \to \infty} \left| \dfrac{1}{1} \right| = 1 \right)$

$\therefore \ \dfrac{1}{1-x} = 1 + x + x^2 + x^3 + \cdots + x^n + \cdots \quad (-1 < x < 1)$ ……………(答)

(2) (1) の結果より

$\dfrac{1}{1-t} = 1 + t + t^2 + t^3 + \cdots + t^n + \cdots \quad (-1 < t < 1)$

ここで，$t = -x^2$ を代入すると

$\dfrac{1}{1-(-x^2)} = 1 + (-x^2) + (-x^2)^2 + (-x^2)^3 + \cdots + (-x^2)^n + \cdots \ (-1 < -x^2 < 1)$

以上より，

$\dfrac{1}{1+x^2} = 1 - x^2 + x^4 - x^6 + \cdots + (-1)^n \cdot x^{2n} + \cdots$ ……(答)

$(-1 < x < 1)$

> $-1 < x^2 < 1$ より
> $x^2 < 1$
> $(x+1)(x-1) < 0$
> $-1 < x < 1$

実践問題 14　　　　● 関数のマクローリン展開と極限 ●

$e^x = 1 + \dfrac{x}{1!} + \dfrac{x^2}{2!} + \dfrac{x^3}{3!} + \dfrac{x^4}{4!} + \cdots + \dfrac{x^n}{n!} + \cdots$ $(-\infty < x < \infty)$ を使って,

$\cosh x$ をマクローリン展開し, 極限 $\displaystyle\lim_{x \to 0} \dfrac{\cosh x - 1}{x^2}$ を求めよ。

ヒント! $\cosh x = \dfrac{e^x + e^{-x}}{2}$ だね。e^x のマクローリン展開の x に $-x$ を代入して e^{-x} のマクローリン展開も求めて, $\cosh x$ をマクローリン展開すればよい。

解答 & 解説

$e^x = 1 + \dfrac{x}{1!} + \dfrac{x^2}{2!} + \dfrac{x^3}{3!} + \dfrac{x^4}{4!} + \cdots\cdots$ $\cdots\cdots$① $(-\infty < x < \infty)$

①の x に $\boxed{(ア)}$ を代入して,

$e^{-x} = 1 - \dfrac{x}{1!} + \dfrac{x^2}{2!} - \dfrac{x^3}{3!} + \dfrac{x^4}{4!} - \cdots\cdots$ $\cdots\cdots$② $(-\infty < x < \infty)$

①+②より, $e^x + e^{-x} = 2\left(\boxed{(イ)\qquad\qquad} \right)$

$\therefore \cosh x = \dfrac{e^x + e^{-x}}{2}$ のマクローリン展開は,

$\cosh x = 1 + \dfrac{x^2}{2!} + \dfrac{x^4}{4!} + \dfrac{x^6}{6!} + \cdots\cdots$ $(-\infty < x < \infty)$ $\cdots\cdots$③ $\cdots\cdots\cdots$(答)

③を使って, 求める極限は

$\displaystyle\lim_{x \to 0} \dfrac{\cosh x - 1}{x^2} = \lim_{x \to 0} \dfrac{\left(\cancel{1} + \dfrac{x^2}{2!} + \dfrac{x^4}{4!} + \dfrac{x^6}{6!} + \cdots \right) - \cancel{1}}{x^2}$

$\displaystyle = \lim_{x \to 0} \left(\dfrac{1}{2!} + \overset{0}{\cancel{\dfrac{x^2}{4!}}} + \overset{0}{\cancel{\dfrac{x^4}{6!}}} + \cdots \right) = \boxed{(ウ)\qquad}$ $\cdots\cdots\cdots\cdots\cdots$(答)

解答 (ア) $-x$ 　(イ) $1 + \dfrac{x^2}{2!} + \dfrac{x^4}{4!} + \dfrac{x^6}{6!} + \cdots$ 　(ウ) $\dfrac{1}{2!} = \dfrac{1}{2}$

1. 逆三角関数の微分公式

(1) $(\sin^{-1}x)' = \dfrac{1}{\sqrt{1-x^2}}$ (2) $(\cos^{-1}x)' = -\dfrac{1}{\sqrt{1-x^2}}$ (3) $(\tan^{-1}x)' = \dfrac{1}{1+x^2}$

2. ライプニッツの微分公式

$$(f \cdot g)^{(n)} = {}_nC_0 f^{(n)} \cdot g + {}_nC_1 f^{(n-1)} \cdot g^{(1)} + {}_nC_2 f^{(n-2)} \cdot g^{(2)} + \cdots$$
$$\cdots + {}_nC_{n-1} f^{(1)} \cdot g^{(n-1)} + {}_nC_n f \cdot g^{(n)}$$

3. ロピタルの定理

（Ⅰ）$f(x), g(x)$ は $x = a$ の付近で微分可能で, $f(a) = g(a) = 0$ とする。

このとき, $\displaystyle\lim_{x \to a} \frac{f(x)}{g(x)} = \lim_{x \to a} \frac{f'(x)}{g'(x)}$ が成り立つ。

（Ⅱ）$f(x), g(x)$ は, $x = a$ を除く $x = a$ の付近で微分可能で,

$\displaystyle\lim_{x \to a} f(x) = \lim_{x \to a} g(x) = \pm\infty$ とする。

このとき, $\displaystyle\lim_{x \to a} \frac{f(x)}{g(x)} = \lim_{x \to a} \frac{f'(x)}{g'(x)}$ が成り立つ。

（ここで, a は $\pm\infty$ でもかまわない。）

4. テイラーの定理

関数 $f(x)$ が, $[a, b]$ で連続, (a, b) において $n+1$ 回微分可能のとき,

ある c $(a < c < b)$ が存在して, 次式が成り立つ。

$$f(b) = f(a) + \frac{f^{(1)}(a)}{1!}(b-a) + \frac{f^{(2)}(a)}{2!}(b-a)^2 + \cdots + \frac{f^{(n)}(a)}{n!}(b-a)^n + \underline{R_{n+1}}$$

$\left(\text{ただし, } R_{n+1} = \dfrac{f^{(n+1)}(c)}{(n+1)!}(b-a)^{n+1} \right)$ | ラグランジュ の剰余項

5. テイラー展開

関数 $f(x)$ が, $x = a$ を含むある区間で何回でも微分可能であり, かつ,

$\displaystyle\lim_{n \to \infty} R_{n+1} = 0$ のとき, $f(x)$ は次のように表される。

$$f(x) = f(a) + \frac{f^{(1)}(a)}{1!}(x-a) + \frac{f^{(2)}(a)}{2!}(x-a)^2 + \cdots + \frac{f^{(n)}(a)}{n!}(x-a)^n + \cdots$$

6. マクローリン展開

関数 $f(x)$ が, $x = 0$ を含むある区間で何回でも微分可能であり, かつ,

$\displaystyle\lim_{n \to \infty} R_{n+1} = 0$ のとき, $f(x)$ は次のように表される。

$$f(x) = f(0) + \frac{f^{(1)}(0)}{1!}x + \frac{f^{(2)}(0)}{2!}x^2 + \cdots + \frac{f^{(n)}(0)}{n!}x^n + \cdots$$

（テイラー展開で, $a = 0$ の特殊な場合）

積分法とその応用
（1変数関数）

▶ 不定積分

▶ 定積分

▶ 広義積分・無限積分

▶ 面積・体積・曲線の長さ

§1. 不定積分

これから，積分法の講義を始めよう。1変数関数 $f(x)$ の積分には，不定積分と定積分があり，今回は様々な積分の基礎となる不定積分の解説から始める。これまで，微分計算を行ってきたけれど，この微分の逆の操作が不定積分になるんだよ。だから，始めは易しいと思うかも知れないね。でも，微分より多彩なテクニックを駆使することになるから，まず，基本をシッカリ固めることが大切だ。

● 不定積分は，"原始関数 + C" だ！

積分とは，微分の逆の操作のことで，

$F'(x) = f(x)$ をみたす関数 $F(x)$ を $f(x)$ の "**原始関数**" と呼ぶ。

たとえば，$f(x) = \cos x$ のとき，$F'(x) = \cos x$ をみたす $F(x)$ は，
$F(x) = \sin x, \ \sin x + 1, \ \sin x - 2, \ \cdots\cdots$ と無限に存在するね。どれも，
$(\sin x)' = (\sin x + 1)' = (\sin x - 2)' = \cdots\cdots = \cos x$ をみたすからだ。でも，
原始関数が無限にあるといっても，定数が異なるだけだから，原始関数の
1つを $F(x)$ とおき，これに "**積分定数**" と呼ぶ定数 C を加えたものを，
$f(x)$ の "**不定積分**" $F(x) + C$ と定める。そして，$f(x)$ を "**被積分関数**"
と呼ぶ。

それでは，不定積分の定義を，記号法と共に下に示す。

■ 不定積分の定義

$f(x)$ の原始関数の1つを $F(x)$ とおくとき，$f(x)$ の不定積分を $\displaystyle\int f(x)dx$
で表し，これを次のように定義する。

> "インテグラル・$f(x) \cdot dx$" と読む。

$$\int f(x)dx = F(x) + C$$

（$f(x)$：被積分関数，$F(x)$：原始関数，C：積分定数）

微分のときと同様に，不定積分にも 2 つの性質と，12 の基本公式が存在するので，それをまず下に示すよ。

不定積分の線形性

(1) $\displaystyle\int k f(x)dx = k\int f(x)dx$ (k : 定数)

(2) $\displaystyle\int \{f(x) \pm g(x)\}dx = \int f(x)dx \pm \int g(x)dx$

積分計算の 12 の基本公式

(1) $\displaystyle\int x^\alpha dx = \frac{1}{\alpha+1}x^{\alpha+1}$ $(\alpha \neq -1)$

(2) $\displaystyle\int e^x dx = e^x$

(3) $\displaystyle\int a^x dx = \frac{a^x}{\log a}$ $(a > 0)$

(4) $\displaystyle\int \frac{1}{x}dx = \log|x|$ $(x \neq 0)$

(5) $\displaystyle\int \frac{f'(x)}{f(x)}dx = \log|f(x)|$ $(f(x) \neq 0)$

(6) $\displaystyle\int \sin x\,dx = -\cos x$

(7) $\displaystyle\int \cos x\,dx = \sin x$

(8) $\displaystyle\int \underbrace{\sec^2 x}_{\frac{1}{\cos^2 x}}dx = \tan x$

(9) $\displaystyle\int \frac{1}{\sqrt{1-x^2}}dx = \sin^{-1}x$ $(x \neq \pm 1)$

(10) $\displaystyle\int \frac{1}{1+x^2}dx = \tan^{-1}x$

(11) $\displaystyle\int \sinh x\,dx = \cosh x$

(12) $\displaystyle\int \cosh x\,dx = \sinh x$

(ただし，積分定数 C を省略して示した。)

これらの積分公式はすべて，微分の式 $F'(x) = f(x)$ を書き換えた
$\displaystyle\int f(x)dx = F(x)\underline{+C}$ の形になっている。たとえば，(10) では

上記の公式では，これを省略している。

$(\tan^{-1}x)' = \dfrac{1}{1+x^2}$ だから，$\displaystyle\int \frac{1}{1+x^2}dx = \tan^{-1}x + C$ となるわけだ。

それでは，例題をやっておこう。

$\boxed{\dfrac{2\,次式}{2\,次式} = (\,定数\,) + \dfrac{1\,次式}{2\,次式}}$ の形にする。

(1) $\displaystyle\int \frac{x^2 + x - 1}{x^2 + 1}\,dx = \int \frac{(x^2 + 1) + x - 2}{x^2 + 1}\,dx$

$\boxed{有理関数}$

$\boxed{\dfrac{f'}{f}}$

$\boxed{積分して\,\tan^{-1}x\,になる形}$

$$= \int \left(1 + \frac{1}{2}\cdot\boxed{\frac{2x}{x^2 + 1}} - 2\cdot\boxed{\frac{1}{1 + x^2}}\right)dx$$

$$= x + \frac{1}{2}\log(x^2 + 1) - 2\tan^{-1}x + C$$

$\boxed{これは \oplus より，絶対値記号は不要}$

$\boxed{有理関数 = \dfrac{(\,多項式\,)}{(\,多項式\,)}\ の積分に慣れよう！}$

(2) $\displaystyle\int \frac{1}{1 - t^2}\,dt = \int \frac{1}{2}\left(\frac{1}{1 - t} + \frac{1}{1 + t}\right)dt$

$\boxed{有理関数}$　$\boxed{部分分数に分解}$

$\boxed{この例題と同じ形の積分が，以後何回も出てくるよ。}$

$\boxed{\dfrac{f'}{f}}$　$\boxed{\dfrac{g'}{g}}$

$$= \frac{1}{2}\int \left(\boxed{\frac{1}{1 + t}} - \boxed{\frac{-1}{1 - t}}\right)dt$$

$$= \frac{1}{2}\left(\log|1 + t| - \log|1 - t|\right) + C = \frac{1}{2}\log\left|\frac{1 + t}{1 - t}\right| + C$$

それでは次に，大学で頻出の積分の応用公式についても下に示す。

■ 積分計算の応用公式

（Ⅰ）$\displaystyle\int \frac{1}{a^2 + x^2}\,dx = \frac{1}{a}\tan^{-1}\frac{x}{a}\quad(a \neq 0)$

（Ⅱ）$\displaystyle\int \frac{1}{\sqrt{a^2 - x^2}}\,dx = \sin^{-1}\frac{x}{a}\quad(-a < x < a,\ a:正の定数)$

（Ⅲ）$\displaystyle\int \frac{1}{\sqrt{x^2 + \alpha}}\,dx = \log\left|x + \sqrt{x^2 + \alpha}\right|\quad(\alpha \neq 0)\ \ (x^2 + \alpha > 0)$

$\boxed{\alpha は負でもかまわない。}$

（Ⅳ）$\displaystyle\int \sqrt{x^2 + \alpha}\,dx = \frac{1}{2}\left(x\sqrt{x^2 + \alpha} + \alpha\log\left|x + \sqrt{x^2 + \alpha}\right|\right)\quad(x^2 + \alpha \geqq 0)$

（積分定数 C は省略した。）

（Ⅰ），（Ⅱ），（Ⅲ）の証明は，右辺を微分して左辺の被積分関数になることを示せばいいんだね。

（Ⅰ） $\left(\dfrac{1}{a}\tan^{-1}\dfrac{x}{a}\right)' = \dfrac{1}{a}\cdot\dfrac{1}{1+\left(\dfrac{x}{a}\right)^2}\cdot\left(\dfrac{x}{a}\right)' = \dfrac{1}{a^2}\cdot\dfrac{1}{1+\dfrac{x^2}{a^2}} = \dfrac{1}{a^2+x^2}$

t とおいて，合成関数の微分

$\dfrac{dy}{dt}\times\dfrac{dt}{dx}$

（Ⅱ） $\left(\sin^{-1}\dfrac{x}{a}\right)' = \dfrac{1}{\sqrt{1-\left(\dfrac{x}{a}\right)^2}}\cdot\left(\dfrac{x}{a}\right)' = \dfrac{1}{a\sqrt{1-\dfrac{x^2}{a^2}}} = \dfrac{1}{\sqrt{a^2-x^2}}$

t とおく

（Ⅲ） $\left(\log\left(x+\sqrt{x^2+\alpha}\right)\right)' = \dfrac{(x+\sqrt{x^2+\alpha})'}{x+\sqrt{x^2+\alpha}} = \dfrac{1+\dfrac{1}{2}(x^2+\alpha)^{-\frac{1}{2}}\cdot 2x}{x+\sqrt{x^2+\alpha}}$

$\dfrac{f'}{f}$ ／ f ／ 合成関数の微分

$= \dfrac{1+\dfrac{x}{\sqrt{x^2+\alpha}}}{x+\sqrt{x^2+\alpha}} = \dfrac{\sqrt{x^2+\alpha}+x}{(x+\sqrt{x^2+\alpha})\sqrt{x^2+\alpha}} = \dfrac{1}{\sqrt{x^2+\alpha}}$

分子・分母に $\sqrt{x^2+\alpha}$ をかけた

（Ⅳ）も同様に証明できるが，これについては部分積分と（Ⅲ）の公式を使っても証明することができる。この証明法は試験でも狙われる可能性があるので，部分積分のところで改めて解説する。

それでは，例題をやっておこう。

(3) $\displaystyle\int\dfrac{1}{3+x^2}dx = \dfrac{1}{\sqrt{3}}\tan^{-1}\dfrac{x}{\sqrt{3}}+C$　………(答)

a^2

(4) $\displaystyle\int\dfrac{1}{\sqrt{4-x^2}}dx = \sin^{-1}\dfrac{x}{2}+C$　……………(答)

a^2

(5) $\displaystyle\int\dfrac{1}{\sqrt{x^2-1}}dx = \log\left|x+\sqrt{x^2-1}\right|+C$　……(答)　となる。大丈夫だね。

α（負でもかまわない）

● 置換積分法をマスターしよう！

$\displaystyle\int \frac{1}{e^{-x}-e^{x}}\,dx$ の積分計算はできる？ 今までの公式だけでは手におえない形だけれど，$e^{x}=t$ と変数を置換することによって，積分が可能となるんだね。この置換による不定積分のステップは次の 2 つだ。

(i) $e^{x}=t$ ……⑦ と置換する。

(ii) dx を t と dt の式で表す。そのためには，

$\begin{cases} ⑦の左辺＝e^{x} を x で微分して，dx をかけ， \\ ⑦の右辺＝t を t で微分して，dt をかけて，等式を導く。 \end{cases}$

$$\underbrace{e^{x}}_{x の式を x で微分}\cdot dx = \underbrace{1}_{t の式を t で微分}\cdot dt$$

> ⑦より，$\dfrac{dt}{dx}=(e^{x})'=e^{x}$
> から，$dt=e^{x}dx$ が導けるが，
> テクニカルに左のように計算する。

$$\underline{dx=\frac{1}{e^{x}}dt=\frac{1}{t}dt} \quad となる。$$

以上 (i)(ii) のステップから

> これは，(2) (P114) の例題と同じ

$$\int \frac{1}{\underbrace{e^{-x}}_{t^{-1}}-\underbrace{e^{x}}_{t}}\underbrace{dx} = \int \frac{1}{\frac{1}{t}-t}\frac{1}{t}dt = \int \frac{1}{1-t^{2}}dt$$

$$=\frac{1}{2}\log\left|\frac{1+t}{1-t}\right|+C$$

$$=\frac{1}{2}\log\left|\frac{1+e^{x}}{1-e^{x}}\right|+C$$

と計算できる。

　この置換積分は，合成関数 $f(g(x))$ の形で表された関数について，$g(x)=t$ と置くことにより積分する。その公式を下に示すよ。

> $f(g(x))$ について，$g(x)=t$ とおき，$\displaystyle\int f(t)dt = F(t)+C$ とおく。
> この両辺を x で微分して，
> $$\frac{d}{dx}\int f(t)dt = \frac{d}{dx}F(t)$$
> 〔合成関数の微分〕
> $$\frac{d}{dt}\int f(t)dt\cdot\frac{dt}{dx} = \frac{d}{dx}F(t)$$
> $$\underbrace{\quad}_{f(t)}$$
> ここで，$t=g(x)$ より，
> $$f(g(x))\cdot g'(x) = \frac{d}{dx}F(t)$$
> この両辺を x で積分して
> $$\int f(g(x))\cdot g'(x)dx = \underline{F(t)+C}$$
> $$\therefore \int f(g(x))\cdot g'(x)dx = \underline{\int f(t)dt}$$

置換積分の公式

$$\int f(g(x))\cdot g'(x)\,dx = \int f(t)dt$$
（ここで，$g(x)=t$ と置換した。）

今回の例題では

$$\int \frac{1}{e^{-x} - e^x}dx = \int \underbrace{\frac{1}{\underbrace{(e^{-x}) - (e^x)}_{g(x)\ g(x)}}}_{\frac{1}{g(x)}} \cdot \overbrace{(e^x)}^{g'(x)} dx = \int \overbrace{\frac{1}{\left(\frac{1}{t} - t\right) \cdot t}}^{f(t)} dt \quad$$ の構造になっ

ていたんだね。置換積分では，公式は分かりづらいので，前にやった **2** つのステップで解いていけばいいんだよ。

　置換積分は，自分で自由にトライしていけばいいんだけど，典型的な置換パターンは存在するので，それを示すよ。

置換積分の典型的な置き換えパターン

（Ⅰ）$\int f(\sin x) \cdot \cos x\, dx$ の場合，$\sin x = t$ とおく。

（Ⅱ）$\int f(\cos x) \cdot \sin x\, dx$ の場合，$\cos x = t$ とおく。

（Ⅲ）$\int \sqrt{a^2 - x^2}\, dx$ の場合，$x = a\sin\theta$（または $a\cos\theta$）とおく。

（Ⅳ）$\int \underbrace{f(\sin x, \cos x)}\, dx$ の場合，$\tan\dfrac{x}{2} = t$ とおく。
　　　$\boxed{\sin x \text{ と } \cos x \text{ の関数のこと}}$

（Ⅳ）は特に解説しておこう。$\sin x$ と $\cos x$ は，$\tan\dfrac{x}{2} = t$ ……① とおくと，

$$\sin x = \frac{2t}{1 + t^2}\ , \qquad\qquad \cos x = \frac{1 - t^2}{1 + t^2} \quad \text{と変形できる。}$$

$$
\begin{aligned}
\sin x &= 2\sin\frac{x}{2} \cdot \cos\frac{x}{2} \\
&= 2 \cdot \underbrace{\frac{\sin\frac{x}{2}}{\cos\frac{x}{2}}}_{\tan\frac{x}{2}} \cdot \underbrace{\cos^2\frac{x}{2}}_{\frac{1}{1+\tan^2\frac{x}{2}}} \\
&= \frac{2\tan\frac{x}{2}}{1 + \tan^2\frac{x}{2}} \quad \text{となる。}
\end{aligned}
$$

$$
\begin{aligned}
\cos x &= \cos^2\frac{x}{2} - \sin^2\frac{x}{2} \\
&= \underbrace{\cos^2\frac{x}{2}}_{\frac{1}{1+\tan^2\frac{x}{2}}} \cdot \left(1 - \underbrace{\frac{\sin^2\frac{x}{2}}{\cos^2\frac{x}{2}}}_{\tan^2\frac{x}{2}}\right) \\
&= \frac{1 - \tan^2\frac{x}{2}}{1 + \tan^2\frac{x}{2}} \quad \text{となる。}
\end{aligned}
$$

さらに，㋑式から dx と dt の関係を導くと，

$$\underbrace{\frac{1}{\cos^2\frac{x}{2}}}_{1+\tan^2\frac{x}{2}}\left(\frac{x}{2}\right)' \cdot dx = \underline{1 \cdot dt} \quad , \quad \frac{1+\overbrace{\tan^2\frac{x}{2}}^{t^2}}{2}dx = dt$$

$\boxed{\tan\frac{x}{2} \text{ を } x \text{ で微分した} \\ \text{ものに，} dx \text{ をかけた。}}$ $\boxed{t \text{ を } t \text{ で微分したもの} \\ \text{に，} dt \text{ をかけた。}}$

$$\therefore\ dx = \frac{2}{1+t^2}dt$$

以上より，$\displaystyle\int f(\sin x,\ \cos x)dx = \int f\left(\frac{2t}{1+t^2},\ \frac{1-t^2}{1+t^2}\right)\frac{2}{1+t^2}dt$

と，t の有理関数の積分にもち込めるんだね。

　例題をやっておこう。

$(6)\ \displaystyle\int\frac{1}{\cos x}dx$　について，$\tan\dfrac{x}{2}=t$ とおくと，

$\boxed{\text{今回は，} \sin x \text{ はなくて，} \cos x \text{ だけの式}}$　$\boxed{\text{ステップ（ⅰ）}}$

　　　　　　　　　　　　　　　　　　　　　$\boxed{\text{ステップ（ⅱ）}}$

$$\cos x = \frac{1-t^2}{1+t^2},\ \text{また } dx = \frac{2}{1+t^2}dt \text{ より}$$

$$\int\underbrace{\frac{1}{\cos x}}_{\frac{1-t^2}{1+t^2}}\overbrace{dx}^{\frac{2}{1+t^2}dt} = \int\frac{1}{\frac{1-t^2}{1+t^2}}\cdot\frac{2}{1+t^2}dt = 2\int\frac{1}{1-t^2}dt \qquad \boxed{(2)\text{ の例題}(\mathbf{P114})\text{ と同じ}}$$

$$= 2\cdot\frac{1}{2}\log\left|\frac{1+t}{1-t}\right|+C = \log\left|\frac{1+\tan\frac{x}{2}}{1-\tan\frac{x}{2}}\right|+C \quad \cdots\cdots㋒ \quad \cdots\cdots\cdots\cdots（答）$$

(6) の例題は次のように解いてもいいよ。

$\boxed{\text{分子・分母に} \cos x \text{をかけた}}$

$$\int\frac{1}{\cos x}dx = \int\underbrace{\frac{1}{\cos^2 x}}_{1-\sin^2 x}\cos x\,dx = \int\underbrace{\frac{1}{1-\sin^2 x}}_{f(\sin x)}\cos x\,dx \qquad \boxed{\begin{array}{l}(\text{Ⅰ})\text{ の置換パターン：}\\ \int f(\sin x)\cdot\cos x\,dx \text{ の}\\ \text{とき，} \sin x = u \text{ とおく。}\end{array}}$$

ここで，$\underline{\sin x = u}$ とおくと，$\underline{\cos x \, dx = du}$ より

ステップ（ⅱ）

ステップ（ⅰ）

$\sin x$ を x で微分して，dx をかけた。

u を u で微分して，du をかけた。

$$\int \frac{1}{1 - \sin^2 x} \cos x \, dx = \int \frac{1}{1 - u^2} du \quad \longleftarrow \text{(2) (P114) の例題と同じ積分}$$

$$= \frac{1}{2} \log \left| \frac{1 + u}{1 - u} \right| + C$$

$$= \frac{1}{2} \log \left| \frac{1 + \sin x}{1 - \sin x} \right| + C \quad \cdots\cdots ㋓ \quad \cdots\cdots\cdots\cdots\cdots\cdots\cdots\cdots\cdots\cdots (答)$$

(6) の ㋒ と ㋓ は形式的に答が違って見えるけれど，㋓ に $\sin x = \dfrac{2t}{1 + t^2}$ $\left(t = \tan \dfrac{x}{2} \right)$ を代入すると，同じであることがわかるよ。自分で確認してみるといい。

● **部分積分法で，積分がさらに面白くなる！**

2 つの関数の積の積分に役立つのが部分積分法だ。その公式をまず，下に示すよ。

部分積分法

（Ⅰ）$\displaystyle \int f'(x) \cdot g(x) dx = f(x) \cdot g(x) - \underline{\int f(x) \cdot g'(x) dx}$

簡単化

（Ⅱ）$\displaystyle \int f(x) \cdot g'(x) dx = f(x) \cdot g(x) - \underline{\int f'(x) \cdot g(x) dx}$

簡単化

（Ⅰ）の左辺と，（Ⅰ）の右辺の第 2 項を入れ替えたものが（Ⅱ）で，これらは同じ式なんだね。この公式の使い方のポイントは，左辺の積分は複雑だが，右辺の第 2 項の積分は簡単になるようにもち込むことだ。

証明も簡単だから，やっておこう。まず，2つの関数 $f(x)$ と $g(x)$ の積の微分公式から入るよ。

$$\{f(x) \cdot g(x)\}' = f'(x) \cdot g(x) + f(x) \cdot g'(x)$$

この両辺を x で積分すると，

$$f(x) \cdot g(x) = \int \{f'(x) \cdot g(x) + f(x) \cdot g'(x)\}dx$$

$$f(x) \cdot g(x) = \int f'(x) \cdot g(x)dx + \int f(x) \cdot g'(x)dx$$

となる。後は，この右辺の2項の内，いずれか一方を左辺に移項すれば，（Ⅰ）と（Ⅱ）の公式がそれぞれ導ける。 …………………………………………(終)

この部分積分法を使えば，$\log x$ や $\tan^{-1}x$ の積分も可能となる。

(7) $\displaystyle\int \log x dx = \int \underbrace{(x')}_{\text{1のコト}} \cdot \log x dx = x \cdot \log x - \int x \cdot (\log x)' dx$

$\boxed{\text{部分積分}}\rightarrow \left[\int f' \cdot g \ dx = f \cdot g - \int f \cdot g' \ dx \right]$

$\displaystyle = x \cdot \log x - \underline{\int x \cdot \frac{1}{x} dx} = x\log x - x + C$ …………………………(答)

$\boxed{\text{簡単！}}$

$\displaystyle\int \log x dx = x\log x - x$　の結果は，公式として覚えておこう。

(8) $\displaystyle\int \tan^{-1}x dx = \int \underbrace{(x')}_{\text{1のコト}} \cdot \tan^{-1}x dx = x \cdot \tan^{-1}x - \int x \cdot (\tan^{-1}x)' dx$

$\boxed{\text{部分積分}}\rightarrow \left[\int f' \cdot g \ dx = f \cdot g - \int f \cdot g' \ dx \right]$

$\displaystyle = x \cdot \tan^{-1}x - \underline{\int x \cdot \frac{1}{1+x^2} dx} = x\tan^{-1}x - \frac{1}{2}\int \boxed{\frac{2x}{1+x^2}}dx$

$\boxed{\text{簡単！}}$ $\boxed{\dfrac{f'}{f}}$

$\displaystyle = x \cdot \tan^{-1}x - \frac{1}{2}\log(\underline{1+x^2}) + C$ …………………………………(答)

$\boxed{\oplus\text{より，絶対値記号は不要！}}$

調子がでてきた？それじゃ，宿題としていた (Ⅳ) (**P114**) の積分の応用公式の証明に入ろう。

(Ⅲ) $\displaystyle\int \frac{1}{\sqrt{x^2+\alpha}}\,dx = \log\left|x+\sqrt{x^2+\alpha}\,\right|+C$ (**P114**) を利用して，

(Ⅳ) $\displaystyle\int \sqrt{x^2+\alpha}\,dx = \frac{1}{2}\left(x\sqrt{x^2+\alpha}+\alpha\log\left|x+\sqrt{x^2+\alpha}\,\right|\right)+C$ を導くよ。

まず，$I=\displaystyle\int \sqrt{x^2+\alpha}\,dx$ とおいて，これに部分積分を行う。

$$I=\int \sqrt{x^2+\alpha}\,dx = \int x'\cdot\sqrt{x^2+\alpha}\,dx$$

> 部分積分の公式：
> $\displaystyle\int f'\cdot g\,dx = f\cdot g - \int f\cdot g'\,dx$
> を使った！

$$= x\sqrt{x^2+\alpha}-\int x\cdot\left\{(x^2+\alpha)^{\frac{1}{2}}\right\}'dx$$

$$\boxed{\frac{1}{2}(x^2+\alpha)^{-\frac{1}{2}}\cdot 2x = \frac{x}{\sqrt{x^2+\alpha}}}$$

$$= x\sqrt{x^2+\alpha}-\int \frac{x^2}{\sqrt{x^2+\alpha}}dx$$

$$\boxed{\frac{(x^2+\alpha)-\alpha}{\sqrt{x^2+\alpha}} = \sqrt{x^2+\alpha}-\frac{\alpha}{\sqrt{x^2+\alpha}}}$$

$$= x\sqrt{x^2+\alpha}-\int \left(\sqrt{x^2+\alpha}-\frac{\alpha}{\sqrt{x^2+\alpha}}\right)dx$$

$$= x\sqrt{x^2+\alpha}-\underbrace{\int \sqrt{x^2+\alpha}\,dx}_{I}+\alpha\int \frac{1}{\sqrt{x^2+\alpha}}dx$$

$$\boxed{\log\left|x+\sqrt{x^2+\alpha}\,\right|\quad((Ⅲ)\,の公式)}$$

以上より，$I = x\sqrt{x^2+\alpha}-I+\alpha\log\left|x+\sqrt{x^2+\alpha}\,\right|$

よって，$2I = x\sqrt{x^2+\alpha}+\alpha\log\left|x+\sqrt{x^2+\alpha}\,\right|$

$\therefore\ I=\displaystyle\int \sqrt{x^2+\alpha}\,dx = \frac{1}{2}\left(x\sqrt{x^2+\alpha}+\alpha\log\left|x+\sqrt{x^2+\alpha}\,\right|\right)+C$ ……………(終)

となって (Ⅳ) の公式も，無事に導けた！

積分計算も，使えるツールが増えるとどんどん面白くなるだろう？

| 演習問題 15 | ● 不定積分の計算（Ⅰ）● |

次の不定積分を求めよ。

(1) $\int (\sqrt{x+1} + \cos 2x)\,dx$ (2) $\int \dfrac{x^2}{\sqrt{x^2+1}}\,dx$

(3) $\int x\cosh x\,dx$

ヒント！ (1) 原始関数が容易にわかるはず。(2) 積分の応用公式を利用する。(3) $(\sinh x)' = \cosh x$ を利用して，部分積分にもち込む。

解答＆解説

(1) $\int \left\{ (x+1)^{\frac{1}{2}} + \cos 2x \right\}dx = \dfrac{2}{3}(x+1)^{\frac{3}{2}} + \dfrac{1}{2}\sin 2x + C$ ･････････････(答)

$$\because \left\{(x+1)^{\frac{3}{2}}\right\}' = \dfrac{3}{2}(x+1)^{\frac{1}{2}} \qquad \because (\sin 2x)' = 2\cos 2x$$

$$\cdot \int \cos mx\,dx = \dfrac{1}{m}\sin mx \quad \cdot \int \sin mx\,dx = -\dfrac{1}{m}\cos mx$$
これらは，公式として覚えよう。

(2) $\displaystyle\int \dfrac{(x^2+1)-1}{\sqrt{x^2+1}}\,dx = \underbrace{\int \sqrt{x^2+1}\,dx}_{(\text{ⅰ})} - \underbrace{\int \dfrac{1}{\sqrt{x^2+1}}\,dx}_{(\text{ⅱ})}$

$= \underbrace{\dfrac{1}{2}\left(x\sqrt{x^2+1} + \log\left|x+\sqrt{x^2+1}\right|\right)}_{(\text{ⅰ})} - \underbrace{\log\left|x+\sqrt{x^2+1}\right|}_{(\text{ⅱ})} + C$

公式：(ⅰ) $\displaystyle\int \sqrt{x^2+\alpha}\,dx = \dfrac{1}{2}\left(x\sqrt{x^2+\alpha} + \alpha\log\left|x+\sqrt{x^2+\alpha}\right|\right)$

　　　(ⅱ) $\displaystyle\int \dfrac{1}{\sqrt{x^2+\alpha}}\,dx = \log\left|x+\sqrt{x^2+\alpha}\right|$ を使った！

$= \dfrac{1}{2}\left(x\sqrt{x^2+1} - \log\left|x+\sqrt{x^2+1}\right|\right) + C$ ･････････････(答)

(3) $\displaystyle\int x\cdot\underbrace{(\sinh x)'}_{\cosh x}\,dx = x\sinh x - \int 1\cdot\sinh x\,dx$

部分積分の公式：
$\displaystyle\int f\cdot g'\,dx = f\cdot g - \int f'\cdot g\,dx$
を使った！

$= x\sinh x - \underline{\cosh x} + C$ ･･････････(答)

公式：$\displaystyle\int \sinh x\,dx = \cosh x, \quad \int \cosh x\,dx = \sinh x$

実践問題 15　　　　　　● 不定積分の計算 (Ⅱ) ●

次の不定積分を求めよ。

$$(1) \int (x \cdot e^{-x^2} - \sec^2 2x)dx \qquad (2) \int \frac{\sqrt{1+x^2}+\sqrt{1-x^2}}{\sqrt{1-x^4}}dx$$

$$(3) \int x \cdot \sinh x \, dx$$

ヒント！) **(2)** 2つの積分に分解する。**(3)** 部分積分を使う。

解答＆解説

$$(1) \int (x \cdot e^{-x^2} - \sec^2 2x)dx = \boxed{(ア)} - \frac{1}{2}\tan 2x + C \quad \cdots\cdots\cdots\cdots(答)$$

$(e^{-x^2})' = -2x \cdot e^{-x^2}$ より
$\int xe^{-x^2}dx = -\frac{1}{2}e^{-x^2}$

$(\tan 2x)' = 2 \cdot \sec^2 2x$ より
$\int \sec^2 2x \, dx = \frac{1}{2}\tan 2x$

合成関数の微分を逆手にとって，原始関数を求める。

$$(2) \ 与式 = \int \frac{\sqrt{1+x^2}+\sqrt{1-x^2}}{\sqrt{(1+x^2)(1-x^2)}}dx = \int \frac{1}{\sqrt{1-x^2}}dx + \int \boxed{(イ)} dx$$

$$= \boxed{(ウ)} + \log\left|x+\sqrt{x^2+1}\right| + C \quad \cdots\cdots\cdots\cdots\cdots\cdots(答)$$

公式：$\int \frac{1}{\sqrt{1-x^2}}dx = \sin^{-1}x, \quad \int \frac{1}{\sqrt{x^2+\alpha}}dx = \log\left|x+\sqrt{x^2+\alpha}\right|$ を使った。

$$(3) \ 与式 = \int x \cdot (\cosh x)' \, dx = x\cosh x - \int 1 \cdot \cosh x \, dx$$

$\because (\cosh x)' = \sinh x$

部分積分の公式：
$\int f \cdot g' \, dx = f \cdot g - \int f' \cdot g \, dx$
を使った！

$$= x\cosh x - \boxed{(エ)} + C \quad \cdots\cdots\cdots(答)$$

......

解答　(ア) $-\frac{1}{2}e^{-x^2}$ 　　(イ) $\frac{1}{\sqrt{x^2+1}}$ 　　(ウ) $\sin^{-1}x$ 　　(エ) $\sinh x$

不定積分 $\displaystyle\int \frac{1}{1+\sin x+2\cos x}\,dx$ を求めよ。

ヒント！ $\tan\dfrac{x}{2}=t$ とおくと，$\sin x=\dfrac{2t}{1+t^2}$，$\cos x=\dfrac{1-t^2}{1+t^2}$，$dx=\dfrac{2}{1+t^2}\,dt$

となるんだね。結局，t の有理関数の積分にもち込める。

解答＆解説

$\underline{\tan\dfrac{x}{2}=t}$ とおくと，$\sin x=\dfrac{2t}{1+t^2}$，$\cos x=\dfrac{1-t^2}{1+t^2}$

$\boxed{\text{ステップ（ⅰ）}}$ $\boxed{1+\tan^2\dfrac{x}{2}=1+t^2}$　　　　　　　　$\boxed{\text{ステップ（ⅱ）}}$

また，$\dfrac{1}{2}\boxed{\sec^2\dfrac{x}{2}}\,dx=dt$　より，$dx=\dfrac{2}{1+t^2}\,dt$

$\therefore \displaystyle\int \frac{1}{1+\sin x+2\cos x}\,dx=\int \frac{1}{1+\dfrac{2t}{1+t^2}+2\cdot\dfrac{1-t^2}{1+t^2}}\cdot\frac{2}{1+t^2}\,dt$

$\displaystyle=\int \frac{2}{1+t^2+2t+2(1-t^2)}\,dt=-\int \frac{2}{t^2-2t-3}\,dt$　　$\boxed{\text{有理関数の積分}}$

$\displaystyle=-2\cdot\int \frac{1}{(t-3)(t+1)}\,dt$

$\displaystyle=-2\int \frac{1}{4}\left(\frac{1}{t-3}-\frac{1}{t+1}\right)dt$　　$\boxed{\begin{array}{l}\text{部分分数に分解}\end{array}}$

$=-\dfrac{1}{2}(\log|t-3|-\log|t+1|)+C$　　$\boxed{\begin{array}{l}\text{公式：}\\[4pt]\displaystyle\int \frac{f'}{f}\,dx=\log|f|\\[4pt]\text{を使った！}\end{array}}$

$=\dfrac{1}{2}\log\left|\dfrac{t+1}{t-3}\right|+C=\dfrac{1}{2}\log\left|\dfrac{\tan\dfrac{x}{2}+1}{\tan\dfrac{x}{2}-3}\right|+C$ ……………………（答）

| 実践問題 16 | ● 置換積分の計算 (Ⅱ) ● |

不定積分 $\displaystyle\int \frac{1}{2+\cos x}\, dx$ を求めよ。

ヒント! $\tan\dfrac{x}{2}=t$ とおくと, $\cos x=\dfrac{1-t^2}{1+t^2}$, $dx=\dfrac{2}{1+t^2}dt$ となる。

解答&解説

$\tan\dfrac{x}{2}=t$ とおくと, $\cos x=\boxed{(\textit{ア})}$

また, $\dfrac{1}{2}\sec^2\dfrac{x}{2}\,dx=dt$ より, $dx=\boxed{(\textit{イ})}\,dt$

$\therefore \displaystyle\int \frac{1}{2+\cos x}\, dx = \int \frac{1}{2+\dfrac{1-t^2}{1+t^2}}\cdot\frac{2}{1+t^2}\,dt$

$\qquad = \displaystyle\int \frac{2}{2(1+t^2)+1-t^2}\,dt$

$\qquad = 2\cdot\displaystyle\int \frac{1}{\underset{a^2}{\boxed{3}}+t^2}\,dt$

公式:
$\displaystyle\int \frac{1}{a^2+t^2}\,dt = \frac{1}{a}\tan^{-1}\frac{t}{a}$
を使った!

$\qquad = 2\cdot\boxed{(\textit{ウ})}+C$

$\qquad = \boxed{(\textit{エ})}+C$ ……………………………………(答)

解答 (ア) $\dfrac{1-t^2}{1+t^2}$ (イ) $\dfrac{2}{1+t^2}$ (ウ) $\dfrac{1}{\sqrt{3}}\tan^{-1}\dfrac{t}{\sqrt{3}}$ (エ) $\dfrac{2}{\sqrt{3}}\tan^{-1}\left(\dfrac{\tan\frac{x}{2}}{\sqrt{3}}\right)$

§2. 定積分

これから，定積分の講義を始めるよ。これは不定積分と違って，積分結果が数値で表される，つまり値が定まるから"定積分"と覚えておくといい。この定積分の定義は，（ⅰ）原始関数によるものと，（ⅱ）リーマン和によるものの，2通りがある。特に，（ⅱ）リーマン和による定義から，定積分が $y = f(x)$ と x 軸とで挟まれた図形の面積と密接に関連していることがわかるはずだ。

● 定積分を，原始関数から定義しよう！

関数 $f(x)$ が積分できるとき，無数に存在する原始関数の中から，任意の2つの異なる原始関数 $F(x)$ と $G(x)$ を取り出すことにする。異なるといっても，積分定数の値が異なるだけなので，

$F(x) = G(x) + C$ ……① （C：定数）とおける。

ここで，$b > a$ をみたす2つの定数 a，b を $F(x)$ の x に代入して差をとったもの $F(b) - F(a)$ は，$G(b) - G(a)$ と一致するのがわかるね。①を用いると，

$F(b) - F(a) = G(b) + C - \{G(a) + C\} = G(b) - G(a)$

となって，定数 C が打ち消されるからなんだね。

この原始関数の取り方によらない定数 $F(b) - F(a)$ を，"**定積分**"の定義として用いることにする。

▌ 定積分の定義

閉区間 $[a, b]$ において，関数 $f(x)$ の原始関数 $F(x)$ が存在するとき，定積分を次のように定義する。

$$\int_a^b f(x)dx = \left[F(x) \right]_a^b = F(b) - F(a)$$

この定積分には，次のような性質がある。

定積分の性質

$(1)\ \int_a^a f(x)dx = 0$

$(2)\ \int_a^b f(x)dx = -\int_b^a f(x)dx$

$(3)\ \int_a^b f(x)dx = \int_a^c f(x)dx + \int_c^b f(x)dx$

$(4)\ \int_a^b kf(x)dx = k\int_a^b f(x)dx \quad (k：定数)$

$(5)\ \int_a^b \{f(x) \pm g(x)\}dx = \int_a^b f(x)dx \pm \int_a^b g(x)dx$

$(6)\ \int_a^b f(x)dx = (b-a)f(c) \quad (a < c < b)$

$(7)\ \left|\int_a^b f(x)dx\right| \leqq \int_a^b |f(x)|dx$

$(8)\ \left\{\int_a^b f(x)g(x)dx\right\}^2 \leqq \int_a^b f(x)^2 dx \cdot \int_a^b g(x)^2 dx$

$(1)\ \int_a^a f(x)dx = [F(x)]_a^a$
$= F(a) - F(a) = 0$

$(2)\ 左辺 = [F(x)]_a^b$
$= F(b) - F(a)$
$右辺 = -[F(x)]_b^a$
$= -\{F(a) - F(b)\}$
$= F(b) - F(a)$
$\therefore 左辺 = 右辺$

$(3)\ 左辺 = [F(x)]_a^b$
$= F(b) - F(a)$
$右辺 = [F(x)]_a^c + [F(x)]_c^b$
$= F(c) - F(a)$
$\quad + F(b) - F(c)$
$= F(b) - F(a)$
$\therefore 左辺 = 右辺$

$(1), (2), (3)$ の証明については，右上に示した。

$(4), (5)$ は不定積分と同様で，"**定積分の線形性**" と呼ばれる。

(6) は "**積分の平均値の定理**" と呼ばれるもので，平均値の定理

$$\frac{\overbrace{F(b) - F(a)}}{b-a} = \underbrace{F'(c)}_{f(c)} \quad \left(\overbrace{\int_a^b f(x)dx}\right)$$

から明らかだね。

$(7), (8)$ は定積分の不等式の公式だ。(7) は定積分と面積の関係がわかれば明らかなことがわかるはずだ。(8) は "**シュワルツの不等式**" と呼ばれるもので，2 次方程式の判別式 $\leqq 0$ から導ける。

(8) の証明も試験では狙われるところだから、
やっておこう。

任意の実数 t に対して、次の不等式が成り立つ。

変数のこと

$$\int_a^b \{tf(x) - g(x)\}^2 dx \geqq 0$$

0 以上

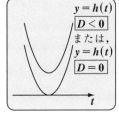

これも、$y = f(x)$ と x 軸で挟まれる面積から明らかだね。被積分関数 $f(x) \geqq 0$ ならば、$\int_a^b f(x)dx \geqq 0$ となる。

⊕の面積　　$y = f(x)$

これを変形して、

$$\int_a^b \{t^2 f(x)^2 - 2t f(x)g(x) + g(x)^2\}dx \geqq 0$$

$$t^2 \underbrace{\int_a^b f(x)^2 dx}_{a} - 2t \underbrace{\int_a^b f(x)g(x)dx}_{b'} + \underbrace{\int_a^b g(x)^2 dx}_{c} \geqq 0 \quad \cdots\cdots ①$$

ここで、3 つの定積分はそれぞれ定数なので、

$\int_a^b f(x)^2 dx = a, \quad \int_a^b f(x)g(x)dx = b', \quad \int_a^b g(x)^2 dx = c$ とおくと、①は、

$$at^2 - 2b't + c \geqq 0 \quad \cdots\cdots ②$$

これを分解して

$$\begin{cases} y = h(t) = at^2 - 2b't + c \quad (a > 0) \\ y = 0 \quad [t\,軸] \quad とおくと、\end{cases}$$

任意の t に対して②の不等式が常に成り立つため

$y = h(t)$
$D < 0$
または、
$y = h(t)$
$D = 0$

の条件は、2 次方程式 $h(t) = 0$ の判別式を D とおくと、$\dfrac{D}{4} \leqq 0$ である。

$$\left\{\int_a^b fg\,dx\right\}^2 \quad \int_a^b f^2 dx \quad \int_a^b g^2 dx$$

よって、$\dfrac{D}{4} = \boxed{b'^2 - ac \leqq 0}$ より $\boxed{b'^2} \leqq \boxed{a}\boxed{c}$

$$\therefore (8) \quad \left\{\int_a^b f(x)g(x)dx\right\}^2 \leqq \int_a^b f(x)^2 dx \cdot \int_a^b g(x)^2 dx \quad が成り立つ。\quad \cdots\cdots(終)$$

シュワルツの不等式

● 定積分の置換積分，部分積分をマスターしよう！

定積分においても，不定積分と同様に，次の置換積分法，部分積分法が利用できる。これによって，積分計算の幅がグッと広がるね。

■ 定積分での置換積分法

$t = g(x)$ が閉区間 $[a, b]$ で微分可能，かつ $g(a) = \alpha$，$g(b) = \beta$ のとき，次の置換積分の公式が成り立つ。

定積分では，これが新たに加わる。

$$\int_a^b f(g(x))g'(x)dx = \int_\alpha^\beta f(t)dt$$

$$\begin{pmatrix} x : a \to b \text{ のとき} \\ t : \alpha \to \beta \end{pmatrix}$$

■ 定積分での部分積分法

(1) $\displaystyle\int_a^b f'(x)g(x)dx = \left[f(x)g(x)\right]_a^b - \underline{\int_a^b f(x)g'(x)dx}$

簡単化

(2) $\displaystyle\int_a^b f(x)g'(x)dx = \left[f(x)g(x)\right]_a^b - \underline{\int_a^b f'(x)g(x)dx}$

簡単化

それでは，置換積分・部分積分も含めて，定積分の計算練習をしよう。

(1) $\displaystyle\int_0^{\frac{\pi}{2}} \sin^3 x \cos x\, dx$ について ←

$\int f(\sin x) \cdot \cos x\, dx$ の形だから $\sin x = t$ と置換する！

$\underline{\sin x = t}$ とおいて

ステップ（ⅰ）

$\underline{\cos x\, dx = dt}$

ステップ（ⅱ）

また，$x : 0 \to \dfrac{\pi}{2}$ のとき $t : \boxed{0} \to \boxed{1}$

$\sin 0$　$\sin \dfrac{\pi}{2}$

ステップ（ⅲ）

定積分での置換積分は，置換した変数 t の積分区間を求める必要があるので，3つのステップが必要になる！

以上より

$$\int_0^{\frac{\pi}{2}} \sin^3 x \cos x\, dx = \int_0^1 t^3 \cdot dt = \left[\frac{1}{4}t^4\right]_0^1 = \frac{1}{4} \quad\cdots\cdots\cdots\cdots\cdots\cdots\cdots（答）$$

(1) については，公式 $\displaystyle\int f^n \cdot f'\,dx = \frac{1}{n+1}f^{n+1}$ を使った別解もある。

$$\int_0^{\frac{\pi}{2}} \underline{\sin^3 x} \,\boxed{\cos x}\,dx = \left[\boxed{\frac{1}{4}\sin^4 x}\right]_0^{\frac{\pi}{2}} = \frac{1}{4}(1^4 - 0^4) = \frac{1}{4} \quad\cdots\cdots\cdots\cdots\cdots\text{(答)}$$

$\boxed{\sin x = f(x)\ \text{と}\ \text{おくと，}\ f^3}$ $\boxed{f'}$ $\boxed{\dfrac{1}{4}f^4\ (n=3)}$

(2) $\displaystyle\int_0^{\frac{1}{2}} \sin^{-1}x\,dx = \int_0^{\frac{1}{2}} x' \cdot \sin^{-1}x\,dx$

$$= \left[x \cdot \sin^{-1}x\right]_0^{\frac{1}{2}} - \int_0^{\frac{1}{2}} x \cdot (\sin^{-1}x)'\,dx$$

$\boxed{\dfrac{1}{\sqrt{1-x^2}}}$

$\boxed{\displaystyle\int_0^{\frac{1}{2}} f' \cdot g\,dx = [f \cdot g]_0^{\frac{1}{2}} - \int_0^{\frac{1}{2}} f \cdot g'\,dx}$

$$= \frac{1}{2}\cdot\boxed{\sin^{-1}\frac{1}{2}} - \int_0^{\frac{1}{2}} x\cdot(1-x^2)^{-\frac{1}{2}}\,dx$$

（$\sin^{-1}\dfrac{1}{2} = \dfrac{\pi}{6}$）

$\left\{(1-x^2)^{\frac{1}{2}}\right\}' = \dfrac{1}{2}(1-x^2)^{-\frac{1}{2}}\cdot(-2x)$
$= -x\cdot(1-x^2)^{-\frac{1}{2}}$ から，
合成関数の微分を逆手にとって，
このように積分できるね。

$$= \frac{\pi}{12} + \left[(1-x^2)^{\frac{1}{2}}\right]_0^{\frac{1}{2}}$$

$$= \frac{\pi}{12} + \left(\frac{3}{4}\right)^{\frac{1}{2}} - 1 = \frac{\pi}{12} + \frac{\sqrt{3}}{2} - 1 \quad\cdots\cdots\cdots\cdots\cdots\cdots\text{(答)}$$

次に，$\sin^n x$ や $\cos^n x$ の積分公式を紹介しよう。

■ $\sin^n x$ と $\cos^n x$ の積分公式

（Ⅰ）$\displaystyle I_n = \int_0^{\frac{\pi}{2}} \sin^n x\,dx$ とおくと，$I_n = \dfrac{n-1}{n}I_{n-2}$ $(n = 2, 3, 4, \cdots)$

（Ⅱ）$\displaystyle J_n = \int_0^{\frac{\pi}{2}} \cos^n x\,dx$ とおくと，$J_n = \dfrac{n-1}{n}J_{n-2}$ $(n = 2, 3, 4, \cdots)$

（Ⅰ）のみ証明しておく。（Ⅱ）も同様だから自分でやってみるといいよ。

$$I_n = \int_0^{\frac{\pi}{2}} \sin^n x\,dx = \int_0^{\frac{\pi}{2}} \sin^{n-1}x \cdot \underline{\sin x\,dx}$$

$$= \int_0^{\frac{\pi}{2}} \sin^{n-1}x \cdot \underline{(-\cos x)'\,dx}$$

1つの $\underline{\sin x}$ だけを取り出して，$(-\cos x)'$ として，部分積分にもち込む。

$$= \left[-\sin^{n-1}x \cdot \cos x \right]_0^{\frac{\pi}{2}} - \int_0^{\frac{\pi}{2}} \underbrace{(\sin^{n-1}x)'}_{(n-1)\cdot\sin^{n-2}x \cdot \cos x}(-\cos x)\,dx$$

$$= \int_0^{\frac{\pi}{2}}(n-1)\sin^{n-2}x\underbrace{\cos^2 x}_{1-\sin^2 x}\,dx$$

$$= (n-1)\int_0^{\frac{\pi}{2}}\sin^{n-2}x\overbrace{(1-\sin^2 x)}\,dx$$

$$= (n-1)\left(\underbrace{\int_0^{\frac{\pi}{2}}\sin^{n-2}x\,dx}_{I_{n-2}} - \underbrace{\int_0^{\frac{\pi}{2}}\sin^n x\,dx}_{I_n} \right)$$

よって，$I_n = (n-1)I_{n-2} - (n-1)I_n$ より

$$nI_n = (n-1)I_{n-2} \qquad \therefore I_n = \frac{n-1}{n}I_{n-2} \quad \text{が成り立つ。} \cdots\cdots\cdots\cdots\cdots(終)$$

これから，$\displaystyle\int_0^{\frac{\pi}{2}}\sin^4 x\,dx = I_4 = \frac{3}{4}\cdot I_2 = \frac{3}{4}\cdot\frac{1}{2}\cdot \boxed{I_0}$　$\boxed{\displaystyle\int_0^{\frac{\pi}{2}}1\,dx = [x]_0^{\frac{\pi}{2}} = \frac{\pi}{2}}$

$$= \frac{3}{4}\cdot\frac{1}{2}\cdot\frac{\pi}{2} = \frac{3}{16}\pi$$

のように計算できる。

それでは，さらに例題をやっておこう。

(3) $\displaystyle\int_0^{\frac{\pi}{2}}x\cdot\underbrace{\sin^3 x\cdot\cos x}_{f^3\cdot f'}\,dx = \int_0^{\frac{\pi}{2}}x\cdot\underbrace{\left(\frac{1}{4}\sin^4 x\right)'}_{\left(\frac{1}{4}f^4\right)'=f^3\cdot f'}\,dx$

$$= \left[\frac{1}{4}x\cdot\sin^4 x\right]_0^{\frac{\pi}{2}} - \int_0^{\frac{\pi}{2}}1\cdot\frac{1}{4}\sin^4 x\,dx \quad\longleftarrow \boxed{\text{部分積分！}}$$

$$= \frac{\pi}{8} - \frac{1}{4}\cdot\boxed{I_4}\quad \boxed{\frac{3}{4}\cdot\frac{1}{2}\cdot I_0 = \frac{3}{16}\pi}\longleftarrow\boxed{\sin^n x\text{ の積分公式}}$$

$$= \frac{\pi}{8} - \frac{3\pi}{64} = \frac{5}{64}\pi \quad\cdots\cdots\cdots\cdots\cdots\cdots\cdots\cdots\cdots\cdots\cdots\cdots\cdots(答)$$

どう？ 定積分の計算にも慣れてきた？

● 定積分は，リーマン和でも定義できる！

　それでは，定積分を"リーマン和"により再定義してみよう。図1のように，閉区間 $[a, b]$ で連続，かつ $f(x) \geqq 0$ をみたす関数 $f(x)$ を考える。この区間 $[a, b]$ を

$$\underset{x_0}{\boxed{a}} < x_1 < x_2 < \cdots\cdots < x_{n-1} < \underset{x_n}{\boxed{b}}$$

をみたす $n-1$ 個の点 x_k $(k = 1, 2, \cdots, n-1)$ により，n 個の小区間 $[x_{k-1}, x_k]$ $(k = 1, 2, \cdots, n)$ に分割する。

図1 リーマン和による定義

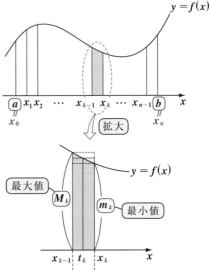

　この小区間に，$x_{k-1} < t_k < x_k$ をみたす点 t_k をとり，またこの小区間における $f(x)$ の最大値を M_k，最小値を m_k とおき，さらに

$\Delta x_k = x_k - x_{k-1}$ とおくと，図1の拡大図から，次の不等式が成り立つことがわかるはずだ。

$$m_k \cdot \Delta x_k \leqq f(t_k) \cdot \Delta x_k \leqq M_k \cdot \Delta x_k \quad (k = 1, 2, \cdots, n)$$

$$\left[\quad \boxed{} \quad \leqq \quad \boxed{} \quad \leqq \quad \boxed{} \quad\right]$$

$k = 1, 2, \cdots, n$ のときの各辺の総和をとっても，不等号の向きは不変なので，

$$\sum_{k=1}^{n} m_k \Delta x_k \leqq \sum_{k=1}^{n} f(t_k) \cdot \Delta x_k \leqq \sum_{k=1}^{n} M_k \cdot \Delta x_k$$

$S\,(|\Delta| \to 0 \text{ のとき})$　　これが"リーマン和"　　$S\,(|\Delta| \to 0 \text{ のとき})$

この中辺を"リーマン和"と呼ぶ。n 個の小区間の幅 Δx_k の内，最大のものを $|\Delta|$ とおく。ここで，$|\Delta| \to 0$ のとき，左・右両辺が同じ S に収束するならば，"はさみ打ちの原理"から，このリーマン和も S に収束する。この極限値 S を，閉区間 $[a, b]$ における $f(x)$ の定積分と定義する。

リーマン和による定積分の定義

閉区間 $[a, b]$ で連続な関数 $f(x)$ について

$\lim\limits_{|\Delta| \to 0} \sum\limits_{k=1}^{n} f(t_k) \Delta x_k = S$ （収束）のとき，（$|\Delta|$：Δx_k の最大値）

$\int_a^b f(x)dx = \lim\limits_{|\Delta| \to 0} \sum\limits_{k=1}^{n} f(t_k) \Delta x_k = S$ と定義する。

これまで，$f(x) \geqq 0$ としてきたが，実は，$f(x) < 0$ でもかまわない。しかし，$f(x) \geqq 0$ とすると，この定積分の値 S が区間 $[a, b]$ で，曲線 $y = f(x)$ と x 軸とで挟まれる図形の面積になることが直感的に分かると思う。この厳密な証明は後で示す。

いずれにせよ，この極限値 S が存在するとき，"リーマン積分可能"（または，"積分可能"）という。それでは，どのような関数 $f(x)$ がリーマン積分可能かというと，一般には図 2（ⅰ）のような，$[a, b]$ で有界かつ連続な

$y = f(x)$ の値域が有限。

関数であればいい。もう少し条件をゆるめて，区間 $[a, b]$ で区分的に連続であればいいんだよ。この区分的に連続な関数のイメージは図 2（ⅱ）に示すように，有限個の不連続点が存在するが，その不連続な点でも有界な関数のことなんだね。

図 2（ⅰ）有界で連続な関数

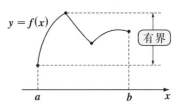

（ⅱ）区分的に連続な関数

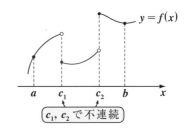

c_1, c_2 で不連続

それでは，不連続点などで ∞ に発散したり，積分区間が $[a, \infty)$ のように無限になる場合はどうなるかってことになるね。これらの積分については，次回の "広義積分" や "無限積分" のところでさらに解説するつもりだ。

● 面積と定積分の関係をマスターしよう！

"リーマン和"による定積分の定義から，区間 $[a, b]$ で $f(x) \geqq 0$ である曲線 $y = f(x)$ と x 軸とで挟まれる図3(ⅰ)の面積 S が

$$S = \int_a^b f(x)dx \quad \cdots\cdots(*)$$

で表されるんだけれど，この面積 S が，"原始関数"による定積分の定義と一致することを導いてみよう。

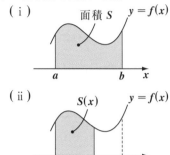

図3 定積分と面積の関係
（ⅰ） 面積 S $y = f(x)$
（ⅱ） $S(x)$ $y = f(x)$

まず，図3(ⅱ)のように，$a \leqq x \leqq b$ をみたす任意の x をとり，閉区間 $[a, x]$ で $y = f(x)$ と x 軸とで挟まれる図形の面積を $S(x)$ とおく。このとき，明らかに，$S(a) = 0$，$S(b) = S$ となる。

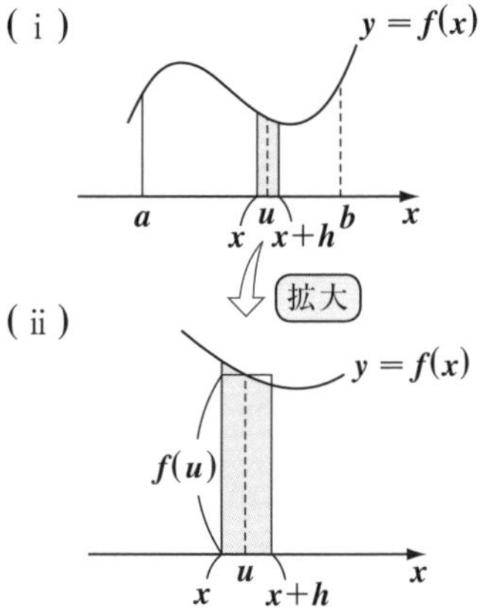

ここで，図4(ⅰ)の網目部の面積 $S(x+h) - S(x)$ について考えると，

$$S(x+h) - S(x) = f(u) \cdot h \quad (h > 0)$$

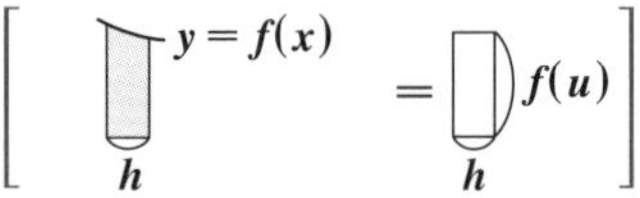

$$\left[\quad \begin{array}{c} y = f(x) \\ h \end{array} = \begin{array}{c} f(u) \\ h \end{array} \right]$$

図4 $S'(x) = f(x)$ を導く
（ⅰ） $y = f(x)$
　　　　拡大
（ⅱ） $y = f(x)$
　　$f(u)$

$(x \leqq u \leqq x+h)$ をみたす u が必ず存在する。これを変形して

$$\frac{S(x+h) - S(x)}{h} = f(u) \quad (x \leqq u \leqq x + \overset{0}{\cancel{h}})$$

ここで，$h \to 0$ とすると，$u \to x$ より，

$$\lim_{h \to 0} \frac{S(x+h) - S(x)}{h} = f(x) \quad \therefore S'(x) = f(x) \quad \cdots\cdots① \ \ となる。$$

（導関数の定義式）

①より，$S(x)$ は $f(x)$ の原始関数の1つである。よって，"原始関数"による定積分の定義より，

$$\int_a^b f(x)\,dx = \left[S(x)\right]_a^b = \underbrace{S(b)}_{S} - \underbrace{S(a)}_{0} = S$$

以上より求める面積 S は

$S = \displaystyle\int_a^b f(x)\,dx$ ……(*) で計算できる。この公式は，理系の人にとって
は当り前すぎる位見慣れた公式なんだけど，いざ証明しようとするとでき
ない人が多い，不思議な公式の 1 つだと思う。でも，もう大丈夫だね。

　一般に，区間 $[a, b]$ において 2 つの
曲線 $y = f(x)$，$y = g(x)$ で挟まれた図
形の面積 S は次式で計算できる。

$S = \displaystyle\int_a^b \{f(x) - g(x)\}\,dx$

（ただし，$a \leqq x \leqq b$ のとき，$f(x) \geqq g(x)$）

　それでは最後に，定積分の性質 (7)
(**P127**) を面積のイメージで，図 6 に示
しておく。図 6 (i) のような曲線 $y =$
$f(x)$ が与えられたとき，図 6 (ii)(iii)
から

$(7)\ \left| \displaystyle\int_a^b f(x)\,dx \right| \leqq \displaystyle\int_a^b |f(x)|\,dx$

$$\left[\quad \triangle \quad \leqq \quad \curvearrowright\!\!\curvearrowright \quad \right]$$

が成り立つことが，面積のイメージで
明らかになると思う。

図5 2曲線で挟まれる図形の面積

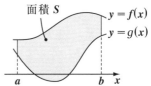

面積 S
$y = f(x)$
$y = g(x)$
a　　b　x

図6 $\left| \displaystyle\int_a^b f(x)\,dx \right| \leqq \displaystyle\int_a^b |f(x)|\,dx$

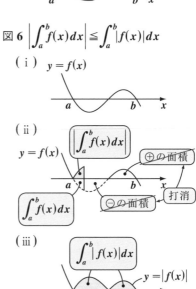

(i)　$y = f(x)$
a　　b　x

(ii)
$y = f(x)$
$\left| \displaystyle\int_a^b f(x)\,dx \right|$
$\oplus$ の面積
a　　b　x
$\displaystyle\int_a^b f(x)\,dx$
$\ominus$ の面積
打消

(iii)
$\displaystyle\int_a^b |f(x)|\,dx$
$y = |f(x)|$
a　　b　x

演習問題 17　　● 三角関数の積→和公式と定積分（Ⅰ）●

m, n を自然数とするとき，次式が成り立つことを示せ。

$$\int_{-\pi}^{\pi} \sin mx \sin nx\, dx = \begin{cases} 0 & (m \neq n \text{ のとき}) \\ \pi & (m = n \text{ のとき}) \end{cases}$$

ヒント！　積→和の公式：$\sin \alpha \sin \beta = -\dfrac{1}{2}\{\cos(\alpha+\beta) - \cos(\alpha-\beta)\}$ を使う。

解答＆解説

$$I(m, n) = \int_{-\pi}^{\pi} \sin \underset{\alpha}{(mx)} \sin \underset{\beta}{(nx)}\, dx \quad (m, n：自然数) \text{ とおく。}$$

$$-\frac{1}{2}\{\cos(\underset{\alpha+\beta}{(mx+nx)}) - \cos(\underset{\alpha-\beta}{(mx-nx)})\}$$

（ⅰ）$m \neq n$ のとき

$$I(m, n) = -\frac{1}{2}\int_{-\pi}^{\pi}\{\cos\underset{\oplus}{(m+n)}x - \cos\underset{0\ (\because m \neq n)}{(m-n)}x\}\, dx$$

$$= -\frac{1}{2}\left[\frac{1}{m+n}\sin(m+n)x - \frac{1}{m-n}\sin(m-n)x\right]_{-\pi}^{\pi}$$

> $m \neq n$ の条件があるから
> このように積分できる！

$$= 0 \quad (\because \pm\sin(m+n)\pi = \pm\sin(m-n)\pi = 0)$$

（ⅱ）$m = n$ のとき

$$I(m, n) = \int_{-\pi}^{\pi}\sin^2 mx\, dx = \frac{1}{2}\int_{-\pi}^{\pi}(1 - \cos 2mx)\, dx$$

$$\frac{1}{2}(1 - \cos 2mx)$$

$$= \frac{1}{2}\left[x - \frac{1}{2m}\sin 2mx\right]_{-\pi}^{\pi} = \frac{1}{2}(\pi + \pi) = \pi$$

以上（ⅰ）（ⅱ）より，

$$I(m, n) = \int_{-\pi}^{\pi}\sin mx \sin nx\, dx = \begin{cases} 0 & (m \neq n \text{ のとき}) \\ \pi & (m = n \text{ のとき}) \end{cases} \quad \cdots\cdots\cdots\cdots(終)$$

実践問題 17 　　● 三角関数の積→和公式と定積分（Ⅱ）●

m, n を自然数とするとき，次式が成り立つことを示せ。

$$\int_{-\pi}^{\pi} \cos mx \cos nx\, dx = \begin{cases} 0 & (m \neq n \text{ のとき}) \\ \pi & (m = n \text{ のとき}) \end{cases}$$

ヒント！ （ⅰ）$m \neq n$ のときと，（ⅱ）$m = n$ のときに，場合分けして計算する。

解答＆解説

$J(m, n) = \displaystyle\int_{-\pi}^{\pi} \underbrace{\cos mx \cos nx}\, dx$ （m, n：自然数）とおく。

$\dfrac{1}{2}\{\cos(mx+nx) + \cos(mx-nx)\}$

（ⅰ） $\boxed{(ア)}$ のとき

$J(m, n) = \dfrac{1}{2}\displaystyle\int_{-\pi}^{\pi}\left\{\cos(m+n)x + \boxed{(イ)}\right\}dx$

$= \dfrac{1}{2}\left[\dfrac{1}{m+n}\sin(m+n)x + \boxed{(ウ)}\right]_{-\pi}^{\pi}$

$= 0$

（ⅱ） $m = n$ のとき

$J(m, n) = \displaystyle\int_{-\pi}^{\pi}\cos^2 mx\, dx = \dfrac{1}{2}\displaystyle\int_{-\pi}^{\pi}\left(\boxed{(エ)}\right)dx$

$= \dfrac{1}{2}\left[x + \dfrac{1}{2m}\cancel{\sin 2mx}\right]_{-\pi}^{\pi} = \dfrac{1}{2}(\pi + \pi) = \pi$

以上（ⅰ）（ⅱ）より，

$$J(m, n) = \int_{-\pi}^{\pi} \cos mx \cos nx\, dx = \begin{cases} 0 & (m \neq n \text{ のとき}) \\ \pi & (m = n \text{ のとき}) \end{cases}$$ ·····················（終）

演習・実践問題 17 は，実は "フーリエ級数" と密接に関係している！

解答　（ア）$m \neq n$　　（イ）$\cos(m-n)x$　　（ウ）$\dfrac{1}{m-n}\sin(m-n)x$　　（エ）$1 + \cos 2mx$

定積分 $\displaystyle\int_{-1}^{1}|\sin^{-1}x|dx$ の値を求めよ。

ヒント！ $\sin^{-1}x$ は奇関数より，$|\sin^{-1}x|$ は偶関数。よって，

$\displaystyle\int_{-1}^{1}|\sin^{-1}x|dx = 2\int_{0}^{1}\sin^{-1}xdx$ となる。

解答 & 解説

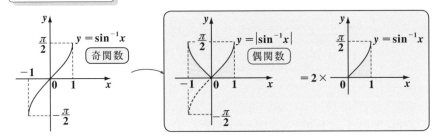

$y = |\sin^{-1}x|$ は偶関数より，

$$\int_{-1}^{1}|\sin^{-1}x|dx = 2\int_{0}^{1}\sin^{-1}xdx = 2\int_{0}^{1}x'\cdot\sin^{-1}xdx$$

$$\left[\quad \bigvee \quad = 2\times \quad \diagup \quad\right] \qquad \boxed{部分積分！}$$

$$= 2\left\{\left[x\sin^{-1}x\right]_{0}^{1} - \int_{0}^{1}x\cdot(\sin^{-1}x)'dx\right\}$$

$$\boxed{\dfrac{1}{\sqrt{1-x^2}}}$$

$$= 2\left\{\underset{\dfrac{\pi}{2}}{\underbrace{\left(\sin^{-1}1\right)}} - \int_{0}^{1}x(1-x^2)^{-\frac{1}{2}}dx\right\}$$

$$= 2\left\{\dfrac{\pi}{2} + \left[(1-x^2)^{\frac{1}{2}}\right]_{0}^{1}\right\}$$

$$= 2\left(\dfrac{\pi}{2}-1\right) = \pi - 2 \quad\cdots\cdots\cdots\cdots\cdots（答）$$

$$\left\{(1-x^2)^{\frac{1}{2}}\right\}'$$
$$= \dfrac{1}{2}(1-x^2)^{-\frac{1}{2}}\cdot(-2x)$$
$$= -x\cdot(1-x^2)^{-\frac{1}{2}}$$
を利用した！

実践問題 18　　● 偶関数と定積分（Ⅱ）●

定積分 $\displaystyle\int_{-1}^{1}\left|\tan^{-1}x\right|dx$ の値を求めよ。

ヒント！　$\displaystyle\int_{-1}^{1}\left|\tan^{-1}x\right|dx = 2\int_{0}^{1}\tan^{-1}x\,dx$ となることに気付くといいよ。

解答＆解説

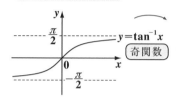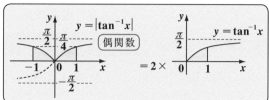

$y=\left|\tan^{-1}x\right|$ は偶関数より，

$$\int_{-1}^{1}\left|\tan^{-1}x\right|dx = 2\int_{0}^{1}\tan^{-1}x\,dx = 2\int_{0}^{1}\boxed{(ア)}\cdot\tan^{-1}x\,dx$$

$$\left[\;\smile\;=2\times\;\triangle\;\right]\qquad\underbrace{\text{部分積分！}}$$

$$=2\left\{\left[x\tan^{-1}x\right]_{0}^{1}-\int_{0}^{1}\boxed{(イ)}\,dx\right\}$$

$$=2\left(\underset{\overset{\shortparallel}{\frac{\pi}{4}}}{\underbrace{\left(\tan^{-1}1\right)}}-\frac{1}{2}\int_{0}^{1}\boxed{(ウ)}\,dx\right)$$

$$=2\left\{\frac{\pi}{4}-\frac{1}{2}\left[\log(1+x^{2})\right]_{0}^{1}\right\}$$

$$=2\left(\boxed{(エ)}\right)=\frac{\pi}{2}-\log 2 \quad\cdots\cdots\cdots\cdots\cdots（答）$$

解答　(ア) x'　　(イ) $x\cdot(\tan^{-1}x)'$ または $x\cdot\dfrac{1}{1+x^{2}}$　　(ウ) $\dfrac{2x}{1+x^{2}}$　　(エ) $\dfrac{\pi}{4}-\dfrac{1}{2}\log 2$

§3. 定積分のさまざまな応用

今回はまず，不連続で有界でない関数の積分や，積分区間が $[a, \infty)$ などの積分法について解説する。さらに，定積分を使って面積や体積，それに曲線の長さも求めてみよう。

● 不連続関数は広義積分で攻略しよう！

積分区間の端点が不連続な関数は，それが有界か，有界でない ($\pm \infty$ に発散する) かに関わらず，次の "**広義積分**" を利用する。

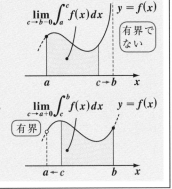

広義積分の定義

(1) 区間 $[a, b)$ で連続な関数 $f(x)$ について，

$\displaystyle\lim_{c \to b-0}\int_a^c f(x)dx$ が極限値をもつとき，

それを広義積分 $\displaystyle\int_a^b f(x)dx$ と定義する。

$\displaystyle\lim_{c \to b-0}\int_a^c f(x)dx$ $y = f(x)$ 有界でない

(2) 区間 $(a, b]$ で連続な関数 $f(x)$ について，

$\displaystyle\lim_{c \to a+0}\int_c^b f(x)dx$ が極限値をもつとき，

それを広義積分 $\displaystyle\int_a^b f(x)dx$ と定義する。

$\displaystyle\lim_{c \to a+0}\int_c^b f(x)dx$ $y = f(x)$ 有界

$I = \displaystyle\int_0^1 \frac{1}{x} dx$ と $J = \displaystyle\int_0^1 \frac{1}{\sqrt{x}} dx$ は，$x = 0$ で不連続なので，広義積分にもち込む。

図1

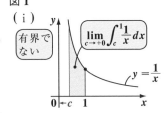

(ⅰ)
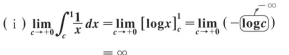

(ⅰ) $\displaystyle\lim_{c \to +0}\int_c^1 \frac{1}{x} dx = \lim_{c \to +0}[\log x]_c^1 = \lim_{c \to +0}(-\overbrace{\log c}^{-\infty})$

$= \infty$

と発散するので，広義積分 I は存在しない。

(ⅱ)
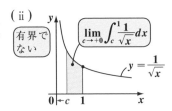

(ⅱ) $\displaystyle\lim_{c \to +0}\int_c^1 \frac{1}{\sqrt{x}} dx = \lim_{c \to +0}\int_c^1 x^{-\frac{1}{2}} dx = \lim_{c \to +0}2[\sqrt{x}]_c^1$

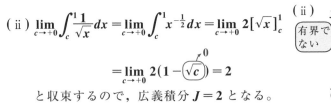

$= \displaystyle\lim_{c \to +0}2(1 - \overbrace{\sqrt{c}}^{0}) = 2$

と収束するので，広義積分 $J = 2$ となる。

前回の "区分的に連続な関数" でも解説したように，不連続点でも有界であれば，広義積分は存在するが，有界でない場合は，今回の J と I のように，存在したり，しなかったりするんだね。

● 無限積分も，極限で決まる！

積分区間が $(-\infty, b]$ などとなる "無限積分" は次のように定義される。

区間 $(-\infty, \infty)$ で定義される関数 $f(x)$ について，

（Ⅰ）$\displaystyle\lim_{p \to -\infty} \int_p^b f(x)dx$ が極限値をもつとき，

それを無限積分 $\displaystyle\int_{-\infty}^b f(x)dx$ と定義する。

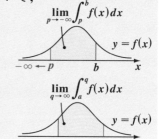

（Ⅱ）$\displaystyle\lim_{q \to \infty} \int_a^q f(x)dx$ が極限値をもつとき，

それを無限積分 $\displaystyle\int_a^\infty f(x)dx$ と定義する。

例題として，$K = \displaystyle\int_1^\infty \frac{1}{x} dx$ と $L = \displaystyle\int_1^\infty \frac{1}{x^2} dx$ を調べよう。

（ⅰ）$\displaystyle\lim_{q \to \infty} \int_1^q \frac{1}{x} dx = \lim_{q \to \infty} \left[\log x\right]_1^q = \lim_{q \to \infty} \overbrace{\boxed{\log q}}^{\infty}$

$= \infty$

図2

（ⅰ）

となって発散するので，無限積分 K は存在しない。

（ⅱ）$\displaystyle\lim_{q \to \infty} \int_1^q \frac{1}{x^2} dx = \lim_{q \to \infty} \left[-\frac{1}{x}\right]_1^q = \lim_{q \to \infty} \left(\boxed{-\frac{1}{q}}^{0} + 1\right)$

$= 1$

（ⅱ）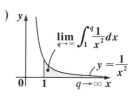

となって極限値をもつ。よって，無限積分 $L = 1$ となる。

● さまざまな面積計算

前回，面積計算については，公式 $S = \int_a^b \{f(x) - g(x)\} dx$ を示した。ここでは媒介変数表示の曲線や，極方程式による曲線でできる図形の面積計算の公式を下に紹介する。

さまざまな面積公式

（Ⅰ）図のような媒介変数表示された曲線 $x = f(\theta)$, $y = g(\theta)$ $(\alpha \leqq \theta \leqq \beta)$

と x 軸とで挟まれる図形の面積 S は，まず，この曲線が $y = h(x)$ の形で表されているものとして，面積 $S = \int_a^b y dx$ の式を立て，それを θ での置換積分にもち込む。

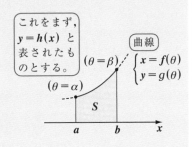

$$S = \int_a^b y dx = \int_\alpha^\beta y \frac{dx}{d\theta} d\theta \quad \begin{pmatrix} x : a \to b \text{ のとき,} \\ \theta : \alpha \to \beta \end{pmatrix}$$

（Ⅱ）極方程式 $r = f(\theta)$ で表された曲線と 2 直線 $\theta = \alpha$, $\theta = \beta$ で囲まれる図形の面積を S とおくと，

微少面積 ΔS は右図より

$$\Delta S \fallingdotseq \frac{1}{2} r^2 \cdot \Delta \theta \quad \therefore \frac{\Delta S}{\Delta \theta} \fallingdotseq \frac{1}{2} r^2$$

ここで，$\Delta \theta \to 0$ のとき，$\dfrac{dS}{d\theta} = \dfrac{1}{2} r^2$

S は $\dfrac{1}{2} r^2$ の原始関数

$$\therefore S = \int_\alpha^\beta \frac{1}{2} r^2 d\theta = \frac{1}{2} \int_\alpha^\beta r^2 d\theta$$

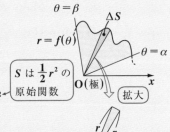

例題を 2 つやっておこう。

(1) アステロイド曲線：$x = a\cos^3\theta$, $y = a\sin^3\theta$ $(a > 0,\ 0 \leqq \theta \leqq 2\pi)$ で囲まれる図形の面積 S を求めよう。

図 3　アステロイド曲線

右図のように，$0 \leqq \theta \leqq \dfrac{\pi}{2}$ における曲線と x 軸，y 軸とで囲まれる図形の面積を S_1 とおくと，図形の対称性から，

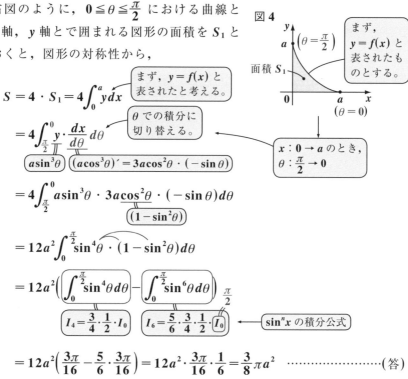

図4

まず，$y = f(x)$ と表されたものとする。

面積 S_1

$$S = 4 \cdot S_1 = 4\int_0^a y\,dx$$

まず，$y = f(x)$ と表されたと考える。

$$= 4\int_{\frac{\pi}{2}}^0 y \cdot \frac{dx}{d\theta}\,d\theta$$

θ での積分に切り替える。

$x : 0 \to a$ のとき，$\theta : \dfrac{\pi}{2} \to 0$

$\underbrace{a\sin^3\theta}$　$\underbrace{(a\cos^3\theta)' = 3a\cos^2\theta \cdot (-\sin\theta)}$

$$= 4\int_{\frac{\pi}{2}}^0 a\sin^3\theta \cdot 3a\underbrace{\cos^2\theta} \cdot (-\sin\theta)\,d\theta$$

$\underbrace{(1 - \sin^2\theta)}$

$$= 12a^2\int_0^{\frac{\pi}{2}} \sin^4\theta \cdot (1 - \sin^2\theta)\,d\theta$$

$$= 12a^2\left(\int_0^{\frac{\pi}{2}} \sin^4\theta\,d\theta - \int_0^{\frac{\pi}{2}} \sin^6\theta\,d\theta\right)$$

$\underbrace{I_4 = \dfrac{3}{4} \cdot \dfrac{1}{2} \cdot I_0}$　$\underbrace{I_6 = \dfrac{5}{6} \cdot \dfrac{3}{4} \cdot \dfrac{1}{2} \cdot \boxed{I_0}}$ ← $\boxed{\sin^n x \text{ の積分公式}}$

$$= 12a^2\left(\frac{3\pi}{16} - \frac{5}{6} \cdot \frac{3\pi}{16}\right) = 12a^2 \cdot \frac{3\pi}{16} \cdot \frac{1}{6} = \frac{3}{8}\pi a^2 \quad \cdots\cdots\cdots\cdots\cdots\text{(答)}$$

$\boxed{\text{極方程式}}$

(2) 四葉線：$r = a\cos 2\theta \quad (a > 0,\ 0 \leqq \theta \leqq 2\pi)$

で囲まれる図形の面積 S を求めよう。図形の対称性から，$0 \leqq \theta \leqq \dfrac{\pi}{4}$ の範囲の曲線と x 軸とで囲まれる図形の面積を S_1 とおくと，

$\boxed{\text{公式通り}}$

$$S = 8S_1 = 8 \cdot \frac{1}{2}\int_0^{\frac{\pi}{4}} r^2\,d\theta = 4\int_0^{\frac{\pi}{4}} (a\cos 2\theta)^2\,d\theta$$

$$= 4a^2\int_0^{\frac{\pi}{4}} \underbrace{\cos^2 2\theta}\,d\theta = 2a^2\int_0^{\frac{\pi}{4}} (1 + \cos 4\theta)\,d\theta$$

$\boxed{\dfrac{1}{2}(1 + \cos 4\theta)}$

$$= 2a^2\left[\theta + \frac{1}{4}\sin 4\theta\right]_0^{\frac{\pi}{4}} = 2a^2 \cdot \frac{\pi}{4} = \frac{\pi a^2}{2} \quad \cdots\cdots\cdots\cdots\cdots\cdots\text{(答)}$$

図5　四葉線

● 回転体の体積公式もマスターしよう！

一般の体積計算については，"重積分"のところで詳しく勉強するので，ここでは回転体の体積計算にしぼって解説しておこう。

回転体の体積公式

(I) 区間 $[a, b]$ の範囲で，$y = f(x)$ と x 軸
とで挟まれる図形を x 軸のまわりに回
転してできる回転体の体積 V_x は，

$$V_x = \pi \int_a^b f(x)^2 dx$$

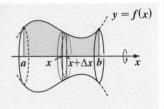

(II) 区間 $[c, d]$ の範囲で，$x = g(y)$ と y 軸
とで挟まれる図形を y 軸のまわりに回
転してできる回転体の体積 V_y は，

$$V_y = \pi \int_c^d g(y)^2 dy$$

(III) バウムクーヘン型積分

区間 $[a, b]$ の範囲で，$y = f(x)$ $(\geqq 0)$ と
x 軸とで挟まれる図形を y 軸のまわり
に回転してできる回転体の体積 V は，

$$V = 2\pi \int_a^b x \cdot f(x) dx$$

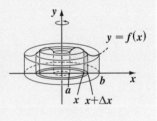

(I) について，微小区間 $[x, x + \Delta x]$ にある微小
体積 ΔV は，図6より，$\Delta V \fallingdotseq \pi y^2 \cdot \Delta x$ となる。

図6 $\Delta V \fallingdotseq \pi y^2 \cdot \Delta x$

よって，$\dfrac{\Delta V}{\Delta x} \fallingdotseq \pi y^2$　　ここで，$\Delta x \to 0$ のとき，

$$\boxed{V \text{ は，} \pi y^2 \text{ の原始関数}}$$

$$\dfrac{dV}{dx} = \pi y^2 \quad \therefore V = \int_a^b \pi y^2 dx = \pi \int_a^b f(x)^2 dx \text{ が導ける。}$$

(II) も同様だね。

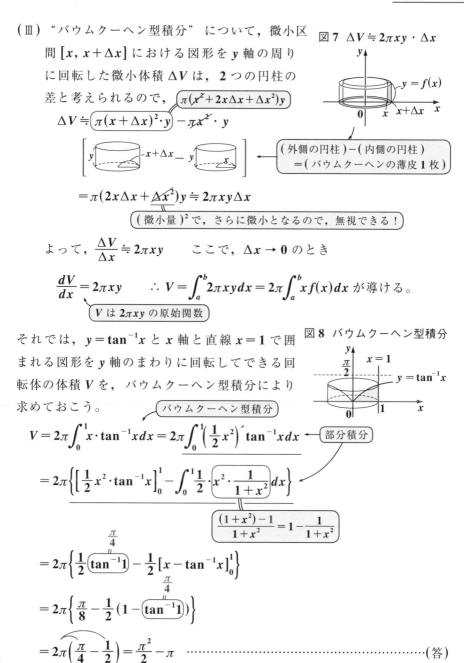

(Ⅲ) "バウムクーヘン型積分" について, 微小区間 $[x, x+\Delta x]$ における図形を y 軸の周りに回転した微小体積 ΔV は, 2 つの円柱の差と考えられるので,

図7 $\Delta V \fallingdotseq 2\pi xy \cdot \Delta x$

$$\Delta V \fallingdotseq \underbrace{\pi(x+\Delta x)^2 \cdot y}_{\boxed{\pi(x^2+2x\Delta x+\Delta x^2)y}} - \pi x^2 \cdot y$$

$$\left[\boxed{ y \cdots x+\Delta x } - \boxed{ y \cdots x } \right] \leftarrow \boxed{\begin{array}{l}(\,\text{外側の円柱}\,)-(\,\text{内側の円柱}\,)\\=(\,\text{バウムクーヘンの薄皮 1 枚}\,)\end{array}}$$

$$= \pi(2x\Delta x + \underline{\Delta x^2})y \fallingdotseq 2\pi xy\Delta x$$

$\boxed{(\,\text{微小量}\,)^2\,\text{で, さらに微小となるので, 無視できる!}}$

よって, $\dfrac{\Delta V}{\Delta x} \fallingdotseq 2\pi xy$　　ここで, $\Delta x \to 0$ のとき

$$\underbrace{\dfrac{dV}{dx} = 2\pi xy}_{\boxed{V \text{ は } 2\pi xy \text{ の原始関数}}}　　\therefore V = \int_a^b 2\pi xy \, dx = 2\pi \int_a^b x f(x) \, dx \text{ が導ける。}$$

それでは, $y = \tan^{-1}x$ と x 軸と直線 $x=1$ で囲まれる図形を y 軸のまわりに回転してできる回転体の体積 V を, バウムクーヘン型積分により求めておこう。

図8 バウムクーヘン型積分

$$V = \underbrace{2\pi \int_0^1 x \cdot \tan^{-1}x \, dx}_{\boxed{\text{バウムクーヘン型積分}}} = 2\pi \int_0^1 \left(\dfrac{1}{2}x^2\right)' \tan^{-1}x \, dx \leftarrow \boxed{\text{部分積分}}$$

$$= 2\pi \left\{ \left[\dfrac{1}{2}x^2 \cdot \tan^{-1}x \right]_0^1 - \int_0^1 \dfrac{1}{2} \cdot \boxed{x^2 \cdot \dfrac{1}{1+x^2}} \, dx \right\}$$

$$\boxed{\dfrac{(1+x^2)-1}{1+x^2} = 1 - \dfrac{1}{1+x^2}}$$

$$= 2\pi \left\{ \dfrac{1}{2} \overset{\frac{\pi}{4}}{\boxed{\tan^{-1}1}} - \dfrac{1}{2}[x - \tan^{-1}x]_0^1 \right\}$$

$$= 2\pi \left\{ \dfrac{\pi}{8} - \dfrac{1}{2}(1 - \overset{\frac{\pi}{4}}{\boxed{\tan^{-1}1}}) \right\}$$

$$= 2\pi \left(\dfrac{\pi}{4} - \dfrac{1}{2} \right) = \dfrac{\pi^2}{2} - \pi \quad \cdots\cdots\cdots\cdots\cdots\cdots\cdots\cdots (\text{答})$$

● いろいろな曲線の長さも求めよう！

曲線の長さについても，（Ⅰ）$y = f(x)$ 型，（Ⅱ）媒介変数型，（Ⅲ）極方程式型の **3** つが存在するので，まず公式をしっかり押さえてくれ。

曲線の長さの公式

（Ⅰ）微分可能な曲線 $y = f(x)$ の，区間 $[a, b]$ における曲線の長さ L は

$$L = \int_a^b \sqrt{1 + f'(x)^2}\, dx$$

（Ⅱ）微分可能な媒介変数表示の曲線 $x = f(\theta)$，$y = g(\theta)$ の，$\alpha \leqq \theta \leqq \beta$ における曲線の長さ L は

$$L = \int_\alpha^\beta \sqrt{\left(\frac{dx}{d\theta}\right)^2 + \left(\frac{dy}{d\theta}\right)^2}\, d\theta$$

（Ⅲ）微分可能な極方程式 $r = f(\theta)$ で表される曲線の，$\alpha \leqq \theta \leqq \beta$ における曲線の長さ L は

$$L = \int_\alpha^\beta \sqrt{r^2 + \left(\frac{dr}{d\theta}\right)^2}\, d\theta$$

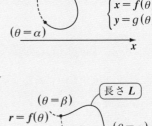

（Ⅰ）の曲線の長さ L について，区間 $[a, b]$ 内の微小区間 $[x, x + \Delta x]$ で考えると，図 **9** の拡大図に示すように，微小な曲線の長さ ΔL は，三平方の定理から次式で表される。

図 **9** 曲線の長さ（Ⅰ）

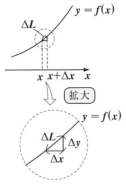

$$\Delta L \fallingdotseq \sqrt{(\Delta x)^2 + (\Delta y)^2} = \sqrt{1 + \left(\frac{\Delta y}{\Delta x}\right)^2}\, \Delta x$$

よって，$\dfrac{\Delta L}{\Delta x} \fallingdotseq \sqrt{1 + \left(\dfrac{\Delta y}{\Delta x}\right)^2}$　$\boxed{L\ は\ \sqrt{1+(y')^2}\ の原始関数}$

ここで，$\Delta x \to 0$ のとき，$\dfrac{dL}{dx} = \sqrt{1 + (y')^2}$ より

$$L = \int_a^b \sqrt{1 + (y')^2}\, dx = \int_a^b \sqrt{1 + f'(x)^2}\, dx\ が導ける。$$

146

(Ⅱ) の曲線 $x = f(\theta)$, $y = g(\theta)$ （θ : 媒介変数) の場合

$$\Delta L \fallingdotseq \sqrt{(\Delta x)^2 + (\Delta y)^2} = \sqrt{\left(\frac{\Delta x}{\Delta \theta}\right)^2 + \left(\frac{\Delta y}{\Delta \theta}\right)^2}\,\Delta\theta \ \text{より, 同様に}$$

$$L = \int_\alpha^\beta \sqrt{\left(\frac{dx}{d\theta}\right)^2 + \left(\frac{dy}{d\theta}\right)^2}\,d\theta \ \text{が導ける。}$$

図 10 曲線の長さ (Ⅲ)

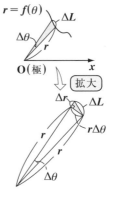

(Ⅲ) の極方程式では, 図 10 の拡大図の網目部を直角三角形とみなして, 三平方の定理を用いると,

$$\Delta L \fallingdotseq \sqrt{(r\Delta\theta)^2 + (\Delta r)^2}$$

$$= \sqrt{r^2 + \left(\frac{\Delta r}{\Delta \theta}\right)^2}\,\Delta\theta \ \text{より, 同様に}$$

$$L = \int_\alpha^\beta \sqrt{r^2 + \left(\frac{dr}{d\theta}\right)^2}\,d\theta \ \text{が導ける。}$$

$\boxed{r = a(1 + \cos\theta) \text{ の } a = 1 \text{ のときのもの}}$

それでは, カージオイド $r = 1 + \cos\theta$ （極方程式) の $0 \leqq \theta \leqq \pi$ における曲線の長さ L を求めてみよう。

図 11 カージオイド
$r = 1 + \cos\theta$
$(0 \leqq \theta \leqq \pi)$

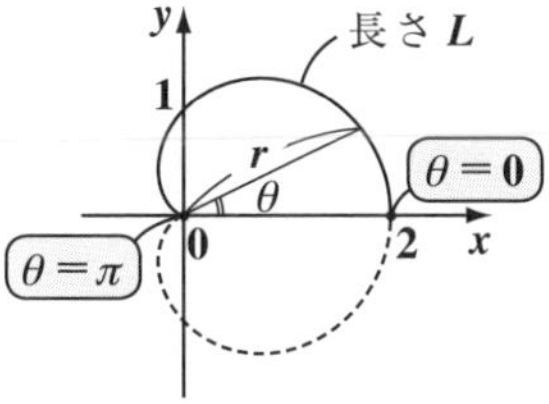

$\boxed{(1 + \cos\theta)' = -\sin\theta}$

$$r^2 + \left(\frac{dr}{d\theta}\right)^2 = (1 + \cos\theta)^2 + (-\sin\theta)^2$$

$$= 1 + 2\cos\theta + \boxed{\cos^2\theta + \sin^2\theta}^{\,1}$$

$$= 2(1 + \cos\theta) = 4\cos^2\frac{\theta}{2} \quad \left(\because \cos^2\frac{\theta}{2} = \frac{1 + \cos\theta}{2} \ (\text{半角の公式})\right)$$

$\boxed{(\text{Ⅲ}) \text{ の公式}}$

$$\therefore L = \int_0^\pi \sqrt{r^2 + \left(\frac{dr}{d\theta}\right)^2}\,d\theta = \int_0^\pi \sqrt{4\cos^2\frac{\theta}{2}}\,d\theta = 2\int_0^\pi \left|\cos\frac{\theta}{2}\right|\,d\theta$$

（$0 \sim \frac{\pi}{2}$ ／ 0 以上）

$$= 2\int_0^\pi \cos\frac{\theta}{2}\,d\theta = 2\left[2\sin\frac{\theta}{2}\right]_0^\pi = 4 \quad \cdots\cdots\cdots\cdots\cdots\cdots(\text{答})$$

● 回転体の表面積も求めよう！

　では次，曲線を x 軸や y 軸のまわりに回転してできる回転体の曲面の表面積を求める公式についても解説しておこう。

回転体の表面積の公式

(Ⅰ) 区間 $[a, b]$ で連続，区間 (a, b) で微分可能な曲線 $y = f(x)$ と x 軸とで挟まれる図形を x 軸のまわりに回転してできる回転体の曲面の表面積 S は，次式で計算できる。

$$S = 2\pi \int_a^b y \sqrt{1 + \left(\frac{dy}{dx}\right)^2} \, dx$$

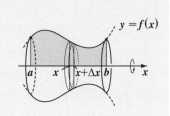

(Ⅱ) 区間 $[c, d]$ で連続，区間 (c, d) で微分可能な曲線 $x = g(y)$ と y 軸とで挟まれる図形を y 軸のまわりに回転してできる回転体の曲面の表面積 S は，次式で計算できる。

$$S = 2\pi \int_c^d x \sqrt{1 + \left(\frac{dx}{dy}\right)^2} \, dy$$

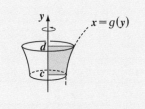

(Ⅰ) について，微小区間 $[x, x + \Delta x]$ における微小な曲面の表面積 ΔS は，図 12 より

$$\Delta S \doteqdot 2\pi y \cdot \Delta L \quad \cdots\cdots\cdots ①$$ 　と表せる。

ここで，微小な曲線の長さ ΔL は

$$\Delta L \doteqdot \sqrt{(\Delta x)^2 + (\Delta y)^2}$$

$$= \sqrt{1 + \left(\frac{\Delta y}{\Delta x}\right)^2} \, \Delta x \quad \cdots\cdots\cdots ② より$$

②を①に代入して

$$\Delta S \doteqdot 2\pi y \sqrt{1 + \left(\frac{\Delta y}{\Delta x}\right)^2} \, \Delta x$$

よって，$\dfrac{\Delta S}{\Delta x} \doteqdot 2\pi y \sqrt{1 + \left(\dfrac{\Delta y}{\Delta x}\right)^2}$

図 12　回転体の表面積
$$\Delta S \doteqdot 2\pi y \cdot \Delta L$$

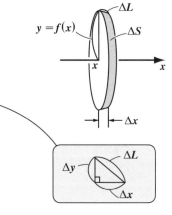

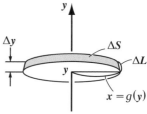

ここで，$\Delta x \to 0$ のとき，$\dfrac{dS}{dx} = 2\pi y \sqrt{1 + \left(\dfrac{dy}{dx}\right)^2}$ となるので，

この両辺を x で，区間 $[a, b]$ で積分することにより，この x 軸のまわりの回転体の曲面の表面積 S が，次式で求められるんだね。

$$S = 2\pi \int_a^b y \sqrt{1 + \left(\frac{dy}{dx}\right)^2}\, dx$$
$$= 2\pi \int_a^b y \sqrt{1 + y'^2}\, dx$$
$$= 2\pi \int_a^b y \sqrt{1 + \{f'(x)\}^2}\, dx$$

実際の計算では，

$$S = 2\pi \int_a^b \sqrt{y^2 \cdot (1 + y'^2)}\, dx$$
$$= 2\pi \int_a^b \sqrt{y^2 + (y y')^2}\, dx \ \text{として，}$$
$y^2 + (y y')^2$ を求めることが多い。

(Ⅱ) についても同様に，微小区間 $[y, y+\Delta y]$ における微小な曲面の表面積 ΔS は，

図 13 より，近似的に

$\Delta S \fallingdotseq 2\pi x \cdot \Delta L$ ……③ と表せる。

ここで，微小な曲線の長さ ΔL は，

$\Delta L \fallingdotseq \sqrt{(\Delta x)^2 + (\Delta y)^2}$

$\quad = \sqrt{1 + \left(\dfrac{\Delta x}{\Delta y}\right)^2}\, \Delta y$ ……④より，④を③に代入して

図 13　回転体の表面積
$\Delta S \fallingdotseq 2\pi x \cdot \Delta L$

$\Delta S \fallingdotseq 2\pi x \cdot \sqrt{1 + \left(\dfrac{\Delta x}{\Delta y}\right)^2}\, \Delta y$ よって，$\dfrac{\Delta S}{\Delta y} \fallingdotseq 2\pi x \sqrt{1 + \left(\dfrac{\Delta x}{\Delta y}\right)^2}$

ここで，$\Delta y \to 0$ のとき，$\dfrac{dS}{dy} = 2\pi x \sqrt{1 + \left(\dfrac{dx}{dy}\right)^2}$ となるので，

この両辺を y で，区間 $[c, d]$ で積分することにより，この y 軸のまわりの回転体の曲面の表面積 S は，次の式で計算できるんだね。納得いった？

$$S = 2\pi \int_c^d x \sqrt{1 + \left(\frac{dx}{dy}\right)^2}\, dy$$
$$= 2\pi \int_c^d x \sqrt{1 + x'^2}\, dy$$
$$= 2\pi \int_c^d x \sqrt{1 + \{g'(y)\}^2}\, dy$$

実際の計算では，

$$S = 2\pi \int_c^d \sqrt{x^2 \cdot (1 + x'^2)}\, dy$$
$$= 2\pi \int_c^d \sqrt{x^2 + (x x')^2}\, dy \ \text{として，}$$
$x^2 + (x x')^2$ を求めることが多い。

それでは，具体的に例題で，回転体の表面積を求めてみよう。

だ円 $\dfrac{x^2}{2} + y^2 = 1$ ………① を

$(-\sqrt{2} \le x \le \sqrt{2})$

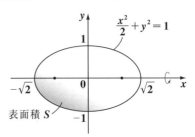

x 軸のまわりに回転してできる
回転体の表面積 S を求めよう。

公式より

$$S = 2\pi \int_{-\sqrt{2}}^{\sqrt{2}} y\sqrt{1 + y'^2}\, dx = 2\pi \int_{-\sqrt{2}}^{\sqrt{2}} \sqrt{y^2 + (yy')^2}\, dx \quad \text{………② となる。}$$

$$\boxed{\sqrt{y^2(1 + y'^2)} = \sqrt{y^2 + (yy')^2}}$$

ここで，①の両辺を x で微分して，

$$x + 2yy' = 0 \quad \text{より} \quad yy' = -\dfrac{x}{2} \quad \text{………③}$$

③の両辺を 2 乗して，y^2 をたすと，

$$y^2 + (yy')^2 = 1 - \dfrac{x^2}{2} + \left(-\dfrac{x}{2}\right)^2 = 1 - \dfrac{x^2}{2} + \dfrac{x^2}{4} = 1 - \dfrac{x^2}{4} \quad \text{………④}$$

$$\boxed{1 - \dfrac{x^2}{2}\,(\text{①より})} \quad \boxed{-\dfrac{x}{2}\,(\text{③より})}$$

④を②に代入すると，

$$S = 2\pi \int_{-\sqrt{2}}^{\sqrt{2}} \sqrt{1 - \dfrac{x^2}{4}}\, dx = 4\pi \int_{0}^{\sqrt{2}} \sqrt{1 - \dfrac{x^2}{4}}\, dx \quad \text{………⑤}$$

$$\boxed{\text{偶関数}}$$

ここで，$\dfrac{x}{2} = \sin\theta$ とおくと，$x : 0 \to \sqrt{2}$ のとき，$\theta : 0 \to \dfrac{\pi}{4}$

また，$dx = 2\cos\theta\, d\theta$ より，⑤は，

$$S = 4\pi \int_{0}^{\frac{\pi}{4}} \sqrt{1 - \sin^2\theta} \cdot 2\cos\theta\, d\theta = 4\pi \int_{0}^{\frac{\pi}{4}} (1 + \cos2\theta)\, d\theta$$

$$\boxed{\cos\theta} \qquad \boxed{2\cos^2\theta}$$

$$= 4\pi\left[\theta + \dfrac{1}{2}\sin2\theta\right]_{0}^{\frac{\pi}{4}} = 4\pi\left(\dfrac{\pi}{4} + \dfrac{1}{2}\right) = \pi(\pi + 2) \quad \text{となって，}$$

x 軸のまわりのだ円の回転体の表面積が求まるんだね。

では次，$y = x^2 \ (0 \leqq x \leqq \sqrt{3})$，すなわち
曲線 $x = \sqrt{y}$ ………(a) $(0 \leqq y \leqq 3)$ を
y 軸のまわりに回転してできる回転体
の曲面の表面積 S を求めてみよう。

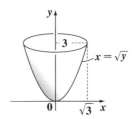

公式より

$$S = 2\pi \int_0^3 x\sqrt{1 + x'^2}\, dy = 2\pi \int_0^3 \underwave{\sqrt{x^2 + (xx')^2}}\, dy \quad \text{………}(b) \quad \text{となる。}$$

(a) を y で微分して

$$x' = \frac{1}{2} y^{-\frac{1}{2}} = \frac{1}{2\sqrt{y}} \quad \text{………}(c) \quad \text{よって}$$

$$\underbrace{x^2}_{\substack{\boxed{y\,((a)\text{より})}}} + \underbrace{(xx')^2}_{\substack{\boxed{\sqrt{y}\cdot\frac{1}{2\sqrt{y}}=\frac{1}{2}\,((a)(c)\text{より})}}} = y + \left(\frac{1}{2}\right)^2 = y + \frac{1}{4} \quad \text{………}(d) \quad \text{となる。}$$

(d) を (b) に代入すると

$$S = 2\pi \int_0^3 \sqrt{y + \frac{1}{4}}\, dy = 2\pi \int_0^3 \left(y + \frac{1}{4}\right)^{\frac{1}{2}} dy$$

$$= 2\pi \cdot \frac{2}{3} \left[\left(y + \frac{1}{4}\right)^{\frac{3}{2}} \right]_0^3$$

$$= \frac{4}{3}\pi \left\{ \left(\frac{13}{4}\right)^{\frac{3}{2}} - \left(\frac{1}{4}\right)^{\frac{3}{2}} \right\}$$

$$= \frac{4}{3}\pi \cdot \underbrace{\frac{1}{4^{\frac{3}{2}}}}_{2^3 = 8} (13\sqrt{13} - 1)$$

$$= \frac{\pi}{6}(13\sqrt{13} - 1) \quad \text{となって，} \ y \ \text{軸のまわりの放物線の回転体の表面の面}$$

積も求められるんだね。

　これで，曲線の回転体の表面積を求める問題の解法にも慣れて頂けたと
思う。

曲線 $y = x(1 - \log x)$　$(x > 0)$ と x 軸と $x = c$　$(0 < c < e)$ とで囲まれる図形の面積を $S(c)$ とおく。このとき，極限 $\lim_{c \to +0} S(c)$ を求めよ。

ヒント！　曲線 $y = x(1 - \log x)$　$(x > 0)$ のグラフは，演習問題 **13 (P96)** で既に求めているね。極限 $\lim_{c \to +0} S(c)$ は広義積分になることがわかるはずだ。

解答＆解説

$y = x \cdot (1 - \log x)$　$(x > 0)$ と x 軸と $x = c$
$(0 < c < e)$ とで囲まれる図形 (右図) の
面積 $S(c)$ は，

$$S(c) = \int_c^e x \cdot (1 - \log x) dx$$

$$\underline{= \int_c^e \left(\frac{1}{2} x^2 \right)' \cdot (1 - \log x) dx} \quad \boxed{\text{部分積分}}$$

$$= \left[\frac{1}{2} x^2 (1 - \log x) \right]_c^e - \int_c^e \frac{1}{2} x^2 \cdot \left(-\frac{1}{x} \right) dx$$

$$= \frac{1}{2} e^2 \underbrace{(1 - \log e)}_{\textcircled{1}} - \frac{1}{2} c^2 (1 - \log c) + \frac{1}{2} \left[\frac{1}{2} x^2 \right]_c^e$$

$$= \frac{1}{2} c^2 (\log c - 1) + \frac{1}{4} (e^2 - c^2)$$

以上より，求める極限は，　$\boxed{\frac{\infty}{\infty} \text{にもち込んで，ロピタルを使う！}}$

$$\lim_{c \to +0} S(c) = \lim_{c \to +0} \left\{ -\frac{(1 - \log c)'}{2 \left(\frac{1}{c^2} \right)'} + \frac{1}{4} (e^2 - c^2) \right\}$$

$\boxed{c \text{ での微分}}$

$$= \lim_{c \to +0} \left\{ \frac{\frac{1}{c}}{-4 \cdot \frac{1}{c^3}} + \frac{1}{4} (e^2 - c^2) \right\}$$

$\boxed{\text{広義積分} \int_0^e x(1 - \log x) dx}$

$$= \lim_{c \to +0} \left\{ -\frac{c^2}{4}^{\ 0} + \frac{1}{4} (e^2 - c^2{}^{\ 0}) \right\} = \frac{e^2}{4} \quad \cdots\cdots\cdots\cdots\cdots (\text{答})$$

実践問題 19	● 無限積分の計算 ●

曲線 $y = x \cdot e^{-x}$ と x 軸と $x = q$ $(q > 0)$ とで囲まれる図形の面積を $S(q)$ とおく。このとき，極限 $\lim_{q \to \infty} S(q)$ を求めよ。

ヒント! 曲線 $y = x \cdot e^{-x}$ のグラフは，実践問題 **13** (**P97**) で既に示した。今回の極限 $\lim_{q \to \infty} S(q)$ は無限積分になる。

解答&解説

$y = x \cdot e^{-x}$ と x 軸と $x = q$ $(q > 0)$ とで囲まれる図形 (右図) の面積 $S(q)$ は，

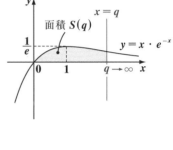

$$S(q) = \int_0^q x \cdot e^{-x} dx$$

$$= \int_0^q x (\boxed{(ア)})' dx \quad \text{部分積分}$$

$$= [-x \cdot e^{-x}]_0^q - \int_0^q 1 \cdot (-e^{-x}) dx$$

$$= -q \cdot e^{-q} + [\boxed{(イ)}]_0^q = -q \cdot e^{-q} - e^{-q} + 1$$

$$= -\boxed{(ウ)} + 1$$

以上より，求める極限は，$\left(\dfrac{\infty}{\infty}\text{の不定形}\right)$

$$\lim_{q \to \infty} S(q) = \lim_{q \to \infty} \left(-\frac{q+1}{e^q} + 1 \right)$$

ロピタル

$$= \lim_{q \to \infty} \left\{ -\frac{(q+1)'}{(e^q)'} + 1 \right\}$$

q での微分

$$= \lim_{q \to \infty} \left\{ -\overset{0}{\frac{1}{e^q}} + 1 \right\} = \boxed{(エ)} \quad \cdots\cdots\cdots\cdots\cdots\cdots\cdots (答)$$

解答 (ア) $-e^{-x}$ (イ) $-e^{-x}$ (ウ) $\dfrac{q+1}{e^q}$ (エ) 1

1. **積分計算の公式　（積分定数 C は省略）**

   (1) $\displaystyle\int \frac{1}{\sqrt{1-x^2}}\,dx = \sin^{-1}x$　　　(2) $\displaystyle\int \frac{1}{1+x^2}\,dx = \tan^{-1}x$

   (3) $\displaystyle\int \sinh x\,dx = \cosh x$　　　(4) $\displaystyle\int \cosh x\,dx = \sinh x$

2. **積分計算の応用公式　（積分定数 C は省略）**

   (1) $\displaystyle\int \frac{1}{a^2+x^2}\,dx = \frac{1}{a}\tan^{-1}\frac{x}{a}\ \ (a \neq 0)$

   (2) $\displaystyle\int \frac{1}{\sqrt{a^2-x^2}}\,dx = \sin^{-1}\frac{x}{a}\ \ (-a < x < a,\ a：正の定数)$

   (3) $\displaystyle\int \frac{1}{\sqrt{x^2+\alpha}}\,dx = \log\left|x+\sqrt{x^2+\alpha}\right|\ (\alpha \neq 0)\ (x^2+\alpha > 0)$

   (4) $\displaystyle\int \sqrt{x^2+\alpha}\,dx = \frac{1}{2}(x\sqrt{x^2+\alpha}+\alpha\log\left|x+\sqrt{x^2+\alpha}\right|)\ \ (x^2+\alpha \geqq 0)$

3. **定積分の性質**

   (1) $\displaystyle\int_a^b f(x)\,dx = (b-a)f(c)\ \ (a < c < b)$　（積分の平均値の定理）

   (2) $\displaystyle\left|\int_a^b f(x)\,dx\right| \leqq \int_a^b |f(x)|\,dx$

   (3) $\displaystyle\left\{\int_a^b f(x)g(x)\,dx\right\}^2 \leqq \int_a^b f(x)^2\,dx \cdot \int_a^b g(x)^2\,dx$　（シュワルツの不等式）

4. **$\sin^n x$ と $\cos^n x$ の積分公式**

   (1) $\displaystyle I_n = \int_0^{\frac{\pi}{2}} \sin^n x\,dx$ とおくと，$I_n = \dfrac{n-1}{n}I_{n-2}\ \ (n = 2,\,3,\,4,\,\cdots)$

   (2) $\displaystyle J_n = \int_0^{\frac{\pi}{2}} \cos^n x\,dx$ とおくと，$J_n = \dfrac{n-1}{n}J_{n-2}\ \ (n = 2,\,3,\,4,\,\cdots)$

5. **面積 S**　　　　　xy 座標系　　　　　　　　　　　　　極座標系

   (1) $\displaystyle S = \int_a^b \{f(x)-g(x)\}\,dx$　　　　　(2) $\displaystyle S = \frac{1}{2}\int_\alpha^\beta r^2\,d\theta$

   （ただし，$a \leqq x \leqq b$ で $f(x) \geqq g(x)$）

6. **体積 V**　　　x 軸まわり　　　　　y 軸まわり　　バウムクーヘン型積分

   (1) $\displaystyle V_x = \pi\int_a^b f(x)^2\,dx$　　(2) $\displaystyle V_y = \pi\int_c^d g(y)^2\,dy$　　(3) $\displaystyle V = 2\pi\int_a^b x \cdot f(x)\,dx$

7. **曲線の長さ L**　$y=f(x)$ 型　　　媒介変数表示型　　　　　$r=f(\theta)$ 型

   (1) $\displaystyle L = \int_a^b \sqrt{1+f'(x)^2}\,dx$　(2) $\displaystyle L = \int_\alpha^\beta \sqrt{\left(\frac{dx}{d\theta}\right)^2+\left(\frac{dy}{d\theta}\right)^2}\,d\theta$　(3) $\displaystyle L = \int_\alpha^\beta \sqrt{r^2+\left(\frac{dr}{d\theta}\right)^2}\,d\theta$

講 義
Lecture **4**

2変数関数の微分

- ▶ **2**変数関数と偏微分

- ▶ 高階偏導関数

- ▶ 接平面と全微分

- ▶ **2**変数関数のテイラー展開・
  マクローリン展開

- ▶ **2**変数関数の極限

- ▶ ラグランジュの未定乗数法

§1. 2変数関数と偏微分

これまで，扱ってきた関数は，$y = f(x)$ の形の 1 変数関数ばかりだった。しかし，これからレベルアップして，$z = f(x, y)$ の形の 2 変数関数の微分についても勉強しよう。2 変数関数の微分には，"偏微分"と"全微分"の 2 つがある。今回は，この"偏微分"の定義について教えるつもりだ。しかし，2 変数関数になると，空間座標の知識がどうしても必要となるので，まず，この解説から始めることにしよう。

● 空間座標から始めよう！

図 1 のように，xyz 座標空間に動点 $P(x, y, z)$ が与えられ，「P の x, y, z 座標に何の制約もなければ，P はこの座標空間内すべてを自由に動き回る。」ということになる。

図1 空間座標

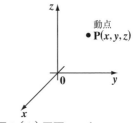

それでは，方程式 (i) $z = 1$ が与えられると，点 P の z 座標は 1 の制約は受けるが，x, y は自由なので，図 2(i)のように，xy 平面に平行な平面を表す。

図2 (i) 平面 $z = 1$

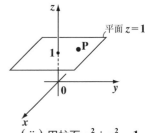

また，方程式 (ii) $x^2 + y^2 = 1$ が与えられると，点 P は z 軸方向には自由に動けるので，図 2(ii)のような円柱面を表すことになる。

(ii) 円柱面 $x^2 + y^2 = 1$

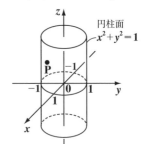

このように空間座標における方程式は，点 $P(x, y, z)$ の動きを規制する制約条件と考えればいいんだよ。

そして，**2** つの方程式 (ⅰ) $z=1$ と (ⅱ) $x^2+y^2=1$ を連立させることにより，図 **3** (ⅰ) のような，平面 $z=1$ 上の半径 **1** の円を表すことができる。

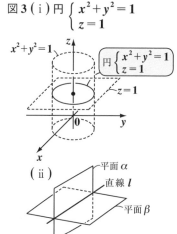

図3 (ⅰ) 円 $\begin{cases} x^2+y^2=1 \\ z=1 \end{cases}$

同様に図 **3**(ⅱ) のように，**2** つの平面 α と平面 β を連立させることによって，その交線 l を表せるんだね。

このように，**2** つの方程式を連立させることにより，空間内に曲線や直線を表すことができる。

● 直線と平面の媒介変数表示はこれだ！

一般に，空間座標における直線は，$\dfrac{x-a}{l}=\dfrac{y-b}{m}=\dfrac{z-c}{n}$ で，そして平面は $ax+by+cz+d=0$ で表される。しかし，ここではこの直線と平面を媒介変数 (パラメータ) で表示する公式を紹介する。

直線 L の媒介変数表示

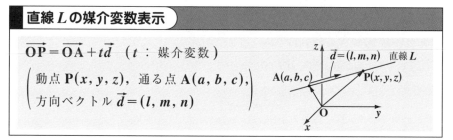

$$\overrightarrow{OP}=\overrightarrow{OA}+t\vec{d} \quad (t：媒介変数)$$

$\begin{pmatrix} 動点\ P(x,y,z)，通る点\ A(a,b,c)， \\ 方向ベクトル\ \vec{d}=(l,m,n) \end{pmatrix}$

$\overrightarrow{OP}=\overrightarrow{OA}+\overrightarrow{AP}$ だから，$\overrightarrow{AP}=t\vec{d}$ とおくと，この媒介変数 t を自由に変化させることにより，動点 **P** は直線 L 上を自由に移動できる。これと同様に平面 α を媒介変数表示すると，次のようになる。

平面 α の媒介変数表示

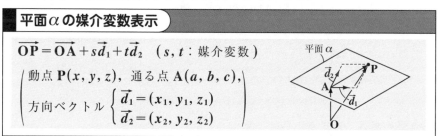

$$\overrightarrow{OP}=\overrightarrow{OA}+s\vec{d_1}+t\vec{d_2} \quad (s,t：媒介変数)$$

$\begin{pmatrix} 動点\ P(x,y,z)，通る点\ A(a,b,c)， \\ 方向ベクトル \begin{cases} \vec{d_1}=(x_1,y_1,z_1) \\ \vec{d_2}=(x_2,y_2,z_2) \end{cases} \end{pmatrix}$

平面 α 上に，互いに平行でない 2 つの方向ベクトル $\vec{d_1}$，$\vec{d_2}$ をとり，それにかかる係数 (媒介変数)s と t の値を変化させれば，動点 P が平面 α 上を自由に動きまわれることがわかるはずだ。つまり，動点 P が平面 α を描くことになるんだね。ここで，$\boxed{s\vec{d_1}+t\vec{d_2}=\overrightarrow{AP}}$

平面 α : $\overrightarrow{OP}=\overrightarrow{OA}+s\vec{d_1}+t\vec{d_2}$ ………①

に，$\overrightarrow{OP}=(x, y, z)$ と $\overrightarrow{OA}=(a, b, c)$ を代入し，方向ベクトル $\vec{d_1}$ と $\vec{d_2}$ を図 4 のように工夫して，取ることにする。

図 4(i) のように，平面 α と平面 $y=b$ の交線 L_1 の x 軸方向の傾きを m_1 とおくと，$\vec{d_1}$ は，$\vec{d_1}=(1, 0, m_1)$ となる。

図 4(ii) のように，平面 α と平面 $x=a$ の交線 L_2 の y 軸方向の傾きを m_2 とおくと，$\vec{d_2}$ は，$\vec{d_2}=(0, 1, m_2)$ となる。

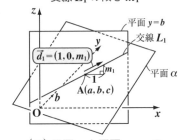

図 4 (i) 平面 α と平面 $y=b$ の交線 L_1 の傾き m_1

(ii) 平面 α と平面 $x=a$ の交線 L_2 の傾き m_2

以上を①に代入すると，

$$(x, y, z)=(a, b, c)+s(1, 0, m_1)$$
$$+t(0, 1, m_2)$$

$(x, y, z)=(a+s, b+t, c+sm_1+tm_2)$ より，各成分を比較して，

$$\begin{cases} x=a+s \\ y=b+t \\ z=c+sm_1+tm_2 \end{cases} \implies \begin{cases} s=x-a & \cdots\cdots\cdots② \\ t=y-b & \cdots\cdots\cdots③ \\ z-c=m_1 s+m_2 t & \cdots\cdots④ \end{cases}$$

②，③を④に代入して，点 $A(a, b, c)$ を通り，x 軸方向の傾き m_1，y 軸方向の傾き m_2 の平面 α の方程式は，次式で表される。

$$z-c=m_1(x-a)+m_2(y-b)$$

この公式は，接平面を求めるときに威力を発揮するから，覚えておいてくれ。

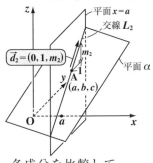

図 5 平面 $z-c=m_1(x-a)+m_2(y-b)$

平面 α
$z-c=m_1(x-a)+m_2(y-b)$

158

それでは，例題を **1** つやっておこう。

点 $A(2, -1, 1)$ を通り，方向ベクトル $\vec{d_1} = \left(1, 0, \overset{m_1}{\boxed{\dfrac{1}{2}}}\right)$, $\vec{d_2} = \left(0, 1, \overset{m_2}{\boxed{-2}}\right)$ をもつ平面 α の方程式を求めよう。

$$z - 1 = \overset{m_1}{\boxed{\dfrac{1}{2}}}(x-2)\overset{m_2}{\boxed{-2}}(y+1) \qquad \text{両辺を2倍して}$$

> 最後は
> $ax+by+cz+d=0$
> の形にまとめる！

$$2z - 2\!\!\!\diagup = x - 2\!\!\!\diagup - 4(y+1) \qquad \therefore \alpha : x - 4y - 2z - 4 = 0 \quad \cdots\cdots\cdots\text{(答)}$$

● 一般に $z = f(x, y)$ は，曲面を表す！

これから扱う **2** 変数関数 $z = f(x, y)$ は図 **6** に示すような，xyz 座標空間上の曲面（または平面）を表すと考えてくれたらいい。

たとえば，$z = f(x, y) = x^2 + y^2$ は，図 **7** のような放物面になる。この式は $x^2 + y^2 = z$ $(= r^2)$ と考えると，その半径 r が z 座標により変化する円の集合体と考えることができる。ここで，$r = \sqrt{z}$ より，yz 平面 $(x = 0)$ 上の放物線 $z = y^2$ を，座標空間内で z 軸のまわりに回転させたものであることがわかるはずだ。

この $z = f(x, y) = x^2 + y^2$ に対して，$x = 1$, $y = -2$ を代入すると $z = f(1, -2) = 1^2 + (-2)^2 = 5$ となるので，曲面 $z = f(x, y)$ 上に，点 $(1, -2, 5)$ が存在することもわかるね。この例以外にも，さまざまな **2** 変数関数についてこれから調べていくことにしよう。

図6 曲面 $z = f(x, y)$

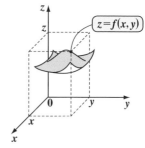

図7 放物面 $z = x^2 + y^2$

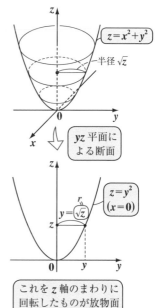

> これを z 軸のまわりに回転したものが放物面 $z = x^2 + y^2$ になる。

● 2変数関数の極限では近づき方が問題だ！

2変数関数の極限の式として，

$$\lim_{(x,y)\to(a,b)} f(x,y) = c$$

が与えられたときのイメージを図8に
示す。この場合，xy 平面上の動点 $\mathrm{P}(x,$
$y)$ が，点 $\mathrm{A}(a, b)$ に限りなく近づいた
とき，関数 $f(x, y)$ がある1つの値 c に
近づいていくことを表している。

図8 $\displaystyle\lim_{(x,y)\to(a,b)} f(x) = c$ のイメージ

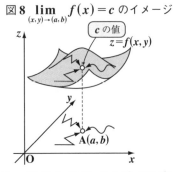

しかし，図8からわかるように，動点 P が，定点 A に近づく近づき方
は非常に多様なので，どんな近づき方をしても，$f(x, y)$ が c に近づくこ
とを示さないといけないんだよ。実際の問題では，$\displaystyle\lim_{(x,y)\to(0,0)} f(x, y)$ の形の
ものが多く出題される。したがって，その多様な近づき方のチェック法と
して，次の図9（ⅰ）（ⅱ）に示すような手法をよく用いるので，覚えておく
といいよ。

図9（ⅰ）$y=mx$ を使う

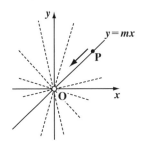

直線 $y=mx$ に沿って P が
O に近づくときの極限が，
m の値によらず一定の値 c
に近づくか否かを調べる。

（ⅱ）極座標を使う

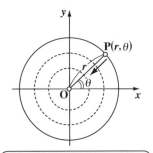

極座標 $\mathrm{P}(r, \theta)$ を使い，$r \to 0$
とした極限が，θ によらず一
定の値 c に近づくか否かを調
べる。

それでは，例題を2つやっておこう。似ているけど，まったく違った結
果になるよ。

(1) $\displaystyle\lim_{(x,y)\to(0,0)} \frac{x^3-y^3}{x^2+y^2}$ 　　　　(2) $\displaystyle\lim_{(x,y)\to(0,0)} \frac{xy}{x^2+y^2}$

(1) 点 $P(x, y)$ が直線 $y = mx$ に沿って，原点 $O(0, 0)$ に近づくものとすると，

$$\lim_{(x,y)\to(0,0)} \frac{x^3 - y^3}{x^2 + y^2} = \lim_{(x,y)\to(0,0)} \frac{x^3 - (mx)^3}{x^2 + (mx)^2} = \lim_{(x,y)\to(0,0)} \frac{(1-m^3)x^3}{(1+m^2)x^2}$$

$$= \lim_{(x,y)\to(0,0)} \frac{1-m^3}{1+m^2} \underset{0}{\boxed{x}} = 0 \quad \text{となって，傾き } m \text{ の値に関わらず } 0 \text{ に近づく。}$$

$\therefore \displaystyle\lim_{(x,y)\to(0,0)} \frac{x^3 - y^3}{x^2 + y^2} = 0$ （収束）・・・・・・・・・・・・・・・・・・・・・・・・・・・・・・（答）

(1) の別解として，次のように調べてもいいよ。

$x = r \cos\theta,\ y = r \sin\theta$ とおくと，

$$与式 = \lim_{r\to 0} \frac{(r\cos\theta)^3 - (r\sin\theta)^3}{(r\cos\theta)^2 + (r\sin\theta)^2} = \lim_{r\to 0} \frac{r^3(\cos^3\theta - \sin^3\theta)}{r^2(\underset{1}{\boxed{\cos^2\theta + \sin^2\theta}})}$$

$$= \lim_{r\to 0} \underset{0}{\boxed{r}}(\cos^3\theta - \sin^3\theta) = 0 \quad (\theta \text{ の値に関わらず収束する})$$

(2) 点 $P(x, y)$ が直線 $y = mx$ に沿って，原点 $O(0, 0)$ に近づくものとすると，

$$\lim_{(x,y)\to(0,0)} \frac{xy}{x^2 + y^2} = \lim_{(x,y)\to(0,0)} \frac{x \cdot mx}{x^2 + (mx)^2} = \lim_{(x,y)\to(0,0)} \underset{\boxed{m \text{ だけの式}}}{\frac{m}{1+m^2}} \quad \text{となって，これは } m$$

の値により変化する。よって，この極限は存在しない。・・・・・・・・・・・・・・・・・・（答）

(2) の別解も，次に示す。

$x = r \cos\theta,\ y = r \sin\theta$ とおくと，

$$与式 = \lim_{r\to 0} \frac{r^2 \cos\theta \cdot \sin\theta}{r^2(\cos^2\theta + \sin^2\theta)} = \lim_{r\to 0} \underset{\boxed{\theta \text{ だけの式}}}{\sin\theta\cos\theta} \quad \text{となって，} \theta \text{ の値によ}$$

り変化する。よって，この極限は存在しない。

　次に，この 2 変数関数の ε-δ 論法による表現も下に示す。

$\varepsilon - \delta$ 論法による 2 変数関数の極限

動点 $P(x, y)$，定点 $A(a, b)$ に対して

$\forall \varepsilon > 0,\ \exists \delta > 0$ s.t. $0 < |\overrightarrow{AP}| < \delta \Rightarrow |f(x, y) - c| < \varepsilon$

このとき，$\displaystyle\lim_{(x,y)\to(a,b)} f(x, y) = c$ となる。

この意味は分かるね。「正の数 ε をどんなに小さくとっても，ある正の数 δ が存在し，$0 < |\overrightarrow{\mathrm{AP}}| < \delta$ ならば $|f(x, y) - c| < \varepsilon$ となるとき，$\lim\limits_{(x, y) \to (a, b)} f(x, y) = c$ となる。」と言っているんだね。

● 2変数関数の連続性を定義しよう！

図 10 に示すように，2 変数関数 $f(x, y)$ が点 $\mathrm{A}(a, b)$ で連続となるための条件は，

$$\lim\limits_{(x, y) \to (a, b)} f(x, y) = f(a, b)$$

である。

これを，$\varepsilon - \delta$ 論法で示すと，

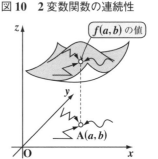

図 10　2変数関数の連続性

$f(a, b)$ の値

A(a, b)

$\varepsilon - \delta$ 論法による2変数関数の連続性の条件

動点 $\mathrm{P}(x, y)$, 定点 $\mathrm{A}(a, b)$ に対して

$^\forall \varepsilon > 0,\ ^\exists \delta > 0$　s.t.　$|\overrightarrow{\mathrm{AP}}| < \delta \ \Rightarrow\ |f(x, y) - f(a, b)| < \varepsilon$

が成り立つとき，$\lim\limits_{(x, y) \to (a, b)} f(x, y) = f(a, b)$ となるので，関数 $f(x, y)$ は点 $\mathrm{A}(a, b)$ において連続といえる。

---

c が $f(a, b)$ に変わっただけだから，この意味は大丈夫だね。

先程の例題 (1) で，$f(x, y) = \dfrac{x^3 - y^3}{x^2 + y^2}$ とおくと，これは，原点 $\mathrm{O}(0, 0)$ では分母が 0 となるので定義できない。しかし，ここで新たに $f(0, 0) = 0$ と定義すると，

これは，前の例題 (1) で示した！

$$\lim\limits_{(x, y) \to (0, 0)} f(x, y) = \lim\limits_{(x, y) \to (0, 0)} \frac{x^3 - y^3}{x^2 + y^2} = 0 = f(0, 0)$$ となるので，関数 $f(x, y)$ は点 $\mathrm{O}(0, 0)$ で連続な関数となる。

ここで，もし $f(0, 0) = 1$ と定義すると，

$\lim\limits_{(x, y) \to (0, 0)} f(x, y) = 0 \neq 1 = f(0, 0)$　となるので，$f(x, y)$ は当然原点 O で不連続な関数になる。

● 2つの偏微分係数 $f_x(a, b)$, $f_y(a, b)$ の意味はこれだ！

1変数関数である $y = f(x)$ の $x = a$ における微分係数 $f'(a)$ は，曲線上の点 $(a, f(a))$ における接線の傾きを表すんだったね。これに対して，2変数関数 $z = f(x, y)$ は一般に曲面を表すので，これと平面を連立させた曲線(交線)の接線の傾きとして，微分係数を考え，それを "偏微分係数" と呼ぶ。

2変数関数 $z = f(x, y)$ の点 (a, b) における偏微分係数は，x で微分するものと，y で微分するものの2つがあり，それぞれ $f_x(a, b)$, $f_y(a, b)$ などと表す。この図形的な意味については，下にまとめて示すよ。

■ 偏微分係数 $f_x(a, b)$, $f_y(a, b)$ の意味

(I) $f_x(a, b)$ の図形的意味

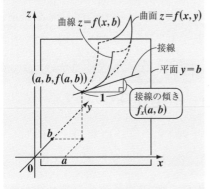

(II) $f_y(a, b)$ の図形的意味

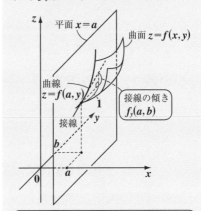

曲面 $z = f(x, y)$ と平面 $y = b$ とでできる曲線 $z = f(x, b)$ に，$x = a$ における接線が存在するとき，"x に関して偏微分可能"という。その接線の傾きを "x に関する偏微分係数"と呼び，$f_x(a, b)$ や $\dfrac{\partial f(a, b)}{\partial x}$ などと表す。

曲面 $z = f(x, y)$ と平面 $x = a$ とでできる曲線 $z = f(a, y)$ に，$y = b$ における接線が存在するとき，"y に関して偏微分可能"という。その接線の傾きを "y に関する偏微分係数"と呼び，$f_y(a, b)$ や $\dfrac{\partial f(a, b)}{\partial y}$ などと表す。

この x に関する偏微分係数 $f_x(a, b) = \dfrac{\partial f(a, b)}{\partial x}$ について，2 つ注意しておこう。$f_y(a, b)$ についても同様だよ。

（ⅰ）2 変数関数の偏微分では，$\dfrac{df(a, b)}{dx}$ とは表さず，必ず $\dfrac{\partial f(a, b)}{\partial x}$ と表す。

> これは "ラウンドx分の，ラウンド$f(a, b)$" と読む。

（ⅱ）次に，$\dfrac{\partial f(a, b)}{\partial x}$ の意味は，あくまで，2 変数関数 $f(x, y)$ を x で偏微分した $\dfrac{\partial f(x, y)}{\partial x}$ の x と y に，それぞれ a, b を代入したものである。

> これを "x に関する偏導関数" と呼ぶ

$\left(\begin{array}{l} f(a, b) \text{ は定数なので，これを } x \text{ で偏微分して } \dfrac{\partial f(a, b)}{\partial x} = 0 \text{ だ！} \\ \text{なんてやっちゃいけないよ。意味はあくまで，上記の通りだ。} \end{array} \right)$

それでは，この 2 つの偏微分係数の定義式も下に示す。図形的な意味がわかっているから，当たり前の式だと思うよ。

■ 2つの偏微分係数の定義

（Ⅰ）$f_x(a, b) = \dfrac{\partial f(a, b)}{\partial x} = \displaystyle\lim_{x \to a} \dfrac{f(x, b) - f(a, b)}{x - a}$

この右辺の極限が有限な値に収束するとき，関数 $f(x, y)$ は点 (a, b) で "x に関して偏微分可能" といい，その極限値を "x に関する偏微分係数" と呼び，$f_x(a, b)$ や $\dfrac{\partial f(a, b)}{\partial x}$ などと表す。

（Ⅱ）$f_y(a, b) = \dfrac{\partial f(a, b)}{\partial y} = \displaystyle\lim_{y \to b} \dfrac{f(a, y) - f(a, b)}{y - b}$

この右辺の極限が有限な値に収束するとき，関数 $f(x, y)$ は点 (a, b) で "y に関して偏微分可能" といい，その極限値を "y に関する偏微分係数" と呼び，$f_y(a, b)$ や $\dfrac{\partial f(a, b)}{\partial y}$ などと表す。

さらに，**2**つの偏導関数の定義も下に示す。

2つの偏導関数の定義

$（Ⅰ）f_x(x, y) = \dfrac{\partial f(x, y)}{\partial x} = \lim\limits_{h \to 0} \dfrac{f(x+h, y) - f(x, y)}{h}$

x **に関する偏導関数**：右辺の極限がある関数に収束するときのみ $f_x(x, y)$ は存在する。

$（Ⅱ）f_y(x, y) = \dfrac{\partial f(x, y)}{\partial y} = \lim\limits_{h \to 0} \dfrac{f(x, y+h) - f(x, y)}{h}$

y **に関する偏導関数**：右辺の極限がある関数に収束するときのみ $f_y(x, y)$ は存在する。

それでは，例題を **1** 題やっておこう。$f(x, y) = x^2 \cdot e^y$ について，$f_x(1, 1)$ を（ⅰ）偏微分係数の定義式，（ⅱ）偏導関数の定義式，そして，（ⅲ）偏導関数の計算からそれぞれ求めてみよう。

（ⅰ）$f_x(1, 1) = \lim\limits_{x \to 1} \dfrac{f(x, 1) - f(1, 1)}{x - 1} = \lim\limits_{x \to 1} \dfrac{x^2 \cdot e - 1^2 \cdot e}{x - 1}$
（偏微分係数の定義式）

$= \lim\limits_{x \to 1} e \cdot \dfrac{(x+1)(x-1)^{1}}{x-1} = 2e$ ･･････････(答)

（ⅱ）$f_x(x, y) = \lim\limits_{h \to 0} \dfrac{f(x+h, y) - f(x, y)}{h} = \lim\limits_{h \to 0} \dfrac{(x+h)^2 \cdot e^y - x^2 e^y}{h}$
（偏導関数の定義式）　$(x^2 + 2xh + h^2)$

$= \lim\limits_{h \to 0} e^y \cdot \dfrac{h(2x + h^{0})}{h} = 2x \cdot e^y$ ← まず，x に関する偏導関数を求めた。

この $f_x(x, y)$ に，$x = 1$，$y = 1$ を代入して，求める偏微分係数は，

$f_x(1, 1) = 2 \cdot 1 \cdot e^1 = 2e$ ････････････････(答)

（ⅲ）$f(x, y) = x^2 \cdot e^y$ を x で偏微分して，

$f_x(x, y) = \dfrac{\partial}{\partial x}(x^2 \cdot e^y) = 2x \cdot e^y$

x での微分より，e^y は定数扱い

これは $\dfrac{\partial(x^2 \cdot e^y)}{\partial x}$ のことだが，数学では，分子の記述が大きくなることを好まないので，このように書く。

これに，$x = 1$，$y = 1$ を代入して，

$f_x(1, 1) = 2 \cdot 1 \cdot e^1 = 2e$ ･･････････(答)

どれも同じ結果が導かれたね。一般に，"定義にしたがって"という条件がなければ，極限は使わず，（ⅲ）の求め方でいいんだよ。

関数 $f(x, y) = \dfrac{\sin^{-1} y}{x^2 + 1}$ について，偏微分係数 $f_x\left(1, \dfrac{1}{2}\right)$, $f_y\left(1, \dfrac{1}{2}\right)$ の値を求めよ。

ヒント！ "定義にしたがって" という言葉がないので，**2** つの偏導関数 $f_x(x, y)$, $f_y(x, y)$ を求めて，$x = 1$, $y = \dfrac{1}{2}$ を代入すればよい。

解答 & 解説

（ⅰ）関数 $f(x, y) = (x^2 + 1)^{-1} \cdot \sin^{-1} y$ の x に関する偏導関数は，

$$f_x(x, y) = \frac{\partial}{\partial x}\{(x^2 + 1)^{-1} \cdot \underline{\sin^{-1} y}\} = -(x^2 + 1)^{-2} \cdot 2x \cdot \sin^{-1} y$$

これは定数扱い

$\dfrac{\partial}{\partial x}\{(x^2 + 1)^{-1} \cdot \sin^{-1} y\}$ は，$\{(x^2 + 1)^{-1} \cdot \sin^{-1} y\}_x$ と書いてもよい。

$$= -\frac{2x \cdot \sin^{-1} y}{(x^2 + 1)^2}$$

∴ 求める x に関する偏微分係数は，

$$f_x\left(1, \frac{1}{2}\right) = -\frac{2 \cdot 1 \cdot \overbrace{\sin^{-1} \frac{1}{2}}^{\frac{\pi}{6}}}{(1^2 + 1)^2} = -\frac{\pi}{12} \quad\cdots\cdots\cdots\text{（答）}$$

（ⅱ）関数 $f(x, y)$ の y に関する偏導関数は，

公式：$(\sin^{-1} y)' = \dfrac{1}{\sqrt{1 - y^2}}$ を使った！

$$f_y(x, y) = \frac{\partial}{\partial y}\left(\frac{\sin^{-1} y}{(x^2 + 1)}\right) = \frac{1}{x^2 + 1} \cdot \frac{1}{\sqrt{1 - y^2}}$$

これは定数扱い

$\dfrac{\partial}{\partial y}\left(\dfrac{\sin^{-1} y}{x^2 + 1}\right)$ は，$\left(\dfrac{\sin^{-1} y}{x^2 + 1}\right)_y$ と書いてもよい。

∴ 求める y に関する偏微分係数は，

$$f_y\left(1, \frac{1}{2}\right) = \frac{1}{1^2 + 1} \cdot \frac{1}{\sqrt{1 - \left(\frac{1}{2}\right)^2}} = \frac{1}{2} \cdot \frac{1}{\frac{\sqrt{3}}{2}} = \frac{1}{\sqrt{3}} \quad\cdots\cdots\cdots\text{（答）}$$

実践問題 20　　● 偏微分係数の計算 (II) ●

関数 $g(x, y) = \sqrt{x^2 + 1} \cdot \tan^{-1} y$ について，偏微分係数 $g_x(1, 1)$，$g_y(1, 1)$ の値を求めよ。

ヒント！　$g_x(x, y)$ を求めるときは，$\tan^{-1} y$ を定数として扱い，$g_y(x, y)$ を求めるときには，$\sqrt{x^2 + 1}$ を定数として扱って求める。

解答&解説

(i) 関数 $g(x, y) = \sqrt{x^2 + 1} \cdot \tan^{-1} y$ の x に関する偏導関数は，

$$g_x(x, y) = \frac{\partial}{\partial x}(\sqrt{x^2 + 1} \cdot \underbrace{\tan^{-1} y}_{\text{これは定数扱い}}) = \frac{1}{2}(x^2 + 1)^{-\frac{1}{2}} \cdot 2x \cdot \tan^{-1} y$$

$$= \boxed{(ア)}$$

∴求める x に関する偏微分係数は，

$$g_x(1, 1) = \frac{1 \cdot \overset{\frac{\pi}{4}}{\overbrace{\tan^{-1} 1}}}{\sqrt{1^2 + 1}} = \frac{\frac{\pi}{4}}{\sqrt{2}} = \boxed{(イ)} \quad \cdots\cdots\cdots\cdots\text{(答)}$$

公式：$(\tan^{-1} y)' = \dfrac{1}{1 + y^2}$ を使った！

(ii) 関数 $g(x, y)$ の y に関する偏導関数は，

$$g_y(x, y) = \frac{\partial}{\partial y}(\underbrace{\sqrt{x^2 + 1}}_{\text{これは定数扱い}} \cdot \tan^{-1} y) = \sqrt{x^2 + 1} \cdot \frac{1}{1 + y^2} = \boxed{(ウ)}$$

∴求める y に関する偏微分係数は，

$$g_y(1, 1) = \frac{\sqrt{1^2 + 1}}{1 + 1^2} = \boxed{(エ)} \quad \cdots\cdots\cdots\cdots\text{(答)}$$

解答　$(ア) \dfrac{x \cdot \tan^{-1} y}{\sqrt{x^2 + 1}}$　$(イ) \dfrac{\pi}{4\sqrt{2}}$　$(ウ) \dfrac{\sqrt{x^2 + 1}}{1 + y^2}$　$(エ) \dfrac{\sqrt{2}}{2}$

§2. 偏微分の計算と高階偏導関数

今回は，偏微分公式を利用して，複雑な偏微分の計算にもチャレンジしよう。さらに，"高階偏導関数" についても教えるよ。

● 偏微分公式で，計算が楽になる！

1 変数関数 $f(x)$ のときと同様の公式が，2 変数関数の偏微分でも利用できる。ここでは，$f(x, y)$ と $g(x, y)$ をそれぞれ f，g と略記して表す。まず，偏微分の定義から明らかに，次の線形性が成り立つ。

偏微分の線形性

f，g が共に偏微分可能のとき

$(1) (kf)_x = k \cdot f_x$ $\qquad (kf)_y = k \cdot f_y$ $\qquad$ (k : 実数定数)

$(2) (f \pm g)_x = f_x \pm g_x$ $\qquad (f \pm g)_y = f_y \pm g_y$ $\qquad$ (複号同順)

さらに，f と g の積と商の偏微分，合成関数の偏微分についても，次の公式が成り立つ。

偏微分の公式

(I) $(f \cdot g)_x = f_x \cdot g + f \cdot g_x$ $\qquad (f \cdot g)_y = f_y \cdot g + f \cdot g_y$

(II) $\left(\dfrac{f}{g}\right)_x = \dfrac{f_x \cdot g - f \cdot g_x}{g^2}$ $\qquad \left(\dfrac{f}{g}\right)_y = \dfrac{f_y \cdot g - f \cdot g_y}{g^2}$

(III) $z = f(x, y)$ が，偏微分可能な関数 $u = l(x, y)$ と微分可能な関数 $z = g(u)$ の合成関数，すなわち，$z = f(x, y) = g(u) = g(l(x, y))$ と表されるとき，次の合成関数の偏微分公式が成り立つ。

$$\frac{\partial z}{\partial x} = \frac{dz}{du} \cdot \frac{\partial u}{\partial x} \qquad \frac{\partial z}{\partial y} = \frac{dz}{du} \cdot \frac{\partial u}{\partial y}$$

z は u の 1 変数関数なので d を使う。

u は，x と y の 2 変数関数なので，∂ を使う。

同様

ここでは，（Ⅲ）の $\dfrac{\partial z}{\partial x}=\dfrac{dz}{du}\cdot\dfrac{\partial u}{\partial x}$ $(z=f(x,y)=g(u),\ u=l(x,y))$ の証明をやっておこう。

$$\frac{\partial z}{\partial x}=\frac{\partial f(x,y)}{\partial x}=\lim_{h\to 0}\frac{f(x+h,y)-f(x,y)}{h}$$

（今，この y は定数と考えればいい）

$l(x,y)+k$ とおく

$$=\lim_{h\to 0}\frac{g(\,l(x+h,y)\,)-g(l(x,y))}{h}\ \cdots\cdots\cdots\text{①}$$

ここで，$l(x+h,y)=l(x,y)+k$ $\cdots\cdots\cdots$② とおくと，

$k=l(x+h,y)-l(x,y)$ $\cdots\cdots\cdots$③ より

$$\lim_{h\to 0}k=\lim_{h\to 0}\{l(x+\overset{0}{h},y)-l(x,y)\}=0 \qquad \therefore h\to 0 \text{ のとき } k\to 0$$

以上より，②を①に代入して，変形すると，

$$\frac{\partial z}{\partial x}=\lim_{h\to 0}\frac{g(l(x,y)+k)-g(l(x,y))}{h}$$

$$=\lim_{\substack{h\to 0\\k\to 0}}\frac{g(\,\overset{u}{l(x,y)}+k)-g(\,\overset{u}{l(x,y)})}{k}\cdot\frac{\overset{l(x+h,y)-l(x,y)}{k}}{h}$$

（k で割った分 k をかけた）

$$=\lim_{\substack{h\to 0\\k\to 0}}\frac{g(u+k)-g(u)}{k}\cdot\frac{l(x+h,y)-l(x,y)}{h}$$

$\dfrac{dg(u)}{du}=\dfrac{dz}{du}$ \qquad $\dfrac{\partial l(x,y)}{\partial x}=\dfrac{\partial u}{\partial x}$

（導関数と偏導関数の定義式が出てくる！）

$$=\frac{dz}{du}\cdot\frac{\partial u}{\partial x} \qquad \therefore \frac{\partial z}{\partial x}=\frac{dz}{du}\cdot\frac{\partial u}{\partial x} \text{ が成り立つ。} \cdots\cdots\cdots\cdots\text{(終)}$$

以上の公式を使えば，さまざまな 2 変数関数の偏微分が可能になる。いくつか，例題で練習しておこう。

(1) $f(x,y)=x^2y\cdot\tan^{-1}x$ のとき，$f_x(x,y)$ を求めよう。

（y は定数扱い）

公式： $(f\cdot g)_x=f_x\cdot g+f\cdot g_x$ を使った！

$$f_x(x,y)=(x^2y)_x\cdot\tan^{-1}x+x^2y\cdot(\tan^{-1}x)_x$$

$$=2x\cdot y\cdot\tan^{-1}x+x^2y\cdot\frac{1}{1+x^2}=xy\left(2\tan^{-1}x+\frac{x}{1+x^2}\right)\cdots\text{(答)}$$

169

$(2)\, f(x, y) = \dfrac{1-xy}{1+xy}$ のとき，$f_y(x, y)$ を求めよう。

$$f_y(x, y) = \frac{(1-xy)_y(1+xy) - (1-xy)\cdot(1+xy)_y}{(1+xy)^2}$$

公式：
$$\left(\frac{f}{g}\right)_y = \frac{f_y\cdot g - f\cdot g_y}{g^2}$$
を使った！

$$= \frac{-x\cdot(1+\overbrace{xy}) - (1-\overbrace{xy})x}{(1+xy)^2} = -\frac{2x}{(1+xy)^2} \quad\cdots\cdots\cdots\cdots\cdots（答）$$

$(3)\, f(x, y) = \dfrac{e^{xy}}{e^x+e^y}$ のとき，$f_x(x, y)$ を求めよう。

$xy = u$ とおくと，$\dfrac{de^u}{du}\cdot\dfrac{\partial(xy)}{\partial x} = e^u\cdot y$ となる。 ← 合成関数の偏微分

$$f_x(x, y) = \frac{(e^{xy})_x\cdot(e^x+e^y) - e^{xy}\cdot(e^x+e^y)_x}{(e^x+e^y)^2}$$

$$= \frac{y\cdot e^{xy}(e^x+e^y) - e^{xy}\cdot e^x}{(e^x+e^y)^2}$$

$$= \frac{e^{xy}\{(y-1)e^x + ye^y\}}{(e^x+e^y)^2} \quad\cdots\cdots\cdots\cdots\cdots\cdots\cdots（答）$$

● 高階偏導関数の表記法にも慣れよう！

2 変数関数 $z = f(x, y)$ の x と y に関する偏導関数を $\dfrac{\partial f}{\partial x} = f_x$，$\dfrac{\partial f}{\partial y} = f_y$ と略記して表すが，これらがさらに，x や y に関して偏微分可能ならば，次のような 2 階 (2 次) の偏導関数が得られる。

$(\text{i})\; \dfrac{\partial}{\partial x}\left(\dfrac{\partial f}{\partial x}\right) = \dfrac{\partial^2 f}{\partial x^2} = f_{xx}$

x で微分したものをさらに x で微分する。

$(\text{ii})\; \dfrac{\partial}{\partial y}\left(\dfrac{\partial f}{\partial y}\right) = \dfrac{\partial^2 f}{\partial y^2} = f_{yy}$

y で微分したものをさらに y で微分する。

$(\text{iii})\; \dfrac{\partial}{\partial y}\left(\dfrac{\partial f}{\partial x}\right) = \dfrac{\partial^2 f}{\partial y\,\partial x} = f_{xy}$

x で微分したものをさらに y で微分する。 | x での微分が先 | y での微分が後

$(\text{iv})\; \dfrac{\partial}{\partial x}\left(\dfrac{\partial f}{\partial y}\right) = \dfrac{\partial^2 f}{\partial x\,\partial y} = f_{yx}$

y で微分したものをさらに x で微分する。 | y での微分が先 | x での微分が後

さらに，3 階 (3 次) の偏導関数もいくつか示すので，表記された式の意味を正確にとらえてくれ。

$$f_{xyy} = \frac{\partial^3 f}{\partial y^2 \partial x} = \frac{\partial^2}{\partial y^2}\left(\frac{\partial f}{\partial x}\right) \qquad f_{yxx} = \frac{\partial^3 f}{\partial x^2 \partial y} = \frac{\partial^2}{\partial x^2}\left(\frac{\partial f}{\partial y}\right)$$

[x で微分したものをさらに y で2回微分する。] [y で微分したものをさらに x で2回微分する。]

ここで，2階偏導関数 f_{xy} と f_{yx} について，"シュワルツの定理" が成り立つ。

シュワルツの定理

f_{xy} と f_{yx} が共に連続ならば，$f_{xy} = f_{yx}$ が成り立つ。

これから扱う 2 変数関数の多くは，f_{xy} と f_{yx} が連続なものばかりだから，x と y に関して偏微分する順序は入れ替えても大丈夫だよ。

それでは，例題で練習しておこう。

(4) $z = x^3 + x^2 y + xy^2 + y^3$ について，$z_{xx}, z_{xy}, z_{yx}, z_{yy}$ を求めてみよう。

$$\begin{cases} z_x = \dfrac{\partial z}{\partial x} = (x^3 + x^2 y + xy^2 + y^3)_x = \underline{3x^2 + 2xy + y^2} \\[3mm] z_y = \dfrac{\partial z}{\partial y} = (x^3 + x^2 y + xy^2 + y^3)_y = \underline{\underline{x^2 + 2xy + 3y^2}} \end{cases}$$

$$\therefore z_{xx} = (\underline{3x^2 + 2xy + y^2})_x = 6x + 2y \qquad \left[= \frac{\partial}{\partial x}\left(\frac{\partial z}{\partial x}\right)\right]$$

$$z_{xy} = (\underline{3x^2 + 2xy + y^2})_y = 2x + 2y \qquad \left[= \frac{\partial}{\partial y}\left(\frac{\partial z}{\partial x}\right)\right]$$

$$z_{yx} = (\underline{\underline{x^2 + 2xy + 3y^2}})_x = 2x + 2y \qquad \left[= \frac{\partial}{\partial x}\left(\frac{\partial z}{\partial y}\right)\right]$$

$$z_{yy} = (\underline{\underline{x^2 + 2xy + 3y^2}})_y = 2x + 6y \qquad \left[= \frac{\partial}{\partial y}\left(\frac{\partial z}{\partial y}\right)\right]$$

ここで，z_{xy} と z_{yx} は明らかに連続関数であり，シュワルツの定理 $z_{xy} = z_{yx}$ が成り立っているのもわかるね。

関数 $f(x, y) = \sin^{-1} xy$ の 2 階の偏導関数 f_{xx}, f_{xy}, f_{yx}, f_{yy} をそれぞれ求めよ。

ヒント！　2つの関数の積や，合成関数の偏微分公式を用いて求める。

解答 & 解説

$f(x, y) = \sin^{-1} \underbrace{xy}_{u とおく}$ について，まず f_x と f_y を求める。

$$\begin{cases} \cdot f_x = \dfrac{1}{\sqrt{1-(xy)^2}} \cdot (\overset{u}{(xy)})_x = y \cdot (1-x^2y^2)^{-\frac{1}{2}} & \leftarrow \dfrac{\partial z}{\partial x} = \dfrac{dz}{du} \cdot \dfrac{\partial u}{\partial x} \text{ の合成関数} \\ & \quad \text{の偏微分公式を使った！} \\ \cdot f_y = \dfrac{1}{\sqrt{1-(xy)^2}} \cdot (xy)_y = x \cdot (1-x^2y^2)^{-\frac{1}{2}} & \leftarrow \dfrac{\partial z}{\partial y} = \dfrac{dz}{du} \cdot \dfrac{\partial u}{\partial y} \text{ を使った！} \end{cases}$$

以上より，求める 2 階の各偏導関数は，

$1-x^2y^2 = u$ とおいて，合成関数の偏微分

(ⅰ) $f_{xx} = \left\{ \underset{定数扱い}{y}(1-x^2y^2)^{-\frac{1}{2}} \right\}_x = y \cdot \left(\left(-\dfrac{1}{2}\right) \cdot (1-x^2y^2)^{-\frac{3}{2}} \cdot (1-x^2y^2)_x \right)$

$\qquad = -\dfrac{1}{2} \cdot y \cdot (1-x^2y^2)^{-\frac{3}{2}} \cdot (-2xy^2) = \dfrac{xy^3}{\sqrt{1-x^2y^2}(1-x^2y^2)}$ ……（答）

(ⅱ) $f_{xy} = \left\{ y(1-x^2y^2)^{-\frac{1}{2}} \right\}_y = 1 \cdot (1-x^2y^2)^{-\frac{1}{2}} + y \cdot \left\{ (1-x^2y^2)^{-\frac{1}{2}} \right\}_y$

積の偏微分

$\qquad = \dfrac{1}{(1-x^2y^2)^{\frac{1}{2}}} + y \cdot \left(-\dfrac{1}{2}\right)(1-x^2y^2)^{-\frac{3}{2}} \cdot (-2x^2y)$

$\qquad = \dfrac{1}{\sqrt{1-x^2y^2}} + \dfrac{x^2y^2}{\sqrt{1-x^2y^2}(1-x^2y^2)} = \dfrac{1}{\sqrt{1-x^2y^2}(1-x^2y^2)}$ ……（答）

(ⅲ) $f_{yx} = \left\{ x \cdot (1-x^2y^2)^{-\frac{1}{2}} \right\}_x = 1 \cdot (1-x^2y^2)^{-\frac{1}{2}} + x \cdot \left(-\dfrac{1}{2}\right)(1-x^2y^2)^{-\frac{3}{2}} \cdot (-2xy^2)$

$\qquad = \dfrac{1}{\sqrt{1-x^2y^2}} + \dfrac{x^2y^2}{\sqrt{1-x^2y^2}(1-x^2y^2)} = \dfrac{1}{\sqrt{1-x^2y^2}(1-x^2y^2)}$ ……（答）

(ⅳ) $f_{yy} = \left\{ x \cdot (1-x^2y^2)^{-\frac{1}{2}} \right\}_y = x \cdot \left(-\dfrac{1}{2}\right)(1-x^2y^2)^{-\frac{3}{2}} \cdot (-2x^2y)$

$\qquad = \dfrac{x^3y}{\sqrt{1-x^2y^2}(1-x^2y^2)}$ …………………………（答）

┌─────────────────┬────────────────────────────────┐
│ 実践問題 21 │ ● 2 階の偏導関数 (Ⅱ) ● │
└─────────────────┴────────────────────────────────┘

関数 $f(x, y) = \cosh xy$ の 2 階の偏導関数 f_{xx}, f_{xy}, f_{yx}, f_{yy} をそれぞれ求めよ。

ヒント! $xy = u$ と置いて，合成関数の偏微分にもち込む。

解答 & 解説

$f(x, y) = \cosh \underset{u とおく}{\boxed{(xy)}}$ について，まず f_x と f_y を求める。

$$\begin{cases} \cdot\ f_x = \sinh xy \cdot (xy)_x = y \cdot \sinh xy \\ \cdot\ f_y = \sinh xy \cdot (xy)_y = x \cdot \sinh xy \end{cases}$$

← $(\cosh u)' = \sinh u$ を使った!

以上より，求める 2 階の各偏導関数は，

(i) $f_{xx} = (\boxed{y} \cdot \sinh xy)_x = y \cdot \boxed{\cosh xy \cdot (xy)_x}$

定数扱い　$xy = u$ とおいて，合成関数の偏微分　← $(\sinh u)' = \cosh u$ を使った!

$\qquad = \boxed{(ア)}$ ....(答)

(ii) $f_{xy} = (y \cdot \sinh xy)_y = 1 \cdot \sinh xy + y \cdot (\sinh xy)_y$

積の偏微分公式

$\qquad = \sinh xy + y \cdot \cosh xy \cdot (xy)_y$

$\qquad = \boxed{(イ)}$ ....(答)

積の偏微分公式

(iii) $f_{yx} = (x \cdot \sinh xy)_x = 1 \cdot \sinh xy + x \cdot (\sinh xy)_x$

$\qquad = \sinh xy + x \cdot \cosh xy \cdot (xy)_x$

$\qquad = \boxed{(ウ)}$ ....(答)

定数扱い

(iv) $f_{yy} = (\boxed{x} \cdot \sinh xy)_y = x \cdot \cosh xy \cdot (xy)_y$

$\qquad = \boxed{(エ)}$ ....(答)

....

解答　(ア) $y^2 \cdot \cosh xy$　　(イ) $\sinh xy + xy \cosh xy$　　(ウ) $\sinh xy + xy \cdot \cosh xy$

(エ) $x^2 \cosh xy$

§3. 接平面と全微分

これまで学習した"平面の方程式"と"2つの偏微分係数"を利用すれば，曲面 $z=f(x, y)$ 上の点 (x_1, y_1, z_1) における接平面の方程式を，形式的には求めることが出来る。しかし，本当にこの接平面が存在するためには，新たに"全微分可能"の条件が必要になるんだよ。この"全微分"は，この後の"2変数関数のテイラー・マクローリン展開"や"重積分"を理解するのにも必要となる大切な概念だ。わかりやすく解説するから，シッカリマスターしてくれ。

● 接平面を形式的に求めよう！

点 $A(x_1, y_1, z_1)$ を通り，2つの方向ベクトル $\vec{d_1}=(1, 0, m_1)$，$\vec{d_2}=(0, 1, m_2)$ をもつ平面の方程式は，次式で表されるのは，既にやったね。

$$z-z_1=\underbrace{m_1}(x-x_1)+\underbrace{m_2}(y-y_1) \quad \cdots\cdots①$$

$\boxed{f_x(x_1, y_1)}$　$\boxed{f_y(x_1, y_1)}$

また，曲面 $z=f(x, y)$ 上の点 $A(x_1, y_1, z_1)$ における2つの偏微分係数 $f_x(x_1, y_1)$ と $f_y(x_1, y_1)$ は，図1に示すように，①の方程式の m_1，m_2 に対応する。よって，$z=f(x, y)$ が点 A で x, y に関して偏微分可能ならば，$m_1=f_x(x_1, y_1)$，$m_2=f_y(x_1, y_1)$ を①に代入することにより，曲面 $z=f(x, y)$ 上

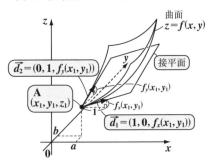

図1 接平面のイメージ

の点 $A(x_1, y_1, z_1)$ における接平面の方程式を形式的に次のように求めることができる。

$$z-z_1=f_x(x_1, y_1)(x-x_1)+f_y(x_1, y_1)(y-y_1) \quad \cdots\cdots②$$

ここで，ナゼ「形式的」という言葉を使ったかというと，"偏微分可能"の条件だけで，接平面が存在するとは限らないからなんだ。

2 つの偏微分係数 $f_x(x_1, y_1)$, $f_y(x_1, y_1)$ が存在するときのイメージは，図 2 に示すように点 A の付近で，x 軸方向と y 軸方向のみに 2 本のなめらかな曲線 $z = f(x, y_1)$ と $z = f(x_1, y)$ が存在することを保証しているだけなんだね。それ以外の全ての方向になめらかな曲線が存在する，すなわち接平面をもち得るようななめらか

図 2 　偏微分可能のイメージ

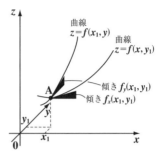

な曲面が存在するかどうかは，これだけではわからないんだ。これをチェックするために必要となる "全微分可能" という考え方を，これから詳しく解説するよ。

● "全微分可能" の定義はこれだ！

2 変数関数 (曲面) $z = f(x, y)$ 上の点において，

$\begin{cases} (\text{i}) \text{接平面が定まる場合と，} \\ (\text{ii}) \text{接平面が定まらない場合} \end{cases}$

のイメージを図 3(i)(ii) に示す。

接平面が定まるには，なめらかな曲面であることが必要で，図 3(ii) のような尖点や稜線上の点，それに不連続な点では接平面は定まらない。

　それでは，図 3(i) のような，接平面が定まるなめらかな曲面の存在を保証する "全微分可能" の考え方について詳しく解説するよ。

図 3 　$z = f(x, y)$ について
(i)接平面が定まるイメージ

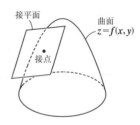

(ii)接平面が定まらないイメージ

　曲面 $z = f(x, y)$ は，曲面上の点 $A(x_1, y_1, z_1)$ において偏微分可能とすると，点 $A(x_1, y_1, z_1)$ を通り，方向ベクトル $\vec{d_1} = (1, 0, f_x(x_1, y_1))$, $\vec{d_2} = (0, 1, f_y(x_1, y_1))$ をもつ平面 α の方程式は次式で表される。

$\alpha: z - z_1 = f_x(x_1, y_1)(x - x_1)$

$\qquad\qquad + f_y(x_1, y_1)(y - y_1)$ ………②

> これが接平面となるための条件をこれから調べるわけだから、これをまだ接平面と呼んではいけない。ただの平面 α だ！

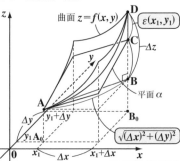

図4　全微分可能

図4 の 3 点 B, C, D の z 座標をそれぞれ z_1, z_2, z_3 とおくと、

$$
\begin{cases}
\cdot\, z_1 = f(x_1, y_1) \quad \boxed{\text{点 A の } z \text{ 座標と同じ}} \\
\cdot\, z_2 = z_1 + f_x(x_1, y_1)(x_1 + \Delta x - x_1) + f_y(x_1, y_1)(y_1 + \Delta y - y_1) \\
\quad = z_1 + f_x(x_1, y_1)\Delta x + f_y(x_1, y_1)\Delta y \\
\cdot\, z_3 = f(x_1 + \Delta x, y_1 + \Delta y) \quad \boxed{z = f(x, y) \text{ の } x \text{ に } x_1 + \Delta x, \, y \text{ に } y_1 + \Delta y \text{ を代入したもの}}
\end{cases}
$$

> ②の x に $x_1 + \Delta x$ y に $y_1 + \Delta y$ を代入したときの z が、z_2 だ！

ここで、$\mathbf{BD} = z_3 - z_1 = \Delta z$, $\mathbf{CD} = \varepsilon(x_1, y_1)$ とおくと

$$
\underset{\boxed{\Delta z}}{\mathbf{BD}} = \underset{}{\mathbf{BC}} + \underset{\boxed{\varepsilon(x_1, y_1)}}{\mathbf{CD}} \quad ………③
$$

ここで、$\mathbf{BC} = \underset{\boxed{z_1 + f_x(x_1, y_1)\Delta x + f_y(x_1, y_1)\Delta y}}{z_2} - z_1 = f_x(x_1, y_1)\Delta x + f_y(x_1, y_1)\Delta y$ 　　よって、③は

$$
\Delta z = f_x(x_1, y_1)\Delta x + f_y(x_1, y_1)\Delta y + \varepsilon(x_1, y_1) \quad ………④ \quad \text{となる。}
$$

この $\varepsilon(x_1, y_1)$ は、点 $\mathbf{B_0}(x_1 + \Delta x, y_1 + \Delta y)$ において曲面 $z = f(x, y)$ を平面 α で近似するときに生じる誤差のことだ。ここで、$(\Delta x, \Delta y) \to (0, 0)$ としたとき

$$
\underset{\boxed{\mathbf{AB} \text{ のコト}}}{\dfrac{\varepsilon(x_1, y_1)}{\sqrt{(\Delta x)^2 + (\Delta y)^2}}} \to 0 \quad \text{となれば、}
$$

"全微分可能" というんだよ。

> $(\Delta x, \Delta y) \to (0, 0)$ のとき、$\varepsilon(x_1, y_1) \to 0$ となるのは当たり前だね。平面 α が $z = f(x, y)$ の接平面となる、すなわち、よい近似平面となるためには、
> $\dfrac{\varepsilon(x_1, y_1)}{\mathbf{AB}}$ の比が 0 に近づかなければならない！

図5　全微分可能

$$
\left[(\Delta x, \Delta y) \to (0, 0) \text{ のとき、} \dfrac{\varepsilon}{\mathbf{AB}} \to 0 \right]
$$

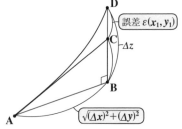

それでは，"**全微分可能**"の定義を下にまとめて示すよ。

■ **全微分可能の定義**

> 2変数関数 $z=f(x, y)$ が，点 (x_1, y_1) で偏微分可能のとき，
> $\Delta z=f_x(x_1, y_1) \cdot \Delta x+f_y(x_1, y_1) \cdot \Delta y+\varepsilon(x_1, y_1)$ に対して，
> $\displaystyle\lim_{(\Delta x, \Delta y) \to (0, 0)} \frac{\varepsilon(x_1, y_1)}{\sqrt{(\Delta x)^2+(\Delta y)^2}}=0$　が成り立つならば，
> 2変数関数 $f(x, y)$ は，点 (x_1, y_1) において"**全微分可能**"という。

そして，点 (x_1, y_1) において全微分可能のとき，曲面上の点 $A(x_1, y_1, z_1)$ において接平面を定義できる。ナゼって？　x 軸，y 軸方向のそれぞれの増分 Δx，Δy は微少量とはいっても，その正負も含めて自由に大きさを変えられるので，全方向に対して平面 α は曲面 $z=f(x, y)$ の良い近似平面になるからなんだね。言い換えると，$z=f(x, y)$ は平面 α で近似できる，なめらかな曲面とも言える。

■ **接平面の方程式**

> 2変数関数 $z=f(x, y)$ が，点 (x_1, y_1) で全微分可能のとき，曲面上の点 $A(x_1, y_1, z_1)$ における接平面の方程式は次式で表される。
> $z-z_1=f_x(x_1, y_1) \cdot (x-x_1)+f_y(x_1, y_1) \cdot (y-y_1)$

それでは，例題を1つやっておこう。

全微分可能な曲面 $z=f(x, y)=x^2+y^2$
$\underset{f(1, -1)}{\underbrace{}}$
上の点 $A(1, -1, \underset{②}{\textcircled{2}})$ における接平面を求めてみよう。

> なめらかな曲面はわかっているので全微分可能だね。

$f_x(x, y)=2x$，　$f_y(x, y)=2y$　より
$f_x(1, -1)=2$，　$f_y(1, -1)=-2$

∴点 A における接平面 α の方程式は，

$z-2=\underset{f_x(1,-1)}{\underbrace{2}}(x-1)\underset{f_y(1,-1)}{\underbrace{-2}}(y+1)$

> 接平面の公式：
> $z-z_1=f_x(x_1, y_1)(x-x_1)+f_y(x_1, y_1)(y-y_1)$
> を使った！

∴ $\alpha : 2x-2y-z-2=0$ ……………………………………(答)

● 全微分 $dz = f_x \cdot dx + f_y \cdot dy$ も押さえよう！

x の増分 Δx を限りなく 0 に近づけていった，その微分量を dx と表す。Δy, Δz の微分量もそれぞれ dy, dz と表す。ここで，関数 $z = f(x, y)$ が点 (x_1, y_1) で全微分可能のとき，$\Delta x \to 0$, $\Delta y \to 0$ とすると，

$$\underbrace{\boxed{\Delta z}}_{dz} = f_x(x_1, y_1)\underbrace{\boxed{\Delta x}}_{dx} + f_y(x_1, y_1)\underbrace{\boxed{\Delta y}}_{dy} + \underbrace{\boxed{\varepsilon(x_1, y_1)}}_{0} \quad \cdots\cdots\cdots④ \quad の$$

$\Delta z, \Delta x, \Delta y$ はそれぞれ dz, dx, dy になる。

これに対して，$\varepsilon \to 0$ となる。なぜなら，全微分可能の定義より，

$$\frac{\varepsilon(x_1, y_1)}{\sqrt{(\Delta x)^2 + (\Delta y)^2}} \to \frac{\varepsilon(x_1, y_1)}{\boxed{\sqrt{(dx)^2 + (dy)^2}}} = 0 \quad が成り立つね。$$

$$\boxed{\sqrt{1 + \left(\frac{dy}{dx}\right)^2}|dx|}$$

（dx と同程度の大きさ）

これは $\dfrac{0}{0}$ の不定形だけど，分母の $\boxed{\sqrt{1 + \left(\dfrac{dy}{dx}\right)^2}|dx|}$ より，分子の $\varepsilon(x_1, y_1)$ の方が圧倒的に速く 0 に近づいていくことを示しているからだ。

以上より，$(\Delta x, \Delta y) \to 0$ のとき，④ は

$dz = f_x(x_1, y_1)dx + f_y(x_1, y_1)dy$ と表され，これを点 (x_1, y_1) における $z = f(x, y)$ の "**全微分**" と定義する。

これは，$dz = \dfrac{\partial f(x_1, y_1)}{\partial x} dx + \dfrac{\partial f(x_1, y_1)}{\partial y} dy$, $dz = \dfrac{\partial z}{\partial x} dx + \dfrac{\partial z}{\partial y} dy$

$dz = f_x \cdot dx + f_y \cdot dy$, $df = f_x \cdot dx + f_y \cdot dy$ などと表される。

■ 全微分の定義

> 2 変数関数 $z = f(x, y)$ が点 (x_1, y_1) で全微分可能のとき，
>
> $dz = f_x(x_1, y_1)dx + f_y(x_1, y_1)dy$ が成り立ち，
>
> これを，点 (x_1, y_1) における $f(x, y)$ の "**全微分**" という。

先程の例 $z = f(x, y) = x^2 + y^2$ の点 $(1, -1)$ における全微分を求めると，

$f_x(1, -1) = 2$, $f_y(1, -1) = -2$ より，点 $(1, -1)$ における $z = f(x, y)$ の全微分は

$dz = 2 \cdot dx + (-2)dy$ $\quad \therefore dz = 2dx - 2dy$ となる。 $\cdots\cdots\cdots\cdots$(答)

● 全微分の変数変換にも慣れよう！

全微分可能な関数 $z = f(x, y)$ の全微分は，

$dz = \underline{f_x(x, y) \, dx + f_y(x, y) \, dy}$ 　と表され，これは，

偏導関数

$\dfrac{\partial z}{\partial x} = f_x(x, y) + f_y(x, y) \dfrac{dy}{dx}$ 　や，

（見かけ上，両辺を dx で割った形だ。）

$\dfrac{\partial z}{\partial y} = f_x(x, y) \dfrac{dx}{dy} + f_y(x, y)$ 　などと，変形できる。

さらに，全微分可能な関数 $z = f(x, y)$ について

$\begin{cases} (\,i\,) \ x \text{ と } y \text{ が共に，} t \text{ の関数の場合や，} \\ (\,ii\,) \ x \text{ と } y \text{ が共に，} u \text{ と } v \text{ の 2 変数関数の場合についても，} \end{cases}$

次のような公式が成り立つ。

全微分の変数変換公式

全微分可能な関数 $z = f(x, y)$ について，

$(\,i\,)$ $x = x(t), \ y = y(t)$ で，$\leftarrow$ （ x も y も，t の関数 ）

　　x, y が共に t で微分可能のとき，次式が成り立つ。

$$\dfrac{dz}{dt} = \dfrac{\partial z}{\partial x} \cdot \dfrac{dx}{dt} + \dfrac{\partial z}{\partial y} \cdot \dfrac{dy}{dt}$$

（証明は略すが，形式的には両辺を dt で割った形だ。）

（ z は，x と y の 2 変数関数より $\dfrac{\partial z}{\partial x}, \dfrac{\partial z}{\partial y}$ と表し，

z と x と y は，t の 1 変数関数より $\dfrac{dz}{dt}, \dfrac{dx}{dt}, \dfrac{dy}{dt}$ と表している。）

$(\,ii\,)$ $x = x(u, v), \ y = y(u, v)$ で，$\leftarrow$ （ x も y も，u と v の関数 ）

　　x, y が共に u, v で微分可能のとき，次式が成り立つ。

$$\begin{cases} \dfrac{\partial z}{\partial u} = \dfrac{\partial z}{\partial x} \cdot \dfrac{\partial x}{\partial u} + \dfrac{\partial z}{\partial y} \cdot \dfrac{\partial y}{\partial u} & \leftarrow \text{形式的には両辺を } \partial u \text{ で割った形} \\[3mm] \dfrac{\partial z}{\partial v} = \dfrac{\partial z}{\partial x} \cdot \dfrac{\partial x}{\partial v} + \dfrac{\partial z}{\partial y} \cdot \dfrac{\partial y}{\partial v} & \leftarrow \text{形式的には両辺を } \partial v \text{ で割った形} \end{cases}$$

$(\,i\,)$ の形の式は，次回解説する 2 変数関数のマクローリン展開・テイラー展開の解説で重要な役割を演じることになる。$(\,ii\,)$ は重積分のヤコビアンと関連するんだよ。

全微分可能な関数 $z = f(x, y) = \log(1 + x^2 + y^2)$ について

(1) 点 $A_0(1, 2, 0)$ における z の全微分を求めよ。

(2) 点 $A(1, 2, \log 6)$ における $z = f(x, y)$ の接平面の方程式を求めよ。

ヒント！ $f_x(1, 2)$, $f_y(1, 2)$ を求め, (1) は全微分の公式 $dz = f_x dx + f_y dy$ に, (2) は接平面の公式に代入すればいい。

解答＆解説

$z = f(x, y) = \log(1 + x^2 + y^2)$ について, A_0 における偏微分係数を求める。

合成関数の微分 $\dfrac{dz}{du} \cdot \dfrac{\partial u}{\partial x}$ を使った。

u とおく

$$\begin{cases} f_x(x, y) = \{\log(\underbrace{1 + x^2 + y^2})\}_x = \dfrac{1}{1 + x^2 + y^2} \cdot (1 + x^2 + y^2)_x = \dfrac{2x}{1 + x^2 + y^2} \\ f_y(x, y) = \{\log(\underbrace{1 + x^2 + y^2})\}_y = \dfrac{1}{1 + x^2 + y^2} \cdot (1 + x^2 + y^2)_y = \dfrac{2y}{1 + x^2 + y^2} \end{cases}$$

$$\therefore f_x(1, 2) = \frac{2 \cdot 1}{1 + 1^2 + 2^2} = \frac{1}{3}, \quad f_y(1, 2) = \frac{2 \cdot 2}{1 + 1^2 + 2^2} = \frac{2}{3}$$

(1) 点 $A_0(1, 2, 0)$ における全微分 dz は,

$$dz = f_x(1, 2)dx + f_y(1, 2)dy = \frac{1}{3}dx + \frac{2}{3}dy \quad \cdots\cdots\cdots\cdots(答)$$

(2) 曲面 $z = f(x, y) = \log(1 + x^2 + y^2)$

$f(1, 2)$

上の点 $A(1, 2, \log 6)$ における接平面の方程式は,

$$z - \log 6 = \frac{1}{3}(x - 1) + \frac{2}{3}(y - 2)$$

接平面の公式：
$z - z_1 = f_x \cdot (x - x_1) + f_y \cdot (y - y_1)$
を使った！

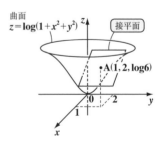

曲面 $z = \log(1 + x^2 + y^2)$　接平面　$A(1, 2, \log 6)$

$$3(z - \log 6) = x - 1 + 2(y - 2)$$

$$\therefore x + 2y - 3z + 3\log 6 - 5 = 0 \quad \cdots\cdots\cdots\cdots(答)$$

実践問題 22 | ● 関数の全微分と接平面（Ⅱ）●

全微分可能な関数 $z = f(x, y) = \cos(x + y)$ について，

(1) 点 $A_0\left(\dfrac{\pi}{4}, \dfrac{\pi}{4}, 0\right)$ における z の全微分を求めよ。

(2) 点 $A\left(\dfrac{\pi}{4}, \dfrac{\pi}{4}, 0\right)$ における $z = f(x, y)$ の接平面の方程式を求めよ。

ヒント！ まず，偏微分係数 $f_x\left(\dfrac{\pi}{4}, \dfrac{\pi}{4}\right)$, $f_y\left(\dfrac{\pi}{4}, \dfrac{\pi}{4}\right)$ を求めることから始める。

解答＆解説

$z = f(x, y) = \cos(x + y)$ について，A_0 に
おける偏微分係数を求める。

合成関数の微分
$\dfrac{dz}{du} \cdot \dfrac{\partial u}{\partial x}$ を使った。

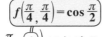

$$\begin{cases} f_x(x, y) = \{\cos(\underline{(x+y)})\}_x = \underline{-\sin(x+y) \cdot \underline{1}} = -\sin(x+y) \\ f_y(x, y) = \{\cos(x+y)\}_y = -\sin(x+y) \cdot 1 = -\sin(x+y) \leftarrow \boxed{\text{同様}} \end{cases}$$

$\therefore f_x\left(\dfrac{\pi}{4}, \dfrac{\pi}{4}\right) = f_y\left(\dfrac{\pi}{4}, \dfrac{\pi}{4}\right) = -\sin\left(\dfrac{\pi}{4} + \dfrac{\pi}{4}\right) = \underline{-1}$

(1) 点 A_0 における全微分 dz は，

$$dz = \underline{f_x\left(\dfrac{\pi}{4}, \dfrac{\pi}{4}\right)} \cdot dx + \underline{f_y\left(\dfrac{\pi}{4}, \dfrac{\pi}{4}\right)} \cdot dy = \boxed{(ア) \qquad} \quad \cdots\cdots\cdots\cdots(答)$$

(2) 曲面 $z = f(x, y) = \cos(x + y)$

$\boxed{f\left(\dfrac{\pi}{4}, \dfrac{\pi}{4}\right) = \cos\dfrac{\pi}{2}}$

上の点 $A\left(\dfrac{\pi}{4}, \dfrac{\pi}{4}, \boxed{0}\right)$ における接平面

の方程式は，

曲面 $z = \cos(x + y)$

接平面

$z - 0 = \underline{-1} \cdot \left(x - \dfrac{\pi}{4}\right) \underline{-1} \cdot \left(y - \dfrac{\pi}{4}\right)$

$\boxed{z - z_1 = f_x \cdot (x - x_1) + f_y \cdot (y - y_1)}$

$4z = -4x + \pi - 4y + \pi$

$\boxed{(イ) \qquad\qquad}$ $\cdots\cdots\cdots\cdots\cdots\cdots\cdots\cdots\cdots\cdots\cdots\cdots\cdots\cdots$(答)

解答 （ア）$-dx - dy$ （イ）$2x + 2y + 2z - \pi = 0$

演習問題 23　　　●全微分の変数変換（Ⅰ）●

全微分可能な関数 $z = e^{-x^2-y^2}$ について，

(1) $x = ht$, $y = kt$　（ h, k: 定数 ）のとき，$\dfrac{dz}{dt}$ を求めよ。

(2) $x = r\cos\theta$, $y = r\sin\theta$ のとき，$\dfrac{\partial z}{\partial r}$, $\dfrac{\partial z}{\partial \theta}$ を求めよ。

ヒント！ **(1)** z は t の 1 変数関数より，$\dfrac{dz}{dt} = \dfrac{\partial z}{\partial x} \cdot \dfrac{dx}{dt} + \dfrac{\partial z}{\partial y} \cdot \dfrac{dy}{dt}$ を使う。

(2) x, y，そして z は，r と θ の 2 変数関数となる。

解答＆解説

u とおいて，合成関数の偏微分にもち込む　　　　同様に

$$\frac{\partial z}{\partial x} = (e^{-x^2-y^2})_x = (-x^2-y^2)_x \cdot e^{-x^2-y^2} = -2xe^{-x^2-y^2}, \quad \frac{\partial z}{\partial y} = -2ye^{-x^2-y^2}$$

(1) $x = ht$, $y = kt$ より，$\dfrac{dx}{dt} = h$, $\dfrac{dy}{dt} = k$

$$\therefore \frac{dz}{dt} = \frac{\partial z}{\partial x} \cdot \frac{dx}{dt} + \frac{\partial z}{\partial y} \cdot \frac{dy}{dt} = -2\underset{(ht)}{x}e^{\overset{-(h^2+k^2)t^2}{-x^2-y^2}} \cdot h - 2\underset{(kt)}{y}e^{-x^2-y^2} \cdot k$$

$$= -2(h^2+k^2)te^{-(h^2+k^2)t^2} \quad\cdots\cdots\cdots\cdots\cdots\cdots\cdots(答)$$

(2) $x = r\cos\theta$, $y = r\sin\theta$ より

$$\frac{\partial x}{\partial r} = \cos\theta, \quad \frac{\partial y}{\partial r} = \sin\theta, \quad \frac{\partial x}{\partial\theta} = -r\sin\theta, \quad \frac{\partial y}{\partial\theta} = r\cos\theta$$

公式通り

$$\therefore \frac{\partial z}{\partial r} = \frac{\partial z}{\partial x} \cdot \frac{\partial x}{\partial r} + \frac{\partial z}{\partial y} \cdot \frac{\partial y}{\partial r} = -2\underset{(r\cos\theta)}{x} \cdot e^{\overset{(-r^2)}{-x^2-y^2}} \cdot \cos\theta - 2\underset{(r\sin\theta)}{y}e^{\overset{(-r^2)}{-x^2-y^2}} \cdot \sin\theta$$

$$= -2r\underset{①}{(\cos^2\theta + \sin^2\theta)}e^{-r^2} = -2re^{-r^2} \quad\cdots\cdots\cdots\cdots\cdots(答)$$

$$\frac{\partial z}{\partial\theta} = \frac{\partial z}{\partial x} \cdot \frac{\partial x}{\partial\theta} + \frac{\partial z}{\partial y} \cdot \frac{\partial y}{\partial\theta} = -2\underset{(r\cos\theta)}{x} \cdot e^{\overset{(-r^2)}{-x^2-y^2}} \cdot (-r\sin\theta)$$
$$-2\underset{(r\sin\theta)}{y}e^{\overset{(-r^2)}{-x^2-y^2}} \cdot r\cos\theta$$

$$= 2r^2\sin\theta\cos\theta \cdot e^{-r^2} - 2r^2\sin\theta\cos\theta \cdot e^{-r^2} = 0 \quad\cdots\cdots\cdots(答)$$

実践問題 23　　　　● 全微分の変数変換（Ⅱ）●

全微分可能な関数 $z = \log(x+y)$　$(x > 0,\ y > 0)$ について

(1) $x = \cos t,\ y = \sin t$ のとき，$\dfrac{dz}{dt}$ を求めよ。

(2) $x = u + v,\ y = uv$ のとき，$\dfrac{\partial z}{\partial u},\ \dfrac{\partial z}{\partial v}$ を求めよ。

ヒント！　(1) z は t の 1 変数関数。(2) z は u と v の 2 変数関数になる。

解答 & 解説

u とおいて，合成関数の偏微分

同様に

$$\frac{\partial z}{\partial x} = \{\log(\underbrace{x+y})\}_x = \frac{1}{x+y} \cdot (x+y)_x = \frac{1}{x+y},\quad \frac{\partial z}{\partial y} = (ア)$$

(1) $x = \cos t,\ y = \sin t$ より，$\dfrac{dx}{dt} = \underline{-\sin t},\ \dfrac{dy}{dt} = \underline{\cos t}$

$$\therefore \frac{dz}{dt} = \frac{\partial z}{\partial x} \cdot \frac{dx}{dt} + \frac{\partial z}{\partial y} \cdot \frac{dy}{dt} = \underbrace{\frac{1}{x+y}}_{\cos t + \sin t} \cdot (-\sin t) + \underbrace{\frac{1}{x+y}}_{\cos t + \sin t} \cdot \cos t$$

公式通り

$$= (イ) \quad \cdots\cdots\cdots\cdots\cdots\cdots（答）$$

(2) $x = u + v,\ y = uv$ より

$$\frac{\partial x}{\partial u} = 1,\quad \frac{\partial y}{\partial u} = v,\quad \frac{\partial x}{\partial v} = 1,\quad \frac{\partial y}{\partial v} = u$$

$$\therefore \frac{\partial z}{\partial u} = \frac{\partial z}{\partial x} \cdot \frac{\partial x}{\partial u} + \frac{\partial z}{\partial y} \cdot \frac{\partial y}{\partial u} = \underbrace{\frac{1}{x+y}}_{u+v+uv} \cdot 1 + \frac{1}{x+y} \cdot v$$

公式通り

$$= (ウ) \quad \cdots\cdots\cdots\cdots\cdots\cdots（答）$$

$$\frac{\partial z}{\partial v} = \frac{\partial z}{\partial x} \cdot \frac{\partial x}{\partial v} + \frac{\partial z}{\partial y} \cdot \frac{\partial y}{\partial v} = \underbrace{\frac{1}{x+y}}_{u+v+uv} \cdot 1 + \frac{1}{x+y} \cdot u$$

$$= (エ) \quad \cdots\cdots\cdots\cdots\cdots\cdots（答）$$

解答　(ア) $\dfrac{1}{x+y}$　　(イ) $\dfrac{\cos t - \sin t}{\cos t + \sin t}$　　(ウ) $\dfrac{1+v}{u+v+uv}$　　(エ) $\dfrac{1+u}{u+v+uv}$

§4. テイラー展開と極値

　いよいよ**2**変数関数の微分法も最終ステージに入るよ。まず，**2**変数関数のテイラー展開・マクローリン展開について解説する。そして，これを利用して，**2**変数関数の極値(極大値・極小値)を求める手法についても教えるよ。さらに，**2**変数関数に制約条件が付いた場合に極値をとるための必要条件についても検討しよう。これは，"ラグランジュの未定乗数法"と呼ばれる。エッ，難しそうだって？　大丈夫。最後までわかりやすく教えるからね。シッカリついてらっしゃい。

● 2変数関数のマクローリン・テイラー展開に挑戦だ！

　$n \to \infty$ としないで，ラグランジュの剰余項 R_{n+1} を残した形の**1**変数関数 $f(x)$ のマクローリン展開は，次のようになるのは大丈夫だね。

$$f(x) = f(0) + \frac{1}{1!} \cdot \frac{df(0)}{dx} \cdot x + \frac{1}{2!} \cdot \frac{d^2 f(0)}{dx^2} \cdot x^2 + \frac{1}{3!} \cdot \frac{d^3 f(0)}{dx^3} \cdot x^3 + \cdots$$

$$\cdots\cdots + \frac{1}{n!} \cdot \frac{d^n f(0)}{dx^n} \cdot x^n + R_{n+1} \quad \cdots\cdots\cdots ①$$

> ここでは，$f^{(n)}(0)$ を $\dfrac{d^n f(0)}{dx^n}$ のように表している。

　これに対して，**2**変数関数 $z = f(x, y)$ のマクローリン展開やテイラー展開がどうなるか，調べてみよう。これは，考え方や表記法に工夫をするから，まずそれに注意してくれ。

　まず，$z = f(x, y)$ の x, y を媒介変数 t を用いて，

$$\begin{cases} x = ht \\ y = kt \end{cases} \quad (h, \ k : 定数) とおく。$$

すると，$z = f(x, y) = f(ht, kt)$ となって，z は t の**1**変数関数 $z = z(t)$ と考えることができる。

よって，全微分 $dz = \dfrac{\partial f}{\partial x} \cdot dx + \dfrac{\partial f}{\partial y} \cdot dy$ を変形して，

$$\dfrac{dz}{dt} = \dfrac{\partial f}{\partial x} \cdot \dfrac{d\overset{(ht)}{x}}{dt} + \dfrac{\partial f}{\partial y} \cdot \dfrac{d\overset{(kt)}{y}}{dt} = \boxed{h\dfrac{\partial f}{\partial x} + k\dfrac{\partial f}{\partial y}}$$

($\underset{h}{\underbrace{\quad}}$，$\underset{k}{\underbrace{\quad}}$) となる。

$\boxed{h \cdot f_x + k \cdot f_y \text{ と書いてもいい。}}$

これを，$\dfrac{dz}{dt} = h\dfrac{\partial f}{\partial x} + k\dfrac{\partial f}{\partial y} = \left(\boxed{\underset{\text{作用素}}{\underbrace{h\dfrac{\partial}{\partial x} + k\dfrac{\partial}{\partial y}}}} \right) \cdot \overset{z}{\boxed{f}}$ ……② と表すことにし，

$h\dfrac{\partial}{\partial x} + k\dfrac{\partial}{\partial y}$ は関数 f に作用するので，これを "**作用素**" と呼ぶ。

すると，$\dfrac{d^2 z}{dt^2} = \dfrac{d}{dt}\left(\dfrac{dz}{dt} \right) = \dfrac{d}{dt}\underbrace{\left(h\dfrac{\partial}{\partial x} + k\dfrac{\partial}{\partial y} \right)\boxed{f}}$ （②より）

$\boxed{f(x, y) = z \text{ のこと}}$

$\qquad\qquad = \left(h\dfrac{\partial}{\partial x} + k\dfrac{\partial}{\partial y} \right) \underbrace{\dfrac{dz}{dt}}$

$\qquad\qquad = \left(h\dfrac{\partial}{\partial x} + k\dfrac{\partial}{\partial y} \right)\left(h\dfrac{\partial}{\partial x} + k\dfrac{\partial}{\partial y} \right)f$ （②より）

$\qquad\qquad = \left(h\dfrac{\partial}{\partial x} + k\dfrac{\partial}{\partial y} \right)^2 f$ と，形式的に表現できる。

$$\boxed{\left(h^2\dfrac{\partial^2}{\partial x^2} + 2hk\dfrac{\partial^2}{\partial x\partial y} + k^2\dfrac{\partial^2}{\partial y^2} \right)f = h^2\boxed{\dfrac{\partial^2 f}{\partial x^2}} + 2hk\boxed{\dfrac{\partial^2 f}{\partial x\partial y}} + k^2\boxed{\dfrac{\partial^2 f}{\partial y^2}} \text{ のこと}}$$

$\boxed{f_{xx}}\qquad\boxed{f_{xy}}\qquad\boxed{f_{yy}}$

同様に，$\dfrac{d^3 z}{dt^3} = \left(h\dfrac{\partial}{\partial x} + k\dfrac{\partial}{\partial y} \right)^3 f$

$\qquad\qquad \cdots\cdots\cdots\cdots\cdots\cdots$

$\qquad\quad \dfrac{d^n z}{dt^n} = \left(h\dfrac{\partial}{\partial x} + k\dfrac{\partial}{\partial y} \right)^n f$ と表される。

以上より，t の **1** 変数関数 $z = z(t)$ は，①式と同様に，マクローリン展開できる。

$$z(t) = z(0) + \dfrac{1}{1!} \cdot \dfrac{dz(0)}{dt} \cdot t + \dfrac{1}{2!} \cdot \dfrac{d^2 z(0)}{dt^2} \cdot t^2 + \dfrac{1}{3!} \cdot \dfrac{d^3 z(0)}{dt^3} \cdot t^3 + \cdots$$

$$\cdots\cdots + \dfrac{1}{n!} \cdot \dfrac{d^n z(0)}{dt^n} \cdot t^n + R_{n+1} \qquad\cdots\cdots\text{③}$$

③の両辺に $t=1$ を代入すると，

$$\underset{f(h,k)}{\underline{z(1)}}=\underset{f(0,0)}{\underline{z(0)}}+\frac{1}{1!}\cdot\underset{\left(h\frac{\partial}{\partial x}+k\frac{\partial}{\partial y}\right)f(0,0)}{\underline{\frac{dz(0)}{dt}}}+\frac{1}{2!}\cdot\underset{\left(h\frac{\partial}{\partial x}+k\frac{\partial}{\partial y}\right)^2 f(0,0)}{\underline{\frac{d^2z(0)}{dt^2}}}+\frac{1}{3!}\cdot\underset{\left(h\frac{\partial}{\partial x}+k\frac{\partial}{\partial y}\right)^3 f(0,0)}{\underline{\frac{d^3z(0)}{dt^3}}}+\cdots$$

$$\cdots\cdots+\frac{1}{n!}\cdot\underset{\left(h\frac{\partial}{\partial x}+k\frac{\partial}{\partial y}\right)^n f(0,0)}{\underline{\frac{d^n z(0)}{dt^n}}}+R_{n+1}\quad\cdots\cdots\text{④}$$

ここで，$z(1)=f(h\cdot 1,\ k\cdot 1)=f(h,k)$

$\quad\quad z(0)=f(h\cdot 0,\ k\cdot 0)=f(0,0)$

$\quad\quad \dfrac{dz(0)}{dt}=\left(h\dfrac{\partial}{\partial x}+k\dfrac{\partial}{\partial y}\right)f(0,0)$ ← $t=0$ における微分係数

などとおきかえると，④は

$$f(h,k)=f(0,0)+\frac{1}{1!}\left(h\cdot\frac{\partial}{\partial x}+k\cdot\frac{\partial}{\partial y}\right)f(0,0)+\frac{1}{2!}\left(h\cdot\frac{\partial}{\partial x}+k\cdot\frac{\partial}{\partial y}\right)^2 f(0,0)$$

$$+\cdots\cdots+\frac{1}{n!}\left(h\cdot\frac{\partial}{\partial x}+k\cdot\frac{\partial}{\partial y}\right)^n f(0,0)+R_{n+1}\quad\cdots\cdots\text{⑤}$$

$$\left(\text{ただし，}\ R_{n+1}=\frac{1}{(n+1)!}\left(h\frac{\partial}{\partial x}+k\frac{\partial}{\partial y}\right)^{n+1}f(h\theta,k\theta)\quad(0<\theta<1)\right)$$

　ここで，今まで定数と考えてきた h，k を変数と考えると，⑤式は 2 変数関数 $f(h,k)$ を，点 $(0,0)$ のまわりでマクローリン展開したものになっている。どう？ 考え方がスゴク面白かっただろう？

$$\left[\begin{array}{l}\text{もちろん，}h，k\text{ をそれぞれ }x，y\text{ におきかえて，次式のように表し}\\\text{てもいい。}\\f(x,y)=f(0,0)+\dfrac{1}{1!}\left(x\cdot\dfrac{\partial}{\partial x}+y\cdot\dfrac{\partial}{\partial y}\right)f(0,0)+\dfrac{1}{2!}\left(x\cdot\dfrac{\partial}{\partial x}+y\cdot\dfrac{\partial}{\partial y}\right)^2 f(0,0)\\\qquad\qquad+\cdots\cdots+\dfrac{1}{n!}\left(x\cdot\dfrac{\partial}{\partial x}+y\cdot\dfrac{\partial}{\partial y}\right)^n f(0,0)+R_{n+1}\end{array}\right]$$

$z = f(x, y)$ で，$x = a + ht$，$y = b + kt$ とおいて，同様に考えると，2 変数関数 $f(x, y)$ を点 (a, b) のまわりでテイラー展開したものは次式で表すことができる。

$$f(a+h, b+k) = f(a, b) + \frac{1}{1!}\left(h\frac{\partial}{\partial x} + k\frac{\partial}{\partial y}\right)f(a, b) + \frac{1}{2!}\left(h\frac{\partial}{\partial x} + k\frac{\partial}{\partial y}\right)^2 f(a, b)$$

$$+ \cdots\cdots + \frac{1}{n!}\left(h\frac{\partial}{\partial x} + k\frac{\partial}{\partial y}\right)^n f(a, b) + R_{n+1} \quad \cdots\cdots ⑥$$

$$\left(\text{ただし，} R_{n+1} = \frac{1}{(n+1)!}\left(h\frac{\partial}{\partial x} + k\frac{\partial}{\partial y}\right)^{n+1} f(a+h\theta, b+k\theta) \quad (0 < \theta < 1)\right)$$

フ～，疲れたって ?? かなり大変な変形だったからね。それでは，例題で具体的に計算して慣れてもらうことにしよう。

関数 $f(x, y) = e^{2x+y}$ を点 $(0, 0)$ のまわりにマクローリン展開したもので，2 次の項まで計算してみよう。

$\boxed{u \text{とおいて，合成関数の偏微分}}$

$f_x = (e^{\overbrace{2x+y}})_x = e^{2x+y} \cdot (2x+y)_x = 2e^{2x+y}$, $f_y = (e^{2x+y})_y = e^{2x+y}$

$f_{xx} = (f_x)_x = (2e^{2x+y})_x = 2 \cdot e^{2x+y} \cdot 2 = 4e^{2x+y}$

$f_{xy} = (f_x)_y = (2e^{2x+y})_y = 2e^{2x+y}$

$f_{yy} = (f_y)_y = (e^{2x+y})_y = e^{2x+y}$

よって，まず，$f(0, 0) = e^0 = 1$ で，各偏微分係数は，

$f_x(0, 0) = 2$, $f_y(0, 0) = 1$, $f_{xx}(0, 0) = 4$, $f_{xy}(0, 0) = 2$, $f_{yy}(0, 0) = 1$

ゆえに，以上を⑤に代入して，2 次の項まで求めてみると，

$$f(h, k) = \underset{\underset{1}{\|}}{f(0, 0)} + \frac{1}{1!}\underset{\underset{\substack{hf_x(0,0) + kf_y(0,0) \\ = h \cdot 2 + k \cdot 1}}{\|}}{\left(h\frac{\partial}{\partial x} + k\frac{\partial}{\partial y}\right)f(0, 0)} + \frac{1}{2!}\underset{\underset{\substack{h^2 f_{xx}(0,0) + 2hk f_{xy}(0,0) + k^2 f_{yy}(0,0) \\ = h^2 \cdot 4 + 2hk \cdot 2 + k^2 \cdot 1}}{\|}}{\left(h\frac{\partial}{\partial x} + k\frac{\partial}{\partial y}\right)^2 f(0, 0)} + \cdots$$

$$= 1 + (2h + k) + \frac{1}{2}(4h^2 + 4hk + k^2) + \cdots\cdots$$

$$= 1 + (2h + k) + \left(2h^2 + 2hk + \frac{k^2}{2}\right) + \cdots\cdots$$

$$\therefore f(x, y) = 1 + (2x + y) + \left(2x^2 + 2xy + \frac{y^2}{2}\right) + \cdots\cdots \quad \text{と展開できる。}$$

● $z = f(x, y)$ の極大値・極小値を求めよう！

1 変数関数 $y = f(x)$ の極値と同様に，2 変数関数 $z = f(x, y)$ についても，次のように極値を定義する。

■ 2変数関数の極値の定義

2 変数関数 $z = f(x, y)$ について，$(x, y) = (a, b)$ の十分に近くにとった任意の点 $P(x, y)$ に対して，

(i) $f(a, b) > f(x, y)$ が成り立つとき，$z = f(x, y)$ は点 $A(a, b)$ で "**極大である**" という。また，$f(a, b)$ を "**極大値**" と呼び，点 $(a, b, f(a, b))$ を "**極大点**" という。

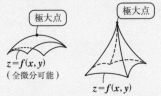

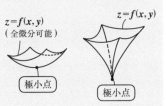

(ii) $f(a, b) < f(x, y)$ が成り立つとき，$z = f(x, y)$ は点 $A(a, b)$ で "**極小である**" という。また，$f(a, b)$ を "**極小値**" と呼び，点 $(a, b, f(a, b))$ を "**極小点**" という。

微分可能な 1 変数関数のときと同様に，全微分可能な 2 変数関数 $z = f(x, y)$ が，

> なめらかな曲面

点 (a, b) で極値 (極大値または極小値) をとるならば，

$f_x(a, b) = 0$ かつ $f_y(a, b) = 0$ となる。

しかし，この逆は成り立たない。たとえ，$f_x(a, b) = 0$ かつ $f_y(a, b) = 0$ であっても，図 1(i)(ii) に示すように，極大点でも，極小点でもない "**鞍点**" が存在するからで

> "あんてん" と読む

図1 2変数関数の極点と鞍点

(i)

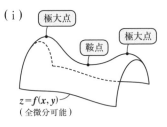

(ii)

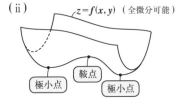

ある。したがって，点 (a, b) で極値をもつことを示すには，さらに 2 階の偏導関数にまで踏み込んで調べる必要があるんだね。その手法を次に示す。

2変数関数の極値の決定法

全微分可能な関数 $z = f(x, y)$ について，$f_x(a, b) = 0$ かつ $f_y(a, b) = 0$

<u>極値をとるための必要条件</u>

であるとする。ここで，さらに，

$f_{xx}(a, b) = A$, $f_{xy}(a, b) = B$, $f_{yy}(a, b) = C$ とおく。

(Ⅰ) $B^2 - AC < 0$ の場合

（ⅰ）$A < 0$ ならば，$z = f(x, y)$ は点 (a, b) で極大となる。

（ⅱ）$A > 0$ ならば，$z = f(x, y)$ は点 (a, b) で極小となる。

(Ⅱ) $B^2 - AC > 0$ の場合

$z = f(x, y)$ は点 (a, b) で極値をとらない。

(Ⅲ) $B^2 - AC = 0$ の場合

これだけでは，$z = f(x, y)$ が点 (a, b) で極値をとるかどうか判定できない。

意味がよく分からないって？　当然だね。これから解説しよう。ここでは，前回やった⑥ (P187) のテイラー展開の式で，右辺の **3** 項までをとって，左辺の $f(a+h, b+k)$ を近似的に表すことにするよ。すると，次式ができる。

$$f(a+h, b+k) \fallingdotseq f(a, b) + \frac{1}{1!}\left(h\frac{\partial}{\partial x} + k\frac{\partial}{\partial y}\right)f(a, b) + \frac{1}{2!}\left(h\frac{\partial}{\partial x} + k\frac{\partial}{\partial y}\right)^2 f(a, b)$$

x　y とおく

$hf_x(a, b) + kf_y(a, b)$ $= 0$ （必要条件より）

$h^2 f_{xx}(a, b) + 2hk f_{xy}(a, b) + k^2 f_{yy}(a, b)$ $= h^2 A + 2hkB + k^2 C$

ここで，h, k を 0 と異なる絶対値の小さな任意の数とし，$a+h = x$, $b+k = y$ とおくと，点 (x, y) は点 (a, b) 付近の任意の点を表す。また，必要条件 $f_x(a, b) = f_y(a, b) = 0$ より，第 **2** 項 $hf_x(a, b) + kf_y(a, b) = 0$ となる。次に $f_{xx}(a, b) = A$, $f_{xy}(a, b) = B$, $f_{yy}(a, b) = C$ とおくと上式は，

$$f(x, y) - f(a, b) = \frac{1}{2}(Ah^2 + 2Bhk + Ck^2)$$

h と k の絶対値が小さければ，これは十分に良い近似式である。

よって，

Y　正の数　X　X

$$f(x, y) - f(a, b) = \frac{k^2}{2}\left\{A\left(\frac{h}{k}\right)^2 + 2B \cdot \frac{h}{k} + C\right\}$$

ここでさらに，$f(x, y)-f(a, b)=Y$，$\dfrac{h}{k}=X$ とおき，$Y=g(X)$ とおくと，

$$Y=g(X)=\underset{\oplus}{\boxed{\dfrac{k^2}{2}}}(AX^2+2BX+C) \quad \cdots(*)$$

となる。

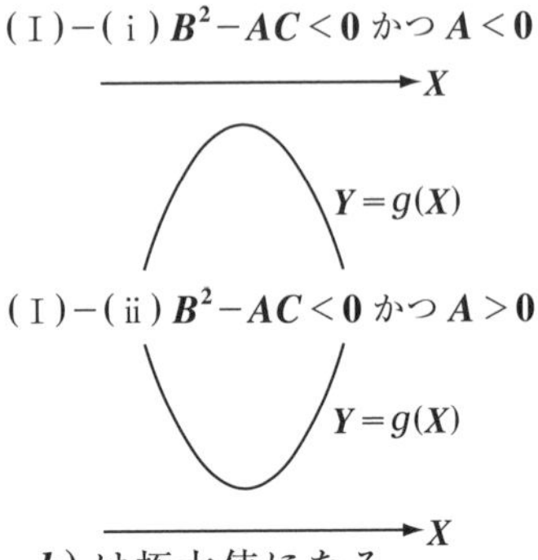

図 2 に示すように，

(I)-(ⅰ) $\underset{\boxed{\text{判別式 }\frac{D}{4}<0}}{B^2-AC<0}$ かつ $\underset{\boxed{\text{上に凸}}}{A<0}$

のとき，$\underset{\sim}{Y=g(X)<0}$ より

$\underset{\sim}{f(x, y)-f(a, b)<0}$

$\therefore f(a, b)>f(x, y)$ となって，$f(a, b)$ は極大値になる。

(I)-(ⅱ) $\underset{\boxed{\frac{D}{4}<0}}{B^2-AC<0}$ かつ $\underset{\boxed{\text{下に凸}}}{A>0}$ のとき，$Y=g(X)>0$ より

$f(a, b)<f(x, y)$ となって，$f(a, b)$ は極小値になる。

図 2　極値をもつ条件
(I)-(ⅰ) $B^2-AC<0$ かつ $A<0$

(I)-(ⅱ) $B^2-AC<0$ かつ $A>0$

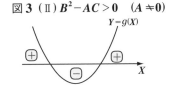

(Ⅱ) $B^2-AC>0 \quad (A \neq 0)$ のとき，図3 のように，$Y=g(X)=f(x, y)-f(a, b)$ は正・負の値をとるので，$f(a, b)$ は極値になり得ない。

図3 (Ⅱ) $B^2-AC>0 \quad (A \neq 0)$

そして (Ⅲ) $B^2-AC=0$ のときは，これだけでは，$f(a, b)$ が極値かどうかを判断できない。

どう？　考え方を理解できた？　それでは，実際に例題で練習しておこう。
次の全微分可能な 2 変数関数の極値を調べよう。

$$f(x, y)=3x^2-6xy+y^3+5 \quad \cdots\cdots\cdots①$$

1 階の偏導関数を求めると，

$$\begin{cases} f_x=(3x^2-6xy+y^3+5)_x=6x-6y \\ f_y=(3x^2-6xy+y^3+5)_y=-6x+3y^2 \end{cases}$$

ここで，$f_x = 6(x-y) = 0$ かつ $f_y = 3(y^2-2x) = 0$ のとき，

$x = y$ ………② かつ $y^2 - 2x = 0$ ………③

②を③に代入して，$y^2 - 2y = y(y-2) = 0$ ∴ $y = 0, \ 2$

②より，極値をとる可能性のある点は $(x, y) = (0, 0), \ (2, 2)$

さらに，2 階の偏導関数を求めると，

$f_{xx} = (6x-6y)_x = 6, \ f_{xy} = (6x-6y)_y = -6, \ f_{yy} = (-6x+3y^2)_y = \underline{\underline{6y}}$

(i) $(x, y) = (0, \underline{\underline{0}})$ のとき，

$A = f_{xx} = 6, \ B = f_{xy} = -6, \ C = f_{yy} = 6 \times \underline{\underline{0}} = 0$ とおく。

ここで，$B^2 - AC = (-6)^2 - 6 \times 0 = 36 > 0$

∴点 $(0, 0)$ で，$f(x, y)$ は極値をとらない。

(ii) $(x, y) = (2, \underline{\underline{2}})$ のとき，

$A = f_{xx} = 6, \ B = f_{xy} = -6, \ C = f_{yy} = 6 \times \underline{\underline{2}} = 12$ とおく。

ここで，$B^2 - AC = (-6)^2 - 6 \times 12 = -36 < 0$ かつ $A > 0$

∴点 $(2, 2)$ で，$f(x, y)$ は極小となる。

極小値$f(2, 2) = 3 \cdot 2^2 - 6 \cdot 2 \cdot 2 + 2^3 + 5 = 1$ ………………(答)

● ラグランジュの未定乗数法にも挑戦だ！

これから，"ラグランジュの未定乗数法" について教えるよ。何か，名前が難しそうだね。でも，図形的な意味を押さえると，親しみも湧いてくるはずだよ。まず，この公式を下に示す。

ラグランジュの未定乗数法

$f(x, y), \ g(x, y)$ が連続な偏導関数をもつとき，

$g(x, y) = 0$ の条件下で関数 $z = f(x, y)$ が点 (a, b) で極値をもつならば，

「"ラムダ"と読む。」

$$\begin{cases} f_x(a, b) - \lambda g_x(a, b) = 0 \\ f_y(a, b) - \lambda g_y(a, b) = 0 \end{cases}$$

$g(a, b) = 0$ が成り立つ。

（ただし，$g_x(a, b) \neq 0$ かつ $g_y(a, b) \neq 0$ とする）

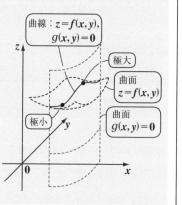

曲線：$z = f(x, y)$, $g(x, y) = 0$

極大

曲面 $z = f(x, y)$

極小

曲面 $g(x, y) = 0$

曲面 $z = f(x, y)$ の極値を求める問題は，前回やったんだね。今回は，「制約条件 $g(x, y) = 0$ の下で，$z = f(x, y)$ の極値を求める問題」と考えてくれたらいい。$g(x, y) = 0$ は，x と y の陰関数で，図形的には z について何の制約もないので，z 軸に平行なある曲面を表すはずだ。

したがって，今回の問題は，2 つの曲面 $z = f(x, y)$ と $g(x, y) = 0$ でできる交線 (曲線) の極値を求める問題ということになる。図 4 のイメージからこの意味が分かるはずだ。

ところで，未定乗数って何？ って思っているかもしれないね。これは公式の中の λ (ラムダ) のことだ。これから，この意味を詳しく解説する。

まず，2 式を並べて示すよ。

$$\begin{cases} z = f(x, y) & \cdots\cdots\cdots① \\ g(x, y) = 0 & \cdots\cdots\cdots② \end{cases}$$

図 4　ラグランジュの未定乗数法

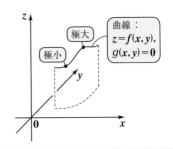

注意

たとえば，$g(x, y) = \underline{x + y + 1 = 0}$，$z = f(x, y) = x \cdot y$ だったとすると，

$\underline{y = -(x + 1)}$ を，$z = f(x, y)$ に代入して，$z = f(x, y) = -x \cdot (x + 1)$ となって，z は x の 1 変数関数なので，極値はスグに求まる。しかし，陰関数 $g(x, y) = 0$ が，陽関数で表されない場合は，これから話す手法に従えばいい。

①の全微分は，$dz = \dfrac{\partial f}{\partial x} \cdot dx + \dfrac{\partial f}{\partial y} \cdot dy$ より，

$$\dfrac{dz}{dx} = \dfrac{\partial f}{\partial x} \cdot \overset{1}{\underbrace{\left(\dfrac{dx}{dx}\right)}} + \dfrac{\partial f}{\partial y} \cdot \dfrac{dy}{dx}$$

← $\dfrac{dz}{dx}$ を求めるため，両辺を見かけ上 dx で割ったもの

$$\therefore \dfrac{dz}{dx} = f_x(x, y) + f_y(x, y) \cdot \dfrac{dy}{dx} \quad \cdots\cdots\cdots③ \quad \text{となる。}$$

z は，②があるので，実質的に x の 1 変数関数だ。

次に，②も同様に

$$g_x(x, y) + g_y(x, y) \dfrac{dy}{dx} = 0 \quad \cdots\cdots\cdots④ \text{となる。}$$

$z = g(x, y)$ とおくと，$z = g(x, y) = 0$ と，これは恒等的に 0。よって，その全微分も $dz = \boxed{g_x dx + g_y dy = 0}$ となる。これから④が導ける。

④より，$\dfrac{dy}{dx} = -\dfrac{g_x(x, y)}{g_y(x, y)}$ ………④′ $(g_y(a, b) \neq 0)$

④′を③に代入して，

$$\dfrac{dz}{dx} = f_x(x, y) + f_y(x, y) \cdot \left\{ -\dfrac{g_x(x, y)}{g_y(x, y)} \right\}$$

$$\dfrac{dz}{dx} = f_x(x, y) - \dfrac{f_y(x, y) \cdot g_x(x, y)}{g_y(x, y)} \quad \text{………⑤}$$

ここで，$(x, y) = (a, b)$ の点で，この曲線が極値をもつとすると，当然

$\dfrac{dz}{dx} = 0$ となるので，⑤より，

$$\dfrac{dz}{dx} = \boxed{f_x(a, b) - \dfrac{f_y(a, b) \cdot g_x(a, b)}{g_y(a, b)} = 0} \quad (g_y(a, b) \neq 0)$$

よって，$f_x(a, b) = \dfrac{f_y(a, b) \cdot g_x(a, b)}{g_y(a, b)}$

$g_x(a, b) \neq 0$ のとき，両辺を $g_x(a, b)$ で割って，

$$\dfrac{f_x(a, b)}{g_x(a, b)} = \dfrac{f_y(a, b)}{g_y(a, b)}$$

ここで，$\dfrac{f_x(a, b)}{g_x(a, b)} = \dfrac{f_y(a, b)}{g_y(a, b)} = \lambda$ とおくと

> 未定乗数 λ は "比例定数" のこと

$f_x(a, b) = \lambda g_x(a, b)$ かつ，$f_y(a, b) = \lambda g_y(a, b)$

∴ $f_x(a, b) - \lambda g_x(a, b) = 0$ かつ $f_y(a, b) - \lambda g_y(a, b) = 0$ が導けた！

また，点 (a, b) は $g(x, y) = 0$ 上の点より，$g(a, b) = 0$ となる。

参考

実際に，$g(x, y) = 0$ の条件下で $z = f(x, y)$ の極値を調べるためには，

$g(x, y) = 0$ と $\dfrac{f_x(x, y)}{g_x(x, y)} = \dfrac{f_y(x, y)}{g_y(x, y)}$ を連立させて，これをみたす $(x, y) = (a, b)$ を求めればよい。

また，これはあくまでも必要条件として解くだけなので，点 (a, b) において曲線 $z = f(x, y)$ かつ $g(x, y) = 0$ が極値をもつ可能性がある，としか言えないんだね。残念！

2変数関数 $f(x, y) = \sin x + \sin y - \sin (x+y)$　$(0 < x < \pi,\ 0 < y < \pi)$
の極値を調べよ。

ヒント！　まず，$f_x = 0$ かつ $f_y = 0$ をみたす点 (a, b) を求める。

解答＆解説

$z = f(x, y) = \sin x + \sin y - \sin (x+y)$　$(0 < x < \pi,\ 0 < y < \pi)$ とおく。
まず，1階の偏導関数を求めると，

$\quad f_x = \cos x - \cos (x+y),\ f_y = \cos y - \cos (x+y)$

$\quad f_x = 0$ かつ $f_y = 0$ のとき，$\cos x = \cos (x+y),\ \cos y = \cos (x+y)$

$\therefore \cos x = \cos y$ ……①　　かつ　$\cos x = \cos (x+y)$ ……②

$0 < x < \pi,\ 0 < y < \pi$ より，①から $x = y$ ……③

③を②に代入して，$\cos x = \underset{\underset{\boxed{2\cos^2 x - 1}}{\|}}{\cos 2x}$

$\quad 2\cos^2 x - \cos x - 1 = 0$　　$(2\cos x + 1)(\underset{\underset{\boxed{-}}{\|}}{\boxed{\cos x}} - 1) = 0$　$\boxed{-1 < \cos x < 1}$

$\cos x = -\dfrac{1}{2}$ と③より，$x = y = \dfrac{2}{3}\pi$ ……④

$\boxed{\text{極値となり得る点}\left(\dfrac{2}{3}\pi, \dfrac{2}{3}\pi\right)}$

このとき，2階の偏導関数を求めると，

$\quad f_{xx} = -\sin x + \sin (x+y),\ f_{xy} = \sin (x+y),\ f_{yy} = -\sin y + \sin (x+y)$

これに，④を代入して，それぞれ A, B, C とおくと，

$\quad A = -\sin \dfrac{2}{3}\pi + \sin \dfrac{4}{3}\pi = -\dfrac{\sqrt{3}}{2} - \dfrac{\sqrt{3}}{2} = -\sqrt{3} < 0$

$\quad B = \sin \dfrac{4}{3}\pi = -\dfrac{\sqrt{3}}{2},\qquad C = -\sin \dfrac{2}{3}\pi + \sin \dfrac{4}{3}\pi = -\sqrt{3}$

ここで，$B^2 - AC = \left(-\dfrac{\sqrt{3}}{2}\right)^2 - (-\sqrt{3})^2 = \dfrac{3}{4} - 3 = -\dfrac{9}{4} < 0$

$B^2 - AC < 0$ かつ $A < 0$ より，点 $\left(\dfrac{2}{3}\pi, \dfrac{2}{3}\pi\right)$ で，$f(x, y)$ は極大となる。

$\quad$ 極大値 $f\left(\dfrac{2}{3}\pi, \dfrac{2}{3}\pi\right) = \sin \dfrac{2}{3}\pi + \sin \dfrac{2}{3}\pi - \sin \dfrac{4}{3}\pi = \dfrac{3\sqrt{3}}{2}$ …………(答)

┌───┐
│ 実践問題 24　　　　　● 2変数関数の極値の決定（Ⅱ）●│
└───┘

2変数関数 $f(x, y) = 3x^2 + 6xy - 2y^3$ の極値を調べよ。

ヒント！ A の符号と，$B^2 - AC$ の符号で極値を調べる。

解答&解説

$z = f(x, y) = 3x^2 + 6xy - 2y^3$ とおく。

まず，1階の偏導関数を求めると，

$$\begin{cases} f_x = (3x^2 + 6xy - 2y^3)_x = 6x + 6y = 6(x + y) \\ f_y = (3x^2 + 6xy - 2y^3)_y = 6x - 6y^2 = 6(x - y^2) \end{cases}$$

$f_x = 0$ かつ $f_y = 0$ のとき，$y = -x$ ……① かつ $x - y^2 = 0$ ……②

①を②に代入して，$x - (-x)^2 = 0$　$x(1 - x) = 0$　∴ $x = 0, 1$

①より，$z = f(x, y)$ が極値をもつ可能性のある点は，

$(x, y) = \boxed{\text{(ア)}\qquad}$ または，$(1, -1)$

次に，2階の偏導関数を求めると，

$f_{xx} = (6x + 6y)_x = 6$, $f_{xy} = (6x + 6y)_y = 6$, $f_{yy} = (6x - 6y^2)_y = \boxed{\text{(イ)}\qquad\qquad}$

(i) $(x, y) = (0, 0)$ のとき，

　$A = f_{xx} = 6$, $B = f_{xy} = 6$, $C = f_{yy}(0, 0) = -12 \cdot 0 = 0$ とおくと，

　$B^2 - AC = 6^2 - 6 \times 0 = 36 > 0$ より，

　点 $(0, 0)$ で，$z = f(x, y)$ は極値を $\boxed{\text{(ウ)}\qquad\quad}$ ……………………(答)

(ⅱ) $(x, y) = (1, -1)$ のとき，

　$A = f_{xx} = 6$, $B = f_{xy} = 6$, $C = f_{yy}(1, -1) = -12 \cdot (-1) = 12$

　とおくと，

　$B^2 - AC = 6^2 - 6 \times 12 = -36 < 0$ かつ $A > 0$ より，

　点 $(1, -1)$ で，$z = f(x, y)$ は極小値をとる。

　極小値 $z = f(1, -1) = \boxed{\text{(エ)}\qquad\qquad}$ ……………………(答)

──

解答　(ア) $(0, 0)$　(イ) $-12y$　(ウ) とらない。（または，もたない。）
　　　　(エ) $3 - 6 + 2 = -1$

演習問題 25　●ラグランジュの未定乗数法(I)●

$\sqrt{x}+\sqrt{y}=1$ $(x \geqq 0, y \geqq 0)$ の条件の下で, $z=x+2y$ が極値をもつ可能性のある点を求めよ。

ヒント！ラグランジュの未定乗数法の問題だ。
$g(x, y)=x^{\frac{1}{2}}+y^{\frac{1}{2}}-1$, $z=f(x, y)=x+2y$ とおいて, $g(x, y)=0$ かつ $\dfrac{f_x}{g_x}=\dfrac{f_y}{g_y}$ をみたす点 (x, y) を求めればいいんだね。

解答＆解説

$g(x, y)=x^{\frac{1}{2}}+y^{\frac{1}{2}}-1$, $z=f(x, y)=x+2y$ とおいて,

$g(x, y)=0$ の条件の下で, $z=f(x, y)$ が極値をもつ可能性のある点を調べる。

まず, 各偏導関数を求めると,

$$f_x=(x+2y)_x=1, \quad f_y=(x+2y)_y=2$$

$$g_x=\left(x^{\frac{1}{2}}+y^{\frac{1}{2}}-1\right)_x=\frac{1}{2}x^{-\frac{1}{2}}=\frac{1}{2\sqrt{x}}$$

$$g_y=\left(x^{\frac{1}{2}}+y^{\frac{1}{2}}-1\right)_y=\frac{1}{2}y^{-\frac{1}{2}}=\frac{1}{2\sqrt{y}}$$

以上より,

$$\begin{cases} g(x, y)=\boxed{\sqrt{x}+\sqrt{y}-1=0} & \cdots\cdots\cdots① \quad かつ \\ \dfrac{f_x}{g_x}=\dfrac{f_y}{g_y} \quad より \quad \boxed{\dfrac{1}{\dfrac{1}{2\sqrt{x}}}=\dfrac{2}{\dfrac{1}{2\sqrt{y}}}} & \cdots\cdots② \end{cases}$$

> ラグランジュの未定乗数法で形式的に書くと,
> $f_x-\lambda g_x=0$ かつ $f_y-\lambda g_y=0$
> より,
> $$\begin{cases} 1-\lambda \cdot \dfrac{1}{2\sqrt{x}}=0 & かつ \\ 2-\lambda \cdot \dfrac{1}{2\sqrt{y}}=0 & となる。 \end{cases}$$

をみたす点 (x, y) が求める点である。

②より, $2\sqrt{x}=4\sqrt{y}$, $\sqrt{x}=2\sqrt{y}$ $\quad \therefore x=4y$ $\cdots\cdots\cdots③$

③を①に代入して, $\sqrt{4y}+\sqrt{y}=1$, $3\sqrt{y}=1$ $\quad \therefore y=\dfrac{1}{9}$

③より, $x=4 \cdot \dfrac{1}{9}=\dfrac{4}{9}$

以上より, 極値をとる可能性のある点は $\left(\dfrac{4}{9}, \dfrac{1}{9}\right)$ である。 $\cdots\cdots\cdots\cdots$(答)

実践問題 25　　　　● ラグランジュの未定乗数法（Ⅱ）●

$x^2 + xy + y^2 = 3$ の条件の下で，$z = x^2 + y^2$ が極値をもつ可能性のある点を求めよ。

ヒント！　これもラグランジュの未定乗数法の問題で，$g(x, y) = x^2 + xy + y^2 - 3$，$z = f(x, y) = x^2 + y^2$ とおいて解く。

解答＆解説

$g(x, y) = x^2 + xy + y^2 - 3$，$z = f(x, y) = x^2 + y^2$ とおいて，

$g(x, y) = 0$ の条件の下で，$z = f(x, y)$ が極値をもつ可能性のある点を調べる。

まず，各偏導関数を求めると，

$$f_x = (x^2 + y^2)_x = \boxed{(ア)} \qquad f_y = (x^2 + y^2)_y = 2y$$

$$g_x = (x^2 + xy + y^2 - 3)_x = \boxed{(イ)}$$

$$g_y = (x^2 + xy + y^2 - 3)_y = x + 2y$$

以上より，

$$\begin{cases} g(x, y) = \boxed{x^2 + xy + y^2 - 3 = 0} \quad \cdots\cdots ① \quad かつ \\ \dfrac{f_x}{g_x} = \dfrac{f_y}{g_y} \ より，\ \boxed{\dfrac{2x}{2x+y} = \dfrac{2y}{x+2y}} \quad \cdots\cdots ② \end{cases}$$

をみたす点 (x, y) が求める点である。

② より　$2x(x + 2y) = 2y(2x + y)$，$x^2 + 2xy = 2xy + y^2$

$\therefore y = \boxed{(ウ)}$

(ⅰ) $y = x$ のとき，① より，$3x^2 - 3 = 0$　$\therefore x = \pm 1$

　　　$\therefore (x, y) = (\pm 1,\ \pm 1)$

(ⅱ) $y = -x$ のとき，① より，$x^2 - 3 = 0$　$\therefore x = \pm\sqrt{3}$

　　　$\therefore (x, y) = (\pm\sqrt{3},\ \mp\sqrt{3})$

以上 (ⅰ)(ⅱ) より，極値をとる可能性のある点は，

$\boxed{(エ)}$ 　　　　　(複号同順) である。　　　　　　　　……………………(答)

解答　(ア) $2x$　　(イ) $2x + y$　　(ウ) $\pm x$　　(エ) $(\pm 1,\ \pm 1)$, $(\pm\sqrt{3},\ \mp\sqrt{3})$

講義 4 ● 2 変数関数の微分　公式エッセンス

1. 偏微分の公式

(1) $(f \cdot g)_x = f_x \cdot g + f \cdot g_x \qquad (f \cdot g)_y = f_y \cdot g + f \cdot g_y$

(2) $\left(\dfrac{f}{g}\right)_x = \dfrac{f_x \cdot g - f \cdot g_x}{g^2} \qquad \left(\dfrac{f}{g}\right)_y = \dfrac{f_y \cdot g - f \cdot g_y}{g^2}$

(3) 合成関数の偏微分：$\dfrac{\partial z}{\partial x} = \dfrac{dz}{du} \cdot \dfrac{\partial u}{\partial x} \qquad \dfrac{\partial z}{\partial y} = \dfrac{dz}{du} \cdot \dfrac{\partial u}{\partial y}$

2. シュワルツの定理

f_{xy} と f_{yx} が共に連続ならば，$f_{xy} = f_{yx}$ が成り立つ。

3. 曲面 $z = f(x, y)$ 上の点 (x_1, y_1, z_1) における接平面の方程式

$z - z_1 = f_x(x_1, y_1)(x - x_1) + f_y(x_1, y_1)(y - y_1)$

（ただし，$z = f(x, y)$ は全微分可能とする）

4. 全微分の変数変換公式

全微分可能な関数 $z = f(x, y)$ について，

(i) $x = x(t), \ y = y(t)$ で，

x, y が共に t で微分可能のとき，次式が成り立つ。

$$\frac{dz}{dt} = \frac{\partial z}{\partial x} \cdot \frac{dx}{dt} + \frac{\partial z}{\partial y} \cdot \frac{dy}{dt}$$

(ii) $x = x(u, v), \ y = y(u, v)$ で，

x, y が共に u, v で微分可能のとき，次式が成り立つ。

$$\frac{\partial z}{\partial u} = \frac{\partial z}{\partial x} \cdot \frac{\partial x}{\partial u} + \frac{\partial z}{\partial y} \cdot \frac{\partial y}{\partial u}$$

$$\frac{\partial z}{\partial v} = \frac{\partial z}{\partial x} \cdot \frac{\partial x}{\partial v} + \frac{\partial z}{\partial y} \cdot \frac{\partial y}{\partial v}$$

5. 全微分可能な 2 変数関数の極値の決定法

$z = f(x, y)$ について，$f_x(a, b) = 0$ かつ $f_y(a, b) = 0$ とする。

$z = f(x, y)$ は点 (a, b) で，

(I) $B^2 - AC < 0$ の場合，(i) $A < 0$ ならば，極大。(ii) $A > 0$ ならば，極小。

(II) $B^2 - AC > 0$ の場合，極値をとらない。

(III) $B^2 - AC = 0$ の場合，これだけで極値をとるかどうか判定できない。

（ただし，$f_{xx}(a, b) = A, \ f_{xy}(a, b) = B, \ f_{yy}(a, b) = C$ とする）

6. ラグランジュの未定乗数法

曲線 $z = f(x, y), \ g(x, y) = 0$ が点 (a, b) で極値をもつならば，

$g(a, b) = 0$ かつ $\dfrac{f_x(a, b)}{g_x(a, b)} = \dfrac{f_y(a, b)}{g_y(a, b)} [= \lambda]$ が成り立つ。

2変数関数の重積分

▶ リーマン和による重積分の定義

▶ 累次積分

▶ 広義の重積分 (広義積分，無限積分)

▶ 変数変換による重積分 (ヤコビアン)

§1. 重積分

2変数関数の微分法について勉強したので，今度は，いよいよ2変数関数 $z = f(x, y)$ の積分法に入ろう。これは"2重積分"または単に"重積分"と呼び，体積計算と密接に関係している。ここでは，この重積分の計算を具体的に行うために必要な"累次積分"についても詳しく解説するよ。

● リーマン和による重積分の定義はこれだ！

2変数関数 $z = f(x, y)$ の積分，すなわち重積分のイメージを図1に示す。図1のように，"重積分"では，xy平面上の明確な領域 D に対して計算するんだよ。だから，重積分では実質的にすべて定積分で，1変数関数のときにやった不定積分は考えない。

まず，重積分を，"リーマン和"により，定義しておこう。図2に示すように，xy平面上の領域 D を，直線 $x = x_0, x_1, \cdots\cdots, x_L$ と直線 $y = y_0, y_1, \cdots\cdots, y_N$ とでできる $L \times N$ 個の長方形でおおい，$x_{i-1} \leqq x \leqq x_i$，$y_{j-1} \leqq y \leqq y_j$ でできる長方形を ΔD_{ij} とおく。そして，この面積を ΔS_{ij} とおくと，$\Delta S_{ij} = \Delta x_i \cdot \Delta y_j = (x_i - x_{i-1})(y_j - y_{j-1})$ となる。

ここで，この小領域 ΔD_{ij} 上の点 (x, y) について，$z = f(x, y)$ の最大値を M_{ij}，最

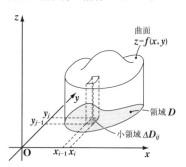

図1　重積分の計算のイメージ

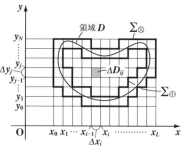

図2　領域 D と $\sum_{(小)}$，$\sum_{(大)}$

小値を m_{ij} とおく。次に領域 D に完全に含まれるすべての ΔD_{ij} にわたる総和を $\sum_{(小)}$ で，また，領域 D と共有点をもつすべての ΔD_{ij} にわたる総和を $\sum_{(大)}$ で表す。さらに，ΔD_{ij} 上のある点を (x_{ij}, y_{ij}) とおくと，次式が成り立つ。

$$\sum_{\text{⑤}} m_{ij} \cdot \Delta S_{ij} \leqq \sum_{\text{⑤または⑥}} f(x_{ij}, y_{ij}) \cdot \Delta S_{ij} \leqq \sum_{\text{⑥}} M_{ij} \cdot \Delta S_{ij} \quad \cdots\cdots\cdots ①$$

底面積も高さも小さいものをとった総和	これを"リーマン和"と呼ぶ。これが収束するとき，その極限値を"重積分"と定義する。	底面積も高さも大きいものをとった総和

①の中辺 $= \sum_{\text{⑤または⑥}} f(x_{ij}, y_{ij}) \Delta S_{ij}$ を "**リーマン和**" と呼ぶ。ここで，Δx_1，Δx_2，$\cdots\cdots$，Δx_L の最大値を $|\Delta_x|$，同様に Δy_1，Δy_2，$\cdots\cdots$，Δy_N の最大値を $|\Delta_y|$ とおく。そして，$|\Delta_x| \to 0$, $|\Delta_y| \to 0$ のとき，①の左右各辺が，それぞれ同じ V に収束するとき，すなわち，

$$\lim_{\substack{|\Delta_x| \to 0 \\ |\Delta_y| \to 0}} \sum_{\text{⑤}} m_{ij} \Delta S_{ij} = \lim_{\substack{|\Delta_x| \to 0 \\ |\Delta_y| \to 0}} \sum_{\text{⑥}} M_{ij} \Delta S_{ij} = V \text{ のとき，"はさみ打ちの原理" か}$$

ら中辺のリーマン和も V に収束するんだね。この V を関数 $f(x, y)$ の領域 D における"**重積分**"と定義し，それを $\displaystyle\iint_D f(x, y)\, dxdy$ や $\displaystyle\iint_D f(x, y)\, dS$ などと表す。

領域 D における重積分の定義

xy 平面上の有界な領域 D において，連続かつ有界な 2 変数関数 $z = f(x, y)$ に対して

$$\lim_{\substack{|\Delta_x| \to 0 \\ |\Delta_y| \to 0}} \sum_{\text{⑤または⑥}} f(x_{ij}, y_{ij}) \Delta S_{ij} = V \quad (\text{収束}) \quad \text{となるとき，}$$

極限値

$$(\,|\Delta_x| : \Delta x_i \text{ の最大値,}\ |\Delta_y| : \Delta y_j \text{ の最大値}\,)$$

D における $f(x, y)$ の重積分は

$$\iint_D f(x, y)\, dxdy = V \quad \text{または} \quad \iint_D f(x, y)\, dS = V$$

（ここで，$dS = dxdy$ を "**面積要素**" と呼ぶ。）

この重積分が存在するための関数 $z = f(x, y)$ の条件は，領域 D 内でこれが連続かつ有界であればいい。もし，不連続な点を含んだり，領域そのものが有界でない場合は，1 変数関数の定積分のときと同様に広義の重積分として，"広義積分"や"無限積分"を利用して解けばいいんだよ。

$f(x, y) \geqq 0$ のときは, 図1に示したように, 領域 D において曲面 $z = f(x, y)$ と xy 平面とで挟まれた立体の体積 V が重積分 $\iint_D f(x, y)\, dxdy$ で求められることになる。しかし, $f(x, y) < 0$ でもかまわない。この場合, 重積分によって, 負の体積が計算されることになるだけだからだ。

それでは, 重積分の性質を以下に示す。

■ 重積分の性質

(1) $\displaystyle\iint_D kf(x, y)\, dxdy = k\iint_D f(x, y)\, dxdy$ (k : 実数定数)

(2) $\displaystyle\iint_D \{hf(x, y) \pm kg(x, y)\}\, dxdy$

$\displaystyle\quad = h\iint_D f(x, y)\, dxdy \pm k\iint_D g(x, y)\, dxdy$ (h, k : 実数定数)

(3) 領域 D を D_1, D_2 に分割する場合

$\displaystyle\iint_D f(x, y)\, dxdy$

$\displaystyle\quad = \iint_{D_1} f(x, y)\, dxdy + \iint_{D_2} f(x, y)\, dxdy$

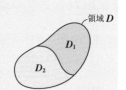
領域 D
D_1
D_2

(4) 領域 D 上で, $f(x, y) \geqq g(x, y)$ ならば

$\displaystyle\iint_D f(x, y)\, dxdy \geqq \iint_D g(x, y)\, dxdy$

$\left(\text{特に, } \underline{f(x, y) \geqq 0} \text{ のとき, } \underline{\iint_D f(x, y)\, dxdy \geqq 0}\right)$

正の体積が求まる。

(5) $\displaystyle\iint_D f(x, y)\, dxdy \leqq \left|\iint_D f(x, y)\, dxdy\right| \leqq \iint_D |f(x, y)|\, dxdy$

(1), (2) は "**重積分の線形性**" と呼ばれる性質だ。(3), (4), (5) の意味については, 1変数関数の定積分の性質と同様なので, 特に解説はいらないと思う。

● 重積分は，累次積分で計算する！

具体的に重積分を計算する場合，x と y に順序をつけて積分する。これを "**累次積分**" という。この累次積分には，次の 2 通りがある。

"るいじせきぶん" と読む

$\begin{cases}(\text{I}) \text{ まず } y \text{ で積分した後で，} x \text{ で積分する。} \\ (\text{II}) \text{ まず } x \text{ で積分した後で，} y \text{ で積分する。}\end{cases}$

以上を具体的に，以下に示す。

累次積分

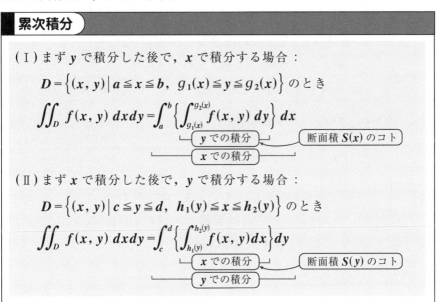

(I) まず y で積分した後で，x で積分する場合：

$D = \left\{(x, y) \mid a \leq x \leq b, \ g_1(x) \leq y \leq g_2(x)\right\}$ のとき

$$\iint_D f(x, y) \, dxdy = \int_a^b \left\{ \int_{g_1(x)}^{g_2(x)} f(x, y) \, dy \right\} dx$$

y での積分 ← 断面積 $S(x)$ のコト
x での積分

(II) まず x で積分した後で，y で積分する場合：

$D = \left\{(x, y) \mid c \leq y \leq d, \ h_1(y) \leq x \leq h_2(y)\right\}$ のとき

$$\iint_D f(x, y) \, dxdy = \int_c^d \left\{ \int_{h_1(y)}^{h_2(y)} f(x, y) \, dx \right\} dy$$

x での積分 ← 断面積 $S(y)$ のコト
y での積分

これは，難しくはないよ。日頃，体積計算でよくやる考え方と同じだからだ。図3 を見てくれ。ある立体の体積 V を求めたかったら，まず x 軸を指定して，その立体の存在範囲 $[a, b]$ を押さえるんだね。そして，x 軸に垂直な平面による立体の切り口の面積 $S(x)$ を求め，それを $x = a$ から $x = b$ まで積分すれば，立体の体積が

図3 体積 V の計算

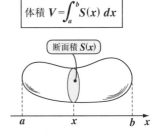

体積 $V = \int_a^b S(x) \, dx$

断面積 $S(x)$

203

$V = \int_a^b S(x)\,dx$ と求められる。

　累次積分もこれと同じ要領だ。図 **4** の（Ⅰ）（Ⅱ）について，

（Ⅰ）領域 **D** において，まず $\overset{\bullet}{x}$ を固定して，
　　$g_1(x) \leqq y \leqq g_2(x)$ の範囲で，$f(x, y)$ を
　　$\overset{\bullet}{y}$ について積分すると，図 **4**(ⅱ) のような立体の断面積 $S(x)$ が

　　$S(x) = \int_{g_1(x)}^{g_2(x)} f(x, y)\,dy$ と計算できる。

　　次に，$S(x)$ を $a \leqq x \leqq b$ の範囲で $\overset{\bullet}{x}$ について積分すると，求める重積分，すなわち立体の体積 V が得られるんだね。

$$\therefore V = \iint_D f(x, y)\,dxdy$$
$$= \int_a^b \left\{ \underbrace{\left[\int_{g_1(x)}^{g_2(x)} f(x, y)\,dy \right]}_{S(x)} \right\} dx$$

（Ⅱ）の場合の累次積分も同様に，まず $\overset{\bullet}{y}$ を固定して，$h_1(y) \leqq x \leqq h_2(y)$ の範囲で，$f(x, y)$ を $\overset{\bullet}{x}$ で積分し，断面積 $S(y)$

　　$= \int_{h_1(y)}^{h_2(y)} f(x, y)\,dx$ を求める。（図 **5** 参照）

　　そして，$S(y)$ を $c \leqq y \leqq d$ の範囲で $\overset{\bullet}{y}$ について積分すると，求める重積分，すなわち立体の体積が求められる。

$$V = \iint_D f(x, y)\,dxdy$$
$$= \int_c^d \left\{ \underbrace{\left[\int_{h_1(y)}^{h_2(y)} f(x, y)\,dx \right]}_{S(y)} \right\} dy$$

どう？納得できた？後は，例題で実際に計算して慣れていこう！

図 **4**（Ⅰ）累次積分
（ⅰ）

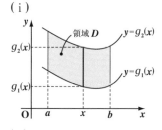

（ⅱ）

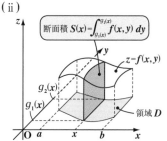

図 **5**（Ⅱ）累次積分
（ⅰ）

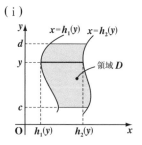

（ⅱ）

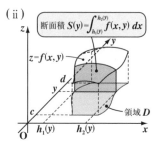

領域 $D = \left\{(x, y) \,\middle|\, 0 \leqq x \leqq 1, \ 0 \leqq y \leqq 2x\right\}$ における $f(x, y) = x + y$ の重積分を求めてみよう。

（Ⅰ）まず x を固定して，y の積分から入る場合，求める重積分 V は，

図6 $\displaystyle V = \int_0^1 \left\{\int_0^{2x} (x+y)\, dy\right\} dx$

（ⅰ）

$$V = \iint_D f(x, y)\, dx\, dy$$

$$= \int_0^1 \left\{\underbrace{\int_0^{2x} (x+y)\, dy}_{S(x)}\right\} dx$$

積分区間の取り方に注意しよう！

$$= \int_0^1 \left[\underbrace{x}_{\text{定数扱い}}\, y + \frac{1}{2}\, y^2\right]_0^{2x} dx$$

$$= \int_0^1 \left\{x \cdot 2x + \frac{1}{2} \cdot (2x)^2\right\} dx$$

$$= \int_0^1 4x^2\, dx = \left[\frac{4}{3}\, x^3\right]_0^1 = \frac{4}{3} \quad \cdots\cdots(\text{答})$$

（Ⅱ）まず y を固定して，x の積分から入る場合，求める重積分 V は，

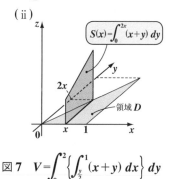

（ⅱ）

図7 $\displaystyle V = \int_0^2 \left\{\int_{\frac{y}{2}}^1 (x+y)\, dx\right\} dy$

$$V = \int_0^2 \left\{\underbrace{\int_{\frac{y}{2}}^1 (x+y)\, dx}_{S(y)}\right\} dy$$

積分区間の取り方に注意しよう！

$$= \int_0^2 \left[\frac{1}{2}\, x^2 + \underbrace{y}_{\text{定数扱い}} x\right]_{\frac{y}{2}}^1 dy$$

$$= \int_0^2 \left\{\frac{1}{2} + y - \frac{1}{2}\left(\frac{y}{2}\right)^2 - y \cdot \frac{y}{2}\right\} dy$$

$$= \int_0^2 \left(-\frac{5}{8}\, y^2 + y + \frac{1}{2}\right) dy$$

$$= \left[-\frac{5}{24} y^3 + \frac{1}{2}\, y^2 + \frac{1}{2}\, y\right]_0^2$$

$$= -\frac{5}{3} + 2 + 1 = \frac{4}{3} \quad \cdots\cdots\cdots(\text{答})$$

と，（Ⅰ）と同じ結果になるね。

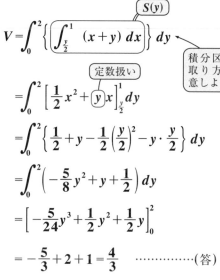

（ⅰ）

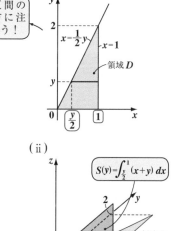

（ⅱ）

領域 $D = \left\{ (x, y) \mid \sqrt{x} + \sqrt{y} \le 1 \right\}$ における関数 $f(x, y) = y$ の重積分 V を

$\displaystyle\int_0^1 \left\{ \int_{g_1(x)}^{g_2(x)} f(x, y) \, dy \right\} dx$ の形で求めよ。

ヒント！ $\sqrt{x} + \sqrt{y} \le 1$, $x \ge 0$, $y \ge 0$ で表される領域 D について，まず x を固定して，$\sqrt{x} + \sqrt{y} = 1$ から $y = (1 - \sqrt{x})^2$。よって，$g_1(x) = 0$, $g_2(x) = (1 - \sqrt{x})^2$ となる。したがって，まず $0 \le y \le (1 - \sqrt{x})^2$ の範囲で $f(x, y) = y$ を y で積分する。

解答＆解説

$\underline{0 \le x \le 1, \ 0 \le y \le 1, \ \sqrt{x} + \sqrt{y} \le 1}$ で表され

この無理式の不等式より自動的に導ける

る領域 D を右図に網目部で示す。

ここで，$\sqrt{x} + \sqrt{y} = 1$ を変形して

$y = (1 - \sqrt{x})^2 \quad (0 \le x \le 1)$

まず x を固定して，y で積分して，断面積 $S(x)$ を求め，それをさらに，$0 \le x \le 1$ の範囲で x で積分すればよい。

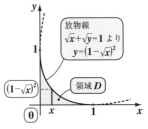

放物線
$\sqrt{x} + \sqrt{y} = 1$ より
$y = (1 - \sqrt{x})^2$

領域 D

断面積
$S(x) = \displaystyle\int_0^{(1-\sqrt{x})^2} f(x, y) \, dy$

以上より，領域 D における $f(x, y) = y$ の重積分 V は，

$$V = \int_0^1 \left(\int_0^{(1-\sqrt{x})^2} \overset{f(x,y)}{\underbrace{y}} \, dy \right) dx = \int_0^1 \left[\frac{1}{2} y^2 \right]_0^{(1-\sqrt{x})^2} dx$$

断面積 $S(x)$

$(1 - 2\sqrt{x} + x)^2 = 1 + 4x + x^2 - 4\sqrt{x} - 4x\sqrt{x} + 2x$

$$= \frac{1}{2} \int_0^1 \left\{ (1 - \sqrt{x})^2 \right\}^2 \, dx = \frac{1}{2} \int_0^1 \left(x^2 - 4x^{\frac{3}{2}} + 6x - 4x^{\frac{1}{2}} + 1 \right) dx$$

$$= \frac{1}{2} \left[\frac{1}{3} x^3 - \frac{8}{5} x^{\frac{5}{2}} + 3x^2 - \frac{8}{3} x^{\frac{3}{2}} + x \right]_0^1$$

$$= \frac{1}{2} \left(\frac{1}{3} - \frac{8}{5} + 3 - \frac{8}{3} + 1 \right) = \frac{1}{2} \cdot \left(4 - \frac{7}{3} - \frac{8}{5} \right)$$

$$= \frac{1}{2} \cdot \frac{60 - 35 - 24}{15} = \frac{1}{30} \quad \cdots\cdots\cdots\cdots\cdots\cdots\text{(答)}$$

実践問題 26　　● 累次積分の計算（Ⅱ）●

領域 $D = \left\{ (x, y) \mid \sqrt{x} + \sqrt{y} \leqq 1 \right\}$ における関数 $f(x, y) = y$ の重積分 V を

$\displaystyle\int_0^1 \left\{ \int_{h_1(y)}^{h_2(y)} f(x, y) \, dx \right\} dy$ の形で求めよ。

ヒント！ 前問と同じ問題だが，今回は，まず y を固定して x で積分した後に，y で積分する累次積分の問題なんだね。こちらの方が計算は楽だ。

解答＆解説

$0 \leqq x \leqq 1$，$0 \leqq y \leqq 1$，$\sqrt{x} + \sqrt{y} \leqq 1$ で表される領域 D を右図に網目部で示す。

ここで，$\sqrt{x} + \sqrt{y} = 1$ を変形して

$x = \boxed{}$ 　　$(0 \leqq y \leqq 1)$

まず，y を固定して，x で積分して，断面積 $S(y)$ を求め，それをさらに，$0 \leqq y \leqq 1$ の範囲で y で積分すればよい。

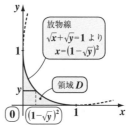

以上より，領域 D における $f(x, y) = y$ の重積分 V は，

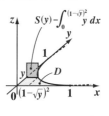

$$V = \int_0^1 \left(\int_0^{(1-\sqrt{y})^2} \boxed{y} \, dx \right) dy = \int_0^1 \left[\boxed{} \right]_0^{(1-\sqrt{y})^2} dy$$

（まず，x での積分では定数扱い）

$$= \int_0^1 \boxed{y(1 - \sqrt{y})^2} \, dy = \int_0^1 \left(\boxed{} \right) dy$$

（$y(1 - 2\sqrt{y} + y) = y - 2y\sqrt{y} + y^2$）

$$= \left[\frac{1}{2} y^2 - \frac{4}{5} y^{\frac{5}{2}} + \frac{1}{3} y^3 \right]_0^1 = \frac{1}{2} - \frac{4}{5} + \frac{1}{3}$$

$$= \frac{15 - 24 + 10}{30} = \boxed{} \quad \cdots\cdots\cdots\cdots\cdots\cdots\cdots\cdots\cdots\cdots\cdots（答）$$

解答　（ア）$(1 - \sqrt{y})^2$　　（イ）$y \cdot x$（または $x \cdot y$）　　（ウ）$y - 2y^{\frac{3}{2}} + y^2$　　（エ）$\dfrac{1}{30}$

領域 $D = \{(x, y) \mid 0 \leqq y \leqq x \leqq 1\}$ における関数 $f(x, y) = \dfrac{1}{\sqrt{x^2 + y^2}}$ の広義の重積分 V を求めよ。

ヒント！　領域 D 上の点のうち，原点 $(0, 0)$ において，関数 $f(x, y)$ は不連続となるので，広義積分を用いて，極限から，重積分 V の値を求める。

解答 & 解説

$0 \leqq x \leqq 1$，$0 \leqq y \leqq x$ で表される領域 D を右図の網目部で示す。ただし，原点 $(0, 0)$ で $f(x, y) = \dfrac{1}{\sqrt{x^2 + y^2}}$ は不連続となる。よって，今回の広義の重積分 V は次のように求める。

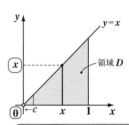
領域 D
$y = x$

$$V = \lim_{c \to +0} \int_c^1 \left(\int_0^x \frac{1}{\sqrt{x^2 + y^2}}\, dy \right) dx$$

$(0 < c \leqq 1)$　まず，これを定数 (α) と考える

まず，x を固定して，区間 $0 \leqq y \leqq x$ で，$f(x, y)$ を y で積分し，次に区間 $c \leqq x \leqq 1$ $(0 < c \leqq 1)$ で，x で積分する。その後 $c \to +0$ として極限を調べる。

$$= \lim_{c \to +0} \int_c^1 \left[\log \left| y + \sqrt{x^2 + y^2} \right| \right]_0^x dx$$

公式：$\displaystyle \int \frac{1}{\sqrt{\alpha + y^2}}\, dy$
$\quad = \log \left| y + \sqrt{\alpha + y^2} \right|$
を使った！

$$= \lim_{c \to +0} \int_c^1 \left\{ \log(x + \underbrace{\sqrt{x^2 + x^2}}_{\sqrt{2}x}) - \log \underbrace{\sqrt{x^2}}_{x} \right\} dx$$

$\because x \geqq 0$ より，$|x| = x$

$$= \lim_{c \to +0} \int_c^1 \left(\log(1 + \sqrt{2})x - \log x \right) dx$$

$\log \dfrac{(1 + \sqrt{2})x}{x} = \log(1 + \sqrt{2})$ （定数）

$$= \lim_{c \to +0} \log(1 + \sqrt{2}) \int_c^1 dx = \lim_{c \to +0} \log(1 + \sqrt{2}) \cdot [x]_c^1$$

$$= \lim_{c \to +0} (1 - \overset{0}{\cancel{c}}) \cdot \log(1 + \sqrt{2}) = \log(1 + \sqrt{2}) \quad \cdots\cdots\cdots\cdots（答）$$

実践問題 27　　　　● 広義の重積分の計算（Ⅱ）●

領域 $D = \{(x, y) \mid 0 \leqq x \leqq y \leqq 1\}$ における関数 $f(x, y) = \dfrac{x}{\sqrt{x^2+y^2}}$ の広義の重積分 V を求めよ。

ヒント！　領域 D のうち，原点 $(0, 0)$ で，$f(x, y)$ は不連続となることに注意する。

解答＆解説

$0 \leqq x \leqq 1$，$x \leqq y \leqq 1$ で表される領域 D を右図の網目部で示す。ただし，原点 $(0, 0)$ で $f(x, y) = \dfrac{x}{\sqrt{x^2+y^2}}$ は不連続となる。よって，今回の広義の重積分 V は次のように求める。

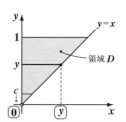

$$V = \lim_{c \to +0} \int_c^1 \left(\boxed{} \right) dy$$

$$(0 < c \leqq 1)$$

まず，y を固定して，区間 $0 \leqq x \leqq y$ で，$f(x, y)$ を x で積分し，次に，区間 $c \leqq y \leqq 1$　$(0 < c \leqq 1)$ で，y で積分する。その後 $c \to +0$ として，極限を調べる。

$$= \lim_{c \to +0} \int_c^1 \left\{ \int_0^y x(x^2+y^2)^{-\frac{1}{2}} dx \right\} dy$$

$$= \lim_{c \to +0} \int_c^1 \left\{ \left[\boxed{} \right]_0^y \right\} dy$$

$\left\{ (x^2+y^2)^{\frac{1}{2}} \right\}_x' = \dfrac{1}{2}(x^2+y^2)^{-\frac{1}{2}} \cdot 2x$
$= x \cdot (x^2+y^2)^{-\frac{1}{2}}$　を利用！

$$= \lim_{c \to +0} \int_c^1 \left(\underbrace{\sqrt{2y^2}}_{\sqrt{2}\,y} - \underbrace{\sqrt{y^2}}_{|y|=y\ (\because y \geqq 0)} \right) dy$$

$$= \lim_{c \to +0} \int_c^1 \boxed{} dy = \lim_{c \to +0} (\sqrt{2}-1) \cdot \left[\dfrac{1}{2} y^2 \right]_c^1$$

$$= \lim_{c \to +0} \dfrac{\sqrt{2}-1}{2} (1 - \overset{0}{\cancel{c^2}}) = \boxed{} \quad \cdots\cdots\cdots (答)$$

解答　$(ア) \displaystyle\int_0^y \dfrac{x}{\sqrt{x^2+y^2}} dx$　　$(イ) \sqrt{x^2+y^2}$　　$(ウ)(\sqrt{2}-1)y$　　$(エ) \dfrac{\sqrt{2}-1}{2}$

領域 $D = \{(x, y) \mid 1 \leq x, \ 0 \leq y \leq x^2\}$ における関数 $f(x, y) = \dfrac{1}{x^4 + y^2}$ の広義の重積分を求めよ。

ヒント！ D は有界な領域ではないので，無限積分にもち込む。具体的には，

$\displaystyle\lim_{p\to\infty} \int_1^p \left\{ \int_0^{x^2} f(x, y)\, dy \right\} dx$ として，求めればよい。

解答＆解説

$1 \leq x, \ 0 \leq y \leq x^2$ で表される領域 D を右図の網目部で示す。ただし $1 \leq x < \infty$ より，これは無限領域となるので，無限積分を用いて広義の重積分 V を次のように求める。

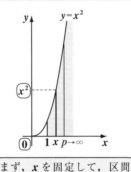

$$V = \lim_{p\to\infty} \int_1^p \left(\int_0^{x^2} \frac{1}{\boxed{x^4} + y^2}\, dy \right) dx \quad (p \geq 1)$$

まず，定数 (a^2) と考える！

まず，x を固定して，区間 $0 \leq y \leq x^2$ で，$f(x, y)$ を y で積分し，次に区間 $1 \leq x \leq p$ で，x で積分する。その後，$p \to \infty$ として極限を調べる。

$$= \lim_{p\to\infty} \int_1^p \left[\frac{1}{x^2} \cdot \tan^{-1} \frac{y}{x^2} \right]_0^{x^2} dx$$

公式：$\displaystyle\int \frac{1}{a^2 + y^2}\, dy = \frac{1}{a} \tan^{-1} \frac{y}{a}$ を使った！

$$= \lim_{p\to\infty} \int_1^p \frac{1}{x^2} \left(\underset{\frac{\pi}{4}}{\boxed{\tan^{-1} 1}} - \underset{0}{\boxed{\tan^{-1} 0}} \right) dx$$

$$= \lim_{p\to\infty} \frac{\pi}{4} \int_1^p x^{-2}\, dx$$

$$= \lim_{p\to\infty} \frac{\pi}{4} \left[-x^{-1} \right]_1^p$$

$$= \lim_{p\to\infty} \frac{\pi}{4} (-p^{-1} + 1^{-1}) = \lim_{p\to\infty} \frac{\pi}{4} \left(1 - \overset{0}{\boxed{\frac{1}{p}}} \right) = \frac{\pi}{4} \quad \cdots\cdots\cdots\cdots\cdots（答）$$

実践問題 28　　● 広義の無限積分の計算（Ⅱ）●

領域 $D = \{(x, y) \,|\, 0 \le x \le y\}$ における関数 $f(x, y) = e^{-x-y}$ の広義の重積分 V を求めよ。

ヒント！　D が有界な領域ではないので，無限積分にもち込む。具体的には，
$\displaystyle \lim_{p \to \infty} \int_0^p \left\{ \int_0^y f(x, y)\, dx \right\} dy$ として，重積分 V を求める。

解答＆解説

$0 \le x,\ x \le y$ で表される領域 D を右図の網目部で示す。ただし，$0 \le y < \infty$ より，これは無限領域となるので，無限積分を用いて，広義の重積分 V を次のように求める。

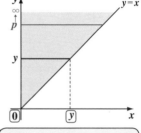

$$V = \lim_{p \to \infty} \int_0^p \left(\int_0^y \underbrace{e^{-x-y}}_{\boxed{e^{-y} \cdot e^{-x}}}\, dx \right) dy$$

$\underbrace{}_{x \text{での積分では定数扱い}}$

まず，y を固定して，区間 $0 \le x \le y$ で，$f(x, y)$ を x で積分し，次に区間 $0 \le y \le p$ で，y で積分する。その後，$p \to \infty$ として，極限を調べる。

$$= \lim_{p \to \infty} \int_0^p e^{-y} \left(\int_0^y \boxed{(ア)}\, dx \right) dy$$

$$= \lim_{p \to \infty} \int_0^p e^{-y} \left[-e^{-x} \right]_0^y dy$$

$$= \lim_{p \to \infty} \int_0^p e^{-y} (-e^{-y} + 1)\, dy = \lim_{p \to \infty} \int_0^p \left(\boxed{(イ)} \right) dy$$

$$= \lim_{p \to \infty} \left[\frac{1}{2} e^{-2y} - e^{-y} \right]_0^p = \lim_{p \to \infty} \left(\frac{1}{2} e^{-2p} - e^{-p} - \frac{1}{2} + 1 \right)$$

$$= \lim_{p \to \infty} \left(\frac{1}{2} + \overset{0}{\boxed{\frac{1}{2e^{2p}}}} - \overset{0}{\boxed{\frac{1}{e^p}}} \right) = \boxed{(ウ)} \quad \cdots\cdots\cdots\cdots\cdots\cdots\text{（答）}$$

解答　$(ア)\, e^{-x}$　　$(イ)\, -e^{-2y} + e^{-y}$　　$(ウ)\, \dfrac{1}{2}$

§2. 変数変換による重積分

前回は，重積分について，その基本を勉強したんだね。今回は，**2**変数 x, y による重積分を，他の変数，たとえば，u, v に変換して積分する手法について教えるよ。ここでは，"ヤコビアン"という新たな概念が必要になるけれど，計算が楽になり，解ける問題の幅がさらに広がるから，面白くなるはずだよ。

● 変数変換では，ヤコビアンが重要だ！

領域 $D = \{(x, y)\mid 0 \le 2x+y \le \pi, \ 0 \le 2x-y \le \pi\}$ における関数 $f(x, y)$
$= (2x+y)\sin(2x-y)$ の重積分 $\iint_D f(x, y)\,dxdy$ を求めよ，って言われたら $\underline{2x+y}$ と $\underline{2x-y}$ がまとまっているので，

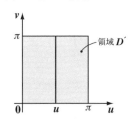

図1　新たな領域 D'

$$\begin{cases} u = 2x+y & \cdots\cdots① \\ v = 2x-y & \cdots\cdots② \end{cases}$$

と変数変換したくなるのが人情(?)だろうね。もちろん，この発想で正しいよ。uv 座標平面上の新たな領域 D' は図1のように単純なものだから，まず，u を固定して，区間 $0 \le v \le \pi$ で，$g(u, v) = u \cdot \sin v$ を v で積分し，次に区間 $0 \le u \le \pi$ で，u で積分すれ

$$\underbrace{f(x, y) = (2x+y)\sin(2x-y)}$$

ばいいっていうんで，エイッ！

$$\iint_D f(x, y)\,\underset{\text{面積要素}}{\underline{dxdy}} = \int_0^\pi \left(\int_0^\pi \overset{g(u, v)}{\underbrace{(u\sin v)}}\,dv \right) du \quad$$ と変形する人が結構多いと

思う。惜しいけど，残念ながら，これでは正解とは言えないよ。面積要素 $dxdy$ の考察が足りないからだ。これには，次に解説する"ヤコビアン"J が重要な役割を演じるんだよ。

● ヤコビアンを定義しよう！

①，②を使って，$\dfrac{①+②}{4}$ より，$x=\dfrac{1}{4}(u+v)$，$\dfrac{①-②}{2}$ より $y=\dfrac{1}{2}(u-v)$ と変形できるね。このように，$x=x(u,\ v)$，$y=y(u,\ v)$ と，x,y がそれぞれ u と v の 2 変数関数となるので，このときの全微分 dx と dy は次式で表される。

$$\begin{cases} dx=\dfrac{\partial x}{\partial u}du+\dfrac{\partial x}{\partial v}dv & \cdots\cdots\cdots ③ \\[2mm] dy=\dfrac{\partial y}{\partial u}du+\dfrac{\partial y}{\partial v}dv & \cdots\cdots\cdots ④ \end{cases}$$

ここで，$dx=X$，$dy=Y$，$du=U$，$dv=V$　そして，さらに，

$\alpha=\dfrac{\partial x}{\partial u}$，$\beta=\dfrac{\partial x}{\partial v}$，$\gamma=\dfrac{\partial y}{\partial u}$，$\delta=\dfrac{\partial y}{\partial v}$　とおくと，③，④は，

$$\begin{cases} X=\alpha U+\beta V \\ Y=\gamma U+\delta V \end{cases} \quad \text{すなわち} \quad \begin{pmatrix} X \\ Y \end{pmatrix}=\begin{pmatrix} \alpha & \beta \\ \gamma & \delta \end{pmatrix}\begin{pmatrix} U \\ V \end{pmatrix} \quad \cdots\cdots ⑤ \quad \text{とおける。}$$

UV 座標平面上での面積要素 $UV(=dudv)$ が，⑤によって XY 座標平面上に写されたものを，この平面上での面積要素 $dxdy$ とおく。

$\overrightarrow{OP}=(U,\ 0)$，$\overrightarrow{OQ}=(0,\ V)$ が⑤によりそれぞれ，$\overrightarrow{OP'}=(X_1,\ Y_1)$，$\overrightarrow{OQ'}=(X_2,\ Y_2)$ に写されるものとすると，

$$\begin{cases} \begin{pmatrix} X_1 \\ Y_1 \end{pmatrix}=\begin{pmatrix} \alpha & \beta \\ \gamma & \delta \end{pmatrix}\begin{pmatrix} U \\ 0 \end{pmatrix}=\begin{pmatrix} \alpha U \\ \gamma U \end{pmatrix} \\[4mm] \begin{pmatrix} X_2 \\ Y_2 \end{pmatrix}=\begin{pmatrix} \alpha & \beta \\ \gamma & \delta \end{pmatrix}\begin{pmatrix} 0 \\ V \end{pmatrix}=\begin{pmatrix} \beta V \\ \delta V \end{pmatrix} \end{cases} \quad \text{となる。}$$

よって，図 2 の面積 UV の領域が XY 平面上に写される領域は，図 3(ⅱ)のような $\overrightarrow{OP'}$ と $\overrightarrow{OQ'}$ とでできる平行四辺形の領域になる。

したがって，この領域の面積 $|X_1Y_2-X_2Y_1|$ を，XY 平面上の面積要素 $dxdy$ とおくので，

$$\begin{aligned} dxdy &= |X_1Y_2-X_2Y_1| \\ &= |\alpha U\cdot\delta V-\beta V\cdot\gamma U| \end{aligned}$$

図 2　面積要素 $du\cdot dv$

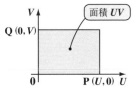

図 3　面積要素の変換
（ⅰ）UV 平面

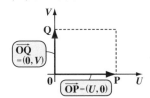

（ⅱ）XY 平面

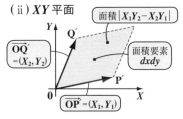

以上より，

$$dxdy = |\alpha \cdot \delta - \beta \cdot \gamma| UV = \left| \frac{\partial x}{\partial u} \cdot \frac{\partial y}{\partial v} - \frac{\partial x}{\partial v} \cdot \frac{\partial y}{\partial u} \right| dudv \quad \text{となる。}$$

この絶対値の中身を "**ヤコビアン**" J で表す。

この絶対値の中身は，形式的に，行列 $A = \begin{pmatrix} \dfrac{\partial x}{\partial u} & \dfrac{\partial x}{\partial v} \\ \dfrac{\partial y}{\partial u} & \dfrac{\partial y}{\partial v} \end{pmatrix}$ とおくと，

行列式 $\det A = \begin{vmatrix} \dfrac{\partial x}{\partial u} & \dfrac{\partial x}{\partial v} \\ \dfrac{\partial y}{\partial u} & \dfrac{\partial y}{\partial v} \end{vmatrix} = \dfrac{\partial x}{\partial u} \cdot \dfrac{\partial y}{\partial v} - \dfrac{\partial x}{\partial v} \cdot \dfrac{\partial y}{\partial u}$ で表すことができる。

これを "**ヤコビアン**" または "**ヤコビの行列式**" と呼び，アルファベットの "J" で表す。以上より，$x = x(u, v)$，$y = y(u, v)$ のとき，面積要素 $dxdy$ は，$dxdy = |J| dudv$ と表されるんだね。

さァ，それでは，今回の例題を正確に解いてみよう。

$D = \{(x, y) \mid 0 \leq \overset{u}{\overbrace{(2x+y)}} \leq \pi, \ 0 \leq \overset{v}{\overbrace{(2x-y)}} \leq \pi\}$ における 関数 $f(x, y) =$

$(\overset{u}{\overbrace{2x+y}}) \sin (\overset{v}{\overbrace{2x-y}})$ の重積分 $\iint_D f(x, y) \, dxdy$ は，

$2x+y=u$，$2x-y=v$，すなわち，$x = \dfrac{u+v}{4}$，$y = \dfrac{u-v}{2}$ とおくと，

$$\iint_D f(x, y) \, dxdy = \iint_{D'} u \cdot \sin v \boxed{|J|} \, dudv \quad \text{となる。}$$

$\dfrac{\partial x}{\partial u} = \dfrac{1}{4}$, $\dfrac{\partial x}{\partial v} = \dfrac{1}{4}$, $\dfrac{\partial y}{\partial u} = \dfrac{1}{2}$, $\dfrac{\partial y}{\partial v} = -\dfrac{1}{2}$ より，ヤコビアン J は

$J = \begin{vmatrix} \dfrac{1}{4} & \dfrac{1}{4} \\ \dfrac{1}{2} & -\dfrac{1}{2} \end{vmatrix} = \dfrac{1}{4} \cdot \left(-\dfrac{1}{2}\right) - \dfrac{1}{4} \cdot \dfrac{1}{2} = -\dfrac{1}{4}$ より，$|J| = \dfrac{1}{4}$

以上より，

$$\iint_D f(x, y)\, dxdy = \int_0^\pi \left(\int_0^\pi u \cdot \sin v \cdot \boxed{\frac{1}{4}}\, dv \right) du$$

$|J|$ → コレが重要！

$$= \int_0^\pi \frac{u}{4} [-\cos v]_0^\pi\, du = \int_0^\pi \frac{u}{4}(1+1)\, du$$

v の積分では定数扱い

$$= \frac{1}{2}\int_0^\pi u\, du = \frac{1}{2}\left[\frac{1}{2}u^2 \right]_0^\pi = \frac{\pi^2}{4}$$

と，正解が導ける！

> 積 $u \cdot \sin v$ について，u には v が，$\sin v$ には u が含まれていないので，
> $$\frac{1}{4}\int_0^\pi u\, du \int_0^\pi \sin v\, dv$$
> $\left[\frac{1}{2}u^2\right]_0^\pi$　$[-\cos v]_0^\pi$
> と個別に積分してもいいよ。

● 極座標への変換は，特に重要だ！

x と y の変数変換の中でも特に重要な変数変換は，極座標変換なんだね。

$x = r \cdot \cos\theta,\ y = r \cdot \sin\theta$ とおくと，$x = x(r, \theta),\ y = y(r, \theta)$ だから，

$\dfrac{\partial x}{\partial r} = \cos\theta,\ \dfrac{\partial x}{\partial \theta} = -r\sin\theta,\ \dfrac{\partial y}{\partial r} = \sin\theta,\ \dfrac{\partial y}{\partial \theta} = r\cos\theta$ より，このときのヤコビアン J は，

$$J = \begin{vmatrix} \dfrac{\partial x}{\partial r} & \dfrac{\partial x}{\partial \theta} \\ \dfrac{\partial y}{\partial r} & \dfrac{\partial y}{\partial \theta} \end{vmatrix} = \begin{vmatrix} \cos\theta & -r\sin\theta \\ \sin\theta & r\cos\theta \end{vmatrix} = \cos\theta \cdot r\cos\theta - (-r)\sin\theta \cdot \sin\theta$$

$$= r(\cos^2\theta + \sin^2\theta) = r \quad となる。$$

したがって，2変数関数 $f(x, y)$ の xy 平面上の領域 D における重積分を，極座標の変数 r と θ に変換して重積分するとき，$r\theta$ 平面上の新たな領域を D' とおくと，

$$\iint_D f(x, y)\, dxdy = \iint_{D'} f(r\cos\theta,\ r\sin\theta) \boxed{r}\, drd\theta$$

$|J|$ ← 重要！

となる。

これは，非常によく使う変換公式だから，$|J| = r$ となることもシッカリ頭に入れておいてくれ。一般に，領域が円と関連しているときは，極座標への変換でうまくいくことが多いよ。

それでは，例題を **2** 題やっておこう。次のそれぞれの関数の各領域における重積分を求めてみよう。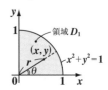

円が絡んでいるから，極座標に変換！

(1) $f(x, y) = x + y$ $D_1 = \{(x, y) \mid \underline{x^2 + y^2 \le 1},\ x \ge 0,\ y \ge 0\}$

(2) $g(x, y) = x^2 + y^2$ $D_2 = \{(x, y) \mid \underline{(x-1)^2 + y^2 \le 1},\ y \ge 0\}$

(1) x, y を極座標で表すと，

$x = r \cos\theta,\ y = r \sin\theta$ より

図 **4**(i) の領域 $D_1 : x^2 + y^2 \le 1,\ x \ge 0,$

$y \ge 0$ は，極座標系では図 **4**(ii) の領

域 $D_1' : 0 \le \theta \le \dfrac{\pi}{2},\ 0 \le r \le 1$ になる。

以上より，求める重積分 V_1 は

図 **4**(i) xy 座標系での領域 D_1

(ii) 極座標系における領域 D_1'

$$V_1 = \iint_{D_1} f(x, y)\, dxdy$$

$$= \iint_{D_1'} f(r \cos\theta,\ r \sin\theta)\underbrace{(r)}_{|J|}\, drd\theta$$

$$\underbrace{r(\cos\theta + \sin\theta)}$$

$$= \int_0^{\frac{\pi}{2}} \left(\int_0^1 r(\cos\theta + \sin\theta) r\, dr \right) d\theta$$

r^2 には θ が，$\cos\theta + \sin\theta$ には r が含まれていないので，別々に積分できる。

$$= \int_0^{\frac{\pi}{2}} (\cos\theta + \sin\theta)\, d\theta \cdot \int_0^1 r^2\, dr = \left[\sin\theta - \cos\theta \right]_0^{\frac{\pi}{2}} \cdot \left[\frac{1}{3} r^3 \right]_0^1$$

$$= \{1 - \cancel{0} - (\cancel{0} - 1)\} \cdot \frac{1}{3} = \frac{2}{3} \quad \cdots\cdots\cdots\cdots\cdots\cdots\cdots\text{(答)}$$

(2) 今回も，極座標に変換すると

$(x-1)^2 + y^2 \le 1$ は，

$(r \cos\theta - 1)^2 + (r \sin\theta)^2 \le 1$

$$r^2(\underbrace{\cos^2\theta + \sin^2\theta}_{1}) - 2r \cos\theta + \cancel{1} \le \cancel{1}$$

$r(r - 2 \cos\theta) \le 0$

$$0 \le r \le \underline{2 \cos\theta} \quad \left(0 \le \theta \le \frac{\pi}{2} \right)$$

$\boxed{0 \text{ 以上}}$

図 **5**(i) xy 座標系での領域 D_2

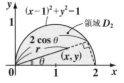

(ii) 極座標系における領域 D_2'

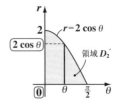

よって，図 5(i) の領域 $D_2 : (x-1)^2 + y^2 \leq 1$，$y \geq 0$ は，極座標平面では，図 5(ii) の領域 $D_2' : 0 \leq r \leq 2\cos\theta$，$0 \leq \theta \leq \dfrac{\pi}{2}$ になる。

以上より，求める重積分 V_2 は，

$$V_2 = \iint_{D_2} g(x, y)\, dxdy$$

$$= \iint_{D_2'} \underbrace{g(r\cos\theta, r\sin\theta)}_{(r\cos\theta)^2 + (r\sin\theta)^2 = r^2} \overbrace{r}^{\boxed{|J|}}\, drd\theta$$

$$= \int_0^{\frac{\pi}{2}} \left(\int_0^{2\cos\theta} r^2 \cdot r\, dr \right) d\theta \;\longleftarrow$$

まず，θ を固定して，区間 $0 \leq r \leq 2\cos\theta$ で $g(r\cos\theta, r\sin\theta)$ を r で積分し，次に区間 $0 \leq \theta \leq \dfrac{\pi}{2}$ で，θ で積分する。

$$= \int_0^{\frac{\pi}{2}} \left[\frac{1}{4} r^4 \right]_0^{2\cos\theta} d\theta$$

$$= \frac{1}{4} \int_0^{\frac{\pi}{2}} 16 \cdot \cos^4\theta\, d\theta$$

$$= 4 \int_0^{\frac{\pi}{2}} \cos^4\theta\, d\theta$$

$\cos^n\theta$ の積分公式より，

$J_4 = \displaystyle\int_0^{\frac{\pi}{2}} \cos^4\theta\, d\theta$ とおくと，

$J_4 = \dfrac{3}{4} \cdot \dfrac{1}{2} \cdot J_0 = \dfrac{3}{4} \cdot \dfrac{1}{2} \cdot \dfrac{\pi}{2}$

$\boxed{\displaystyle\int_0^{\frac{\pi}{2}} d\theta = [\theta]_0^{\frac{\pi}{2}} = \dfrac{\pi}{2}}$

$$= \cancel{4} \cdot \frac{3}{\cancel{4}} \cdot \frac{1}{2} \cdot \frac{\pi}{2}$$

$$= \frac{3}{4}\pi \;\dotfill\; (答)$$

どう？これで，極座標による重積分の変数変換にも慣れたと思う。さらに演習問題で，実力に磨きをかけていこう！オ～!!

領域 $D = \{(x, y) \mid 1 \le x + y \le 2, \ 0 \le x - y \le 1\}$ における

$f(x, y) = \dfrac{\tan^{-1}(x - y)}{x + y}$ の重積分 V を求めよ。

ヒント！ 領域と関数 $f(x, y)$ の式の形から，$x + y = u$，$x - y = v$ と変数変換

し，ヤコビアンを計算して，u, v での重積分にもち込む。

解答＆解説

$x + y = u$ ……①，$x - y = v$ ……②

とおくと，図（ⅰ）で示す xy 座標系における

領域 $D : \underline{1 \le x + y \le 2}$，$\underline{0 \le x - y \le 1}$ は，

$\boxed{-x + 1 \le y \le -x + 2}$ $\boxed{x - 1 \le y \le x}$

図（ⅱ）に示すように，uv 座標系での新たな

領域 $D' : 1 \le u \le 2$，$0 \le v \le 1$ に変換される。

また，関数 $f(x, y) = \dfrac{\tan^{-1}(x - y)}{x + y}$ も

$f\left(\dfrac{u + v}{2}, \dfrac{u - v}{2}\right) = \dfrac{\tan^{-1} v}{u}$ になる。

（ⅰ）xy 座標系での領域 D

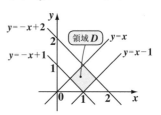

（ⅱ）uv 座標系での領域 D'

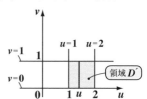

$\dfrac{① + ②}{2}$ より，$x = \dfrac{u + v}{2}$ ……③　　$\dfrac{① - ②}{2}$ より，$y = \dfrac{u - v}{2}$ ……④

③，④より，

$\dfrac{\partial x}{\partial u} = \dfrac{1}{2}$，$\dfrac{\partial x}{\partial v} = \dfrac{1}{2}$，$\dfrac{\partial y}{\partial u} = \dfrac{1}{2}$，$\dfrac{\partial y}{\partial v} = -\dfrac{1}{2}$

よって，ヤコビアン J は

$J = \begin{vmatrix} \dfrac{\partial x}{\partial u} & \dfrac{\partial x}{\partial v} \\ \dfrac{\partial y}{\partial u} & \dfrac{\partial y}{\partial v} \end{vmatrix} = \begin{vmatrix} \dfrac{1}{2} & \dfrac{1}{2} \\ \dfrac{1}{2} & -\dfrac{1}{2} \end{vmatrix} = \dfrac{1}{2} \cdot \left(-\dfrac{1}{2}\right) - \dfrac{1}{2} \cdot \dfrac{1}{2} = -\dfrac{1}{2}$

以上より，求める重積分 V を，D' における重積分に変換すると，

$$V = \iint_D f(x, y)\, dxdy = \iint_{D'} f\left(\frac{u+v}{2}, \frac{u-v}{2}\right) \boxed{J}\, dudv$$

これが重要

$$\underbrace{\frac{\tan^{-1} v}{u}} \qquad \left|-\frac{1}{2}\right| = \frac{1}{2}$$

$$= \int_1^2 \left(\int_0^1 \frac{\tan^{-1} v}{u} \cdot \frac{1}{2}\, dv \right) du$$

積分区間も含めて，u と v での積分をそれぞれ独立に行える。

$$= \frac{1}{2} \underbrace{\int_1^2 \frac{1}{u}\, du}_{\text{⑦}} \cdot \underbrace{\int_0^1 \tan^{-1} v\, dv}_{\text{①}} \quad \cdots\cdots ⑤$$

ここで，

⑦ $$\int_1^2 \frac{1}{u}\, du = \big[\log|u|\big]_1^2 = \log 2$$

① $$\int_0^1 \tan^{-1} v\, dv = \int_0^1 v' \cdot \tan^{-1} v\, dv$$

部分積分法 $\qquad \underbrace{\frac{1}{1+v^2}}$

$$= \big[v \cdot \tan^{-1} v\big]_0^1 - \int_0^1 v \cdot \left(\underbrace{(\tan^{-1} v)'}\right) dv$$

$$= 1 \cdot \tan^{-1} 1 - \int_0^1 \frac{v}{1+v^2}\, dv$$

$$= \underbrace{\tan^{-1} 1}_{\frac{\pi}{4}} - \frac{1}{2} \int_0^1 \frac{\overbrace{2v}^{f'}}{\underbrace{1+v^2}_{f}}\, dv$$

$$= \frac{\pi}{4} - \frac{1}{2} \big[\log(1+v^2)\big]_0^1$$

$$= \frac{\pi}{4} - \frac{1}{2} \log 2$$

以上⑦，①を⑤に代入して，求める重積分 V は，

$$V = \frac{1}{2} \cdot \underbrace{\log 2}_{\text{⑦}} \cdot \underbrace{\left(\frac{\pi}{4} - \frac{1}{2}\log 2\right)}_{\text{①}} = \frac{1}{8}(\pi - 2\log 2) \cdot \log 2 \quad \cdots\cdots\cdots\cdots (答)$$

半球：$x^2+y^2+z^2 \leqq 4$ かつ $z \geqq 0$ と円柱：$(x-1)^2+y^2 \leqq 1$ の共通部分の体積 V を求めよ。

ヒント！ 半球面：$z=f(x,y)=\sqrt{4-(x^2+y^2)}$ を，領域 $D:(x-1)^2+y^2 \leqq 1$ において重積分すればよい。当然極座標に変数変換する。

解答＆解説

$x^2+y^2+z^2=4$　$(z \geqq 0)$ を変形して，

$z^2=4-(x^2+y^2)$,　　$z \geqq 0$

よって，この半球面の方程式は

$z=f(x,y)=\sqrt{4-(x^2+y^2)}$　とおける。

これを，領域 $D:(x-1)^2+y^2 \leqq 1$ で重積分したものが，求める立体の体積 V である。

$$\therefore V=\iint_D f(x,y)\,dxdy$$

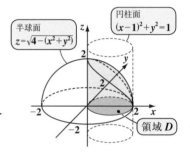

ここで，変数 x,y を極座標 r,θ に変換すると，$x=r\cos\theta$，$y=r\sin\theta$ より，領域 D は，

$(r\cos\theta-1)^2+(r\sin\theta)^2 \leqq 1$

$r^2\underline{(\cos^2\theta+\sin^2\theta)}-2r\cos\theta \leqq 0$
$\qquad\qquad\underset{①}{}$

$r(r-2\cos\theta) \leqq 0$　$\left(-\dfrac{\pi}{2} \leqq \theta \leqq \dfrac{\pi}{2}\right)$

ここで，図形の対称性から D の半分の領域 $(x-1)^2+y^2 \leqq 1$，$y \geqq 0$ のみで重積分して，2 倍しても，体積 V が計算できるので，新たな極座標での半領域 D' は，

$D':0 \leqq \theta \leqq \dfrac{\pi}{2}$，$0 \leqq r \leqq 2\cos\theta$　となる。

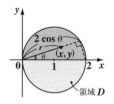

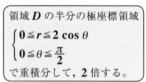

領域 D の半分の極座標領域
$\begin{cases} 0 \leqq r \leqq 2\cos\theta \\ 0 \leqq \theta \leqq \dfrac{\pi}{2} \end{cases}$
で重積分して，2 倍する。

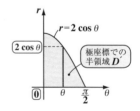

以上より，求める立体の体積 V は，

$$V=\iint_D f(x,\,y)\,dxdy=2\times\iint_{D'}\overset{\sqrt{4-(r^2\cos^2\theta+r^2\sin^2\theta)}}{f(r\cos\theta,\,r\sin\theta)}\overset{\boxed{|J|}}{\underline{(r)}}\,drd\theta$$

$$\left[\quad\text{（図）}\quad=\quad 2\quad\times\quad\text{（図）}\quad\right]$$

$$=2\int_0^{\frac{\pi}{2}}\left(\int_0^{2\cos\theta}\sqrt{4-r^2}\,r\,dr\right)d\theta$$

$$=2\int_0^{\frac{\pi}{2}}\left\{\int_0^{2\cos\theta}r(4-r^2)^{\frac{1}{2}}\,dr\right\}d\theta$$

ここで，
$$\left\{(4-r^2)^{\frac{3}{2}}\right\}'$$
$$=\frac{3}{2}(4-r^2)^{\frac{1}{2}}\cdot(-2r)$$
$$=-3r\cdot(4-r^2)^{\frac{1}{2}}$$
を利用した！

$$=2\int_0^{\frac{\pi}{2}}\left[-\frac{1}{3}(4-r^2)^{\frac{3}{2}}\right]_0^{2\cos\theta}d\theta$$

$$\boxed{(2^2)^{\frac{3}{2}}=2^3=8}$$

$$=-\frac{2}{3}\int_0^{\frac{\pi}{2}}\left\{(4-4\cos^2\theta)^{\frac{3}{2}}-\boxed{4^{\frac{3}{2}}}\right\}d\theta$$

$$\boxed{\{2^2\cdot(1-\cos^2\theta)\}^{\frac{3}{2}}=\{(2\cdot\sin\theta)^2\}^{\frac{3}{2}}=2^3\cdot\sin^3\theta=8\sin^3\theta}$$

$$=-\frac{2}{3}\int_0^{\frac{\pi}{2}}(8\sin^3\theta-8)\,d\theta$$

$$=\frac{16}{3}\int_0^{\frac{\pi}{2}}(1-\sin^3\theta)\,d\theta$$

$$\boxed{I_3\text{とおくと}}$$

$\sin^n\theta$ の積分公式より，
$$I_3=\frac{2}{3}\cdot I_1$$
$$=\frac{2}{3}\int_0^{\frac{\pi}{2}}\sin\theta\,d\theta$$
$$=\frac{2}{3}\cdot[-\cos\theta]_0^{\frac{\pi}{2}}$$
$$=\frac{2}{3}\cdot 1$$

$$=\frac{16}{3}\left\{[\,\theta\,]_0^{\frac{\pi}{2}}-\int_0^{\frac{\pi}{2}}\sin^3\theta\,d\theta\right\}$$

$$=\frac{16}{3}\left(\frac{\pi}{2}-\frac{2}{3}\right)$$

$$=\frac{16}{3}\cdot\frac{1}{6}\cdot(3\pi-4)$$

$$=\frac{8}{9}(3\pi-4)\quad\cdots\cdots\cdots\cdots\cdots\cdots\cdots\cdots\text{(答)}$$

放物面体：$z \leqq 4 - (x^2 + y^2)$ かつ $z \geqq 0$ と，円柱：$x^2 + (y-1)^2 \leqq 1$ の共通部分の体積 V を求めよ。

ヒント！　放物面：$z = f(x, y) = 4 - (x^2 + y^2)$ を，領域 $D : x^2 + (y-1)^2 \leqq 1 (z=0)$ において重積分すればいい。積分の際，極座標変換するので，ヤコビアン $|J|$ を利用しよう。

解答＆解説

放物面：$z \leqq f(x, y) = 4 - (x^2 + y^2)$ …① $(z \geqq 0)$ と，円柱：$x^2 + (y-1)^2 \leqq 1$ …② の共通部分の体積 V は，$y = f(x, y)$ を xy 平面上 $(z=0)$ で②で表される領域 D で重積分して求められる。

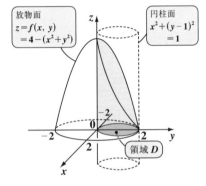

$$\therefore V = \iint_D \underbrace{f(x, y)}_{\substack{4-(x^2+y^2) \\ =4-r^2}} \underbrace{dxdy}_{\substack{|J|dr d\theta \\ =r dr d\theta}} \cdots\cdots ③$$

ここで，変数 x, y を極座標 r, θ に変換すると，$x = r\cos\theta$，$y = r\sin\theta$ より，xy 平面 $(z=0)$ 上の領域 $D(②)$ は，

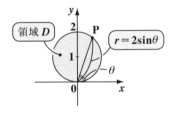

$$r^2 \cos^2\theta + (r\sin\theta - 1)^2 \leqq 1$$
$$\underbrace{r^2(\cos^2\theta + \sin^2\theta) - 2r\sin\theta + 1 \leqq 1}_{①}$$

$r(r - 2\sin\theta) \leqq 0 \quad (0 \leqq \theta \leqq \pi)$

よって，極座標での新たな領域 D' は，

$D' : 0 \leqq \theta \leqq \pi,\ 0 \leqq r \leqq 2\sin\theta$ となる。

①の放物面 $z = f(x, y)$ も極座標で表すと，

$z = f(x, y) = 4 - (x^2 + y^2)$ より，

$$r^2 \cos^2\theta + r^2 \sin^2\theta = r^2(\cos^2\theta + \sin^2\theta) = r^2 \cdot 1 = r^2$$

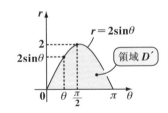

$z=f(x,\ y)=4-r^2\ \cdots$① であり，面要素 $dxdy$ は，ヤコビアン $|J|$ を用いて，
$dxdy=\underbrace{|J|}_{r}dr\cdot d\theta=r\,dr\,d\theta\ \cdots\cdots$④　となる。

以上より，求める立体の体積 V は，③に，①´と④を代入して，

$$V=\iint_D f(x,\ y)\ dxdy=\iint_{D'}\underbrace{(4-r^2)}_{4-(x^2+y^2)(①´より)}\cdot\underbrace{r}_{|J|(ヤコビアンの絶対値)}\cdot\,dr\,d\theta$$

$$=\int_0^\pi\left\{\underline{\int_0^{2\sin\theta}(4r-r^3)dr}\right\}d\theta$$

$\left[2r^2-\dfrac{1}{4}r^4\right]_0^{2\sin\theta}=2\cdot4\sin^2\theta-\dfrac{1}{4}\cdot16\sin^4\theta$

半角の公式・
$\sin^2\alpha=\dfrac{1-\cos2\alpha}{2}$
$\cos^2\alpha=\dfrac{1+\cos2\alpha}{2}$

$=8\underbrace{\sin^2\theta}_{\frac{1}{2}(1-\cos2\theta)}-4\underbrace{\sin^4\theta}_{\left\{\frac{1}{2}(1-\cos2\theta)\right\}^2}$

$=8\cdot\dfrac{1}{2}(1-\cos2\theta)-\not4\cdot\dfrac{1}{\not4}(1-\cos2\theta)^2$

$=4(1-\cos2\theta)-(1-2\cos2\theta+\underbrace{\cos^22\theta}_{\frac{1}{2}(1+\cos4\theta)=\frac{1}{2}+\frac{1}{2}\cos4\theta})$

$=4-4\cos2\theta-\left(\dfrac{3}{2}-2\cos2\theta+\dfrac{1}{2}\cos4\theta\right)$

$=\dfrac{5}{2}-2\cos2\theta-\dfrac{1}{2}\cos4\theta$

よって，求める体積 V は，

$$V=\int_0^\pi\left(\dfrac{5}{2}-2\cos2\theta-\dfrac{1}{2}\cos4\theta\right)d\theta$$

$$=\left[\dfrac{5}{2}\theta-\underbrace{\sin2\theta}_{\substack{0\\(\because\sin2\pi=\sin0=0)}}-\dfrac{1}{8}\underbrace{\sin4\theta}_{\substack{0\\(\because\sin4\pi=\sin0=0)}}\right]_0^\pi=\dfrac{5}{2}(\pi-0)\ \ \text{より，}$$

$\therefore V=\dfrac{5}{2}\pi$ である。$\cdots\cdots\cdots\cdots\cdots\cdots\cdots\cdots\cdots\cdots\cdots\cdots\cdots\cdots$(答)

$\displaystyle\int_{-\infty}^{\infty} e^{-x^2} dx = \sqrt{\pi}$ ……$(*)$ となることを，次の手順に従って示せ。

(1) 重積分 $\displaystyle\int_{-\infty}^{\infty}\int_{-\infty}^{\infty} e^{-x^2-y^2} dxdy$ を，極座標に変数変換し，$x = r\cos\theta$，$y = r\sin\theta$ とおいて，求めよ。

(2) $\displaystyle\int_{-\infty}^{\infty}\int_{-\infty}^{\infty} e^{-x^2-y^2} dxdy = \left(\int_{-\infty}^{\infty} e^{-x^2} dx\right)^2$ を使って，$(*)$ が成り立つことを示せ。

(3) $(*)$ の x を用いて，$x = \dfrac{z}{\sqrt{2}}$ と変換して，$\dfrac{1}{\sqrt{2\pi}}\displaystyle\int_{-\infty}^{\infty} e^{-\frac{z^2}{2}} dz = 1 \cdots (*)'$ が成り立つことを示せ。

ヒント！ **(1)** 極座標への変換では，$|J| = r$ となることがポイント。**(2)** x や y の文字の違いに意味がないことに注意する。

解答＆解説

(1) $V = \displaystyle\int_{-\infty}^{\infty}\int_{-\infty}^{\infty} e^{-x^2-y^2} dxdy$ ………① とおく。

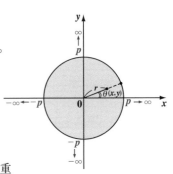

x, y を極座標に変換すると，

$x = r\cdot\cos\theta, \quad y = r\cdot\sin\theta$

ここで，新たな $r\theta$ 座標系での領域

$0 \le \theta \le 2\pi, \quad 0 \le r \le p \quad (p: \text{正の定数})$

を作り，$p \to \infty$ とすることにより，①の重積分を行うことができる。

この場合のヤコビアンを J とおくと，

$|J| = r$ となる。

以上より，①を変形して，

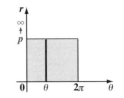

$$V = \int_{-\infty}^{\infty}\int_{-\infty}^{\infty} e^{\overbrace{-x^2-y^2}} dxdy$$

$\overbrace{-(r^2\cos^2\theta + r^2\sin^2\theta) = -r^2}$

$$= \lim_{p\to\infty}\int_0^{2\pi}\left(\int_0^p e^{-r^2}\underbrace{r}_{|J|}\, dr\right)d\theta$$

$$= \lim_{p \to \infty} \int_0^{2\pi} d\theta \cdot \int_0^p r \cdot e^{-r^2} dr \quad \longleftarrow \boxed{r \ \text{と} \ \theta \ \text{で, それぞれ} \\ \text{独立に積分できる。}}$$

$$= \lim_{p \to \infty} [\theta]_0^{2\pi} \cdot \left[-\frac{1}{2} e^{-r^2} \right]_0^p$$

$$= \lim_{p \to \infty} 2\pi \cdot \frac{1}{2} \left(1 - \underbrace{(e^{-p^2})}_{0} \right) = \pi \quad \cdots\cdots ② \quad \cdots\cdots\cdots\cdots\cdots\cdots (答)$$

$(2) V = \displaystyle\int_{-\infty}^{\infty}\int_{-\infty}^{\infty} e^{-x^2-y^2} dx dy = \int_{-\infty}^{\infty} e^{-x^2} dx \cdot \int_{-\infty}^{\infty} e^{-y^2} dy$

$$\boxed{\int_{-\infty}^{\infty} e^{-x^2} dx} \quad \boxed{\text{文字変数は} \\ x \ \text{でもかまわない}}$$

$$= \left(\int_{-\infty}^{\infty} e^{-x^2} dx \right)^2 \quad \cdots\cdots ③$$

以上②, ③より,

$$\left(\int_{-\infty}^{\infty} \underset{\oplus}{e^{-x^2}} dx \right)^2 = \pi$$

$$\therefore \int_{-\infty}^{\infty} e^{-x^2} dx = \sqrt{\pi} \quad \cdots\cdots (*) \ \text{は成り立つ。} \quad \cdots\cdots\cdots\cdots\cdots\cdots\cdots (終)$$

$(3) (*)$ の x を, $x = \dfrac{z}{\sqrt{2}}$ により, 新たな変数 z に変換すると,

$dx = \dfrac{1}{\sqrt{2}} dz$ であり, また $x: -\infty \to \infty$ のとき, $z: -\infty \to \infty$ より,

$$((*) \text{の左辺}) = \int_{-\infty}^{\infty} e^{-x^2} dx = \int_{-\infty}^{\infty} e^{-\left(\frac{z}{\sqrt{2}}\right)^2} \cdot \frac{1}{\sqrt{2}} dz$$

$$= \boxed{\frac{1}{\sqrt{2}} \int_{-\infty}^{\infty} e^{-\frac{z^2}{2}} dz = \sqrt{\pi}} = ((*) \text{の右辺}) \ \text{となる。}$$

以上より,

$$\frac{1}{\sqrt{2\pi}} \int_{-\infty}^{\infty} e^{-\frac{z^2}{2}} dz = 1 \quad \cdots\cdots (*)' \ \text{が成り立つ。} \quad \cdots\cdots\cdots\cdots\cdots\cdots (終)$$

$(*)'$ の右辺の 1 を全確率 1 とみて, $f(z) = \dfrac{1}{\sqrt{2\pi}} e^{-\frac{z^2}{2}}$ とおくと, $f(z)$ は, 確率・統計の標準正規分布 $N(0, 1)$ の確率密度になっているんだね。大丈夫?

§3. 曲面の面積

重積分の応用として，xyz 座標空間上に曲面 $z = f(x, y)$ が与えられたとき，xy 座標平面上の領域 D に対応するこの曲面の部分の面積の求め方について，解説しよう。ベクトルの"外積"の知識も必要となるけれど，視野が広がって，さらに面白くなると思う。

● まず，ベクトルの外積から解説しよう！

同一直線上にない 2 つの 3 次元ベクトル a と b の"外積"について，解説しよう。a と b の内積は $a \cdot b$ と表し，これはスカラー量 (1 つの数値)となるのはいいね。これに対して，a と b の外積は $a \times b$ と表し，これは，ベクトルとなるので，これを c で表すと

$$a \times b = c \quad \longleftarrow \boxed{\text{これが外積を表すベクトルだ。}}$$

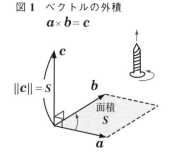

図1 ベクトルの外積
$$a \times b = c$$

となる。この外積 c の特徴は図 1 に示すように，次の 2 つだ。

(i) c は a と b の両方に直交する。つまり，$c \perp a$ かつ $c \perp b$ であり，さらに，その向きは，a から b に向かうように回転するとき，右ねじが進む向きになる。

(ii) c のノルム (大きさ) は，a と b を 2 辺にもつ平行四辺形の面積 S と等しい。つまり，$\|c\| = S$ となる。

では，a と b の外積をどのように求めるかについても，解説しよう。3 次元ベクトル a と b が，

$a = [a_1, a_2, a_3]$，$b = [b_1, b_2, b_3]$ と成分表示されているとき，その外積 $a \times b$ の各 x, y, z 成分は図 2 に示すようにテクニカルに求めることができる。

(i) まず，$a = [a_1, a_2, a_3]$ と $b = [b_1, b_2, b_3]$ の成分を上下に横に並べて書き，最後に a_1 と b_1 をそれぞれ付け加える。

（ⅱ）真中の $\begin{vmatrix} a_2 & a_3 \\ b_2 & b_3 \end{vmatrix}$ を行列式で計

算する要領でたすきがけして
$a_2b_3 - a_3b_2$ を求め，外積の x
成分とする。

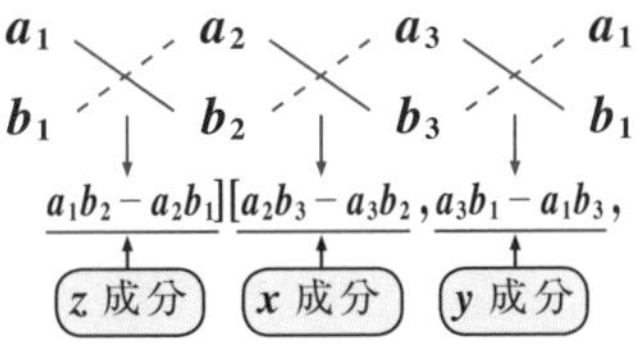

同様に，右の $\begin{vmatrix} a_3 & a_1 \\ b_3 & b_1 \end{vmatrix}$ を a_3b_1

図2　外積 $\boldsymbol{a} \times \boldsymbol{b}$ の求め方

$a_1b_2 - a_2b_1$][$a_2b_3 - a_3b_2$, $a_3b_1 - a_1b_3$,

（ z 成分）（ x 成分）（ y 成分）

$- a_1b_3$ と計算して，外積の y 成分とする。

そして，最後に，左の $\begin{vmatrix} a_1 & a_2 \\ b_1 & b_2 \end{vmatrix}$ も同様に $a_1b_2 - a_2b_1$ と計算して，外積

の z 成分とする。

以上（ⅰ）（ⅱ）から，$\boldsymbol{a}$ と $\boldsymbol{b}$ の外積を $\boldsymbol{c}$ とおくと，

$\boldsymbol{c} = \boldsymbol{a} \times \boldsymbol{b} = [a_2b_3 - a_3b_2, \quad a_3b_1 - a_1b_3, \quad a_1b_2 - a_2b_1]$ 　が求まるんだね。

そして，このノルムが $\boldsymbol{a}$ と $\boldsymbol{b}$ を2辺とする平行四辺形の面積 S になるわ

けだから，この S は，次のように計算することができるんだね。

$S = \|\boldsymbol{c}\| = \sqrt{(a_2b_3 - a_3b_2)^2 + (a_3b_1 - a_1b_3)^2 + (a_1b_2 - a_2b_1)^2}$

以上をまとめておこう。

$\boldsymbol{a}$ と $\boldsymbol{b}$ の外積 $\boldsymbol{a} \times \boldsymbol{b}$

2つの3次元ベクトル $\boldsymbol{a} = [a_1, \quad a_2, \quad a_3]$, $\boldsymbol{b} = [b_1, \quad b_2, \quad b_3]$ について，

(1) 外積 $\boldsymbol{a} \times \boldsymbol{b}$ は，次のようになる。

　　$\boldsymbol{a} \times \boldsymbol{b} = [a_2b_3 - a_3b_2, \quad a_3b_1 - a_1b_3, \quad a_1b_2 - a_2b_1]$ ……($*1$)

(2) $\boldsymbol{a}$ と $\boldsymbol{b}$ を2辺とする平行四辺形の面積を S とおくと，これは外

　　積のノルム $\|\boldsymbol{a} \times \boldsymbol{b}\|$ と等しいので，次式で計算できる。

　　$S = \|\boldsymbol{a} \times \boldsymbol{b}\|$

　　　$= \sqrt{(a_2b_3 - a_3b_2)^2 + (a_3b_1 - a_1b_3)^2 + (a_1b_2 - a_2b_1)^2}$ 　……($*2$)

でも，何故外積 $\boldsymbol{a} \times \boldsymbol{b}$ のノルムが $\boldsymbol{a}$ と $\boldsymbol{b}$ を2辺にもつ平行四辺形の

面積 S と等しくなるか，知りたいって!? いいよ，解説しておこう。$\boldsymbol{a}$ と

$\boldsymbol{b}$ がなす角を θ とおくと，$\boldsymbol{a}$ と $\boldsymbol{b}$ を2辺にもつ平行四辺形の面積 S は次

の図に示すように，

$S = \|\boldsymbol{a}\|\,\|\boldsymbol{b}\|\,\sin\theta$ ……① となる。

$\underbrace{\phantom{\|\boldsymbol{a}\|}}_{\text{底辺}}\ \underbrace{\phantom{\|\boldsymbol{b}\|\sin\theta}}_{\text{高さ}}$

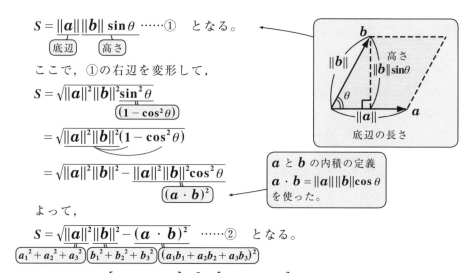

ここで，①の右辺を変形して，

$S = \sqrt{\|\boldsymbol{a}\|^2\|\boldsymbol{b}\|^2\underbrace{\sin^2\theta}_{(1-\cos^2\theta)}}$

$\quad = \sqrt{\underbrace{\|\boldsymbol{a}\|^2\|\boldsymbol{b}\|^2(1-\cos^2\theta)}}$

$\quad = \sqrt{\|\boldsymbol{a}\|^2\|\boldsymbol{b}\|^2 - \underbrace{\|\boldsymbol{a}\|^2\|\boldsymbol{b}\|^2\cos^2\theta}_{(\boldsymbol{a}\cdot\boldsymbol{b})^2}}$

> $\boldsymbol{a}$ と $\boldsymbol{b}$ の内積の定義
> $\boldsymbol{a}\cdot\boldsymbol{b} = \|\boldsymbol{a}\|\,\|\boldsymbol{b}\|\cos\theta$
> を使った。

よって，

$S = \sqrt{\underbrace{\|\boldsymbol{a}\|^2}_{a_1{}^2+a_2{}^2+a_3{}^2}\underbrace{\|\boldsymbol{b}\|^2}_{b_1{}^2+b_2{}^2+b_3{}^2} - \underbrace{(\boldsymbol{a}\cdot\boldsymbol{b})^2}_{(a_1b_1+a_2b_2+a_3b_3)^2}}$ ……② となる。

ここで，$\boldsymbol{a}=[a_1,\ a_2,\ a_3]$, $\boldsymbol{b}=[b_1,\ b_2,\ b_3]$ より，

$\|\boldsymbol{a}\|^2 = a_1{}^2+a_2{}^2+a_3{}^2$, $\|\boldsymbol{b}\|^2 = b_1{}^2+b_2{}^2+b_3{}^2$, $\boldsymbol{a}\cdot\boldsymbol{b} = a_1b_1+a_2b_2+a_3b_3$

を②に代入して，計算は少しメンドウだけれど，これらをまとめれば，平行四辺形の面積 S の公式

$S = \sqrt{(a_2b_3 - a_3b_2)^2 + (a_3b_1 - a_1b_3)^2 + (a_1b_2 - a_2b_1)^2}$ …($*2$) が導けるんだね。

ご自身で確認されるといいよ。

● 曲面の面積公式を導いてみよう！

では，これから，曲面の面積公式を導いてみよう。図3に示すように，xyz 座標空間上に $z=f(x,\ y)$ で表される曲面 α があるものとしよう。そして，この曲面上の点 $\mathrm{P}(x,\ y,\ f(x,\ y))$ における2つの偏導関数を，

$f_x = \dfrac{\partial f}{\partial x}$, $f_y = \dfrac{\partial f}{\partial y}$ とおくと，これらは，曲面 α の点 P における接平面上のそれぞれ x 軸方向と y 軸方向の接線の傾きを表すのは大丈夫だね。したがって，この接平面上の x 軸と y 軸それぞれの方向ベクトルを $\boldsymbol{a}$, $\boldsymbol{b}$ とおくと，

$\boldsymbol{a}=[1,\ 0,\ f_x]$, $\boldsymbol{b}=[0,\ 1,\ f_y]$ となるのもいいね。そして，$\boldsymbol{a}$ に微小な Δx をかけたものを $\Delta\boldsymbol{a}$，また，$\boldsymbol{b}$ に微小な Δy をかけたものを $\Delta\boldsymbol{b}$ と

おくと，

$$\Delta \boldsymbol{a} = \Delta x \boldsymbol{a} = \Delta x \,[\,1,\ \ 0,\ \ f_x\,]$$
$$= [\,\Delta x,\ \ 0,\ \ f_x \Delta x\,] \quad となり，また，$$

$$\Delta \boldsymbol{b} = \Delta y \boldsymbol{b} = \Delta y \,[\,0,\ \ 1,\ \ f_y\,]$$
$$= [\,0,\ \ \Delta y,\ \ f_y \Delta y\,] \quad となる。$$

そして，図3に示すように，このΔ$\boldsymbol{a}$
とΔ$\boldsymbol{b}$を2辺にもつ微小な平行四辺形
の面積をΔSとおくと，これはΔ$\boldsymbol{a}$と
Δ$\boldsymbol{b}$の外積のノルム（大きさ）に等しい
ので，

$$\Delta S = \|\Delta \boldsymbol{a} \times \Delta \boldsymbol{b}\|$$

$$\underline{[\,-f_x \Delta x \Delta y,\ -f_y \Delta x \Delta y,\ \Delta x \Delta y\,]}$$

$$= \sqrt{(-f_x \Delta x \Delta y)^2 + (-f_y \Delta x \Delta y)^2 + (\Delta x \Delta y)^2}$$
$$= \sqrt{(f_x^2 + f_y^2 + 1)(\Delta x \Delta y)^2}$$
$$\therefore \Delta S = \sqrt{f_x^2 + f_y^2 + 1}\,\Delta x \Delta y \cdots ② \quad となるんだね。$$

図3 曲面 α の微小面積 ΔS

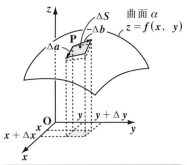

外積 $\Delta \boldsymbol{a} \times \Delta \boldsymbol{b}$ の求め方

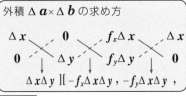

ここで，Δx，Δyをさらに0に近づけると，$\Delta x \to dx$，$\Delta y \to dy$，
$\Delta S \to dS$ となるので，②は，
$$dS = \sqrt{f_x^2 + f_y^2 + 1}\,dxdy \cdots ③ \quad となるんだね。$$
この dS のことを "**面要素**"（または，"**面積要素**"）と呼ぶことも覚えよう。

そして，③の面要素 dS を図4に示すよ
うに，xy座標平面上の領域 D で2重積
分すれば，領域 D に対応する曲面 α 上
の部分の面積 S を求めることができる。
つまり，面積公式：

$$S = \iint_D dS$$
$$= \iint_D \sqrt{f_x^2 + f_y^2 + 1}\,dxdy \quad \cdots\cdots (*3)$$

図4 曲面の面積 S

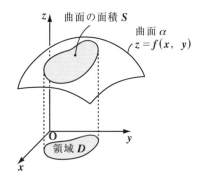

が成り立つことが分かったんだね。では，まとめておこう。

■ 曲面の面積 S

xyz 座標空間上に，曲面 $z = f(x, y)$ が与えられているとき，xy 座標平面上の領域 D に対応するこの曲面の部分の面積 S は，次の式で計算できる。

$$S = \iint_D \sqrt{f_x{}^2 + f_y{}^2 + 1}\, dxdy = \iint_D \sqrt{\left(\frac{\partial f}{\partial x}\right)^2 + \left(\frac{\partial f}{\partial y}\right)^2 + 1}\ dxdy \cdots (*3)$$

それでは，例題で実際に $(*3)$ の公式を利用してみよう。

xyz 空間上の曲面 $z = f(x, y) = 6 - 2x - 3y \quad (x \geqq 0,\ y \geqq 0,\ z \geqq 0)$
の面積 S を求めてみよう。

$z = f(x, y) = 6 - 2x - 3y$

　$(x \geqq 0,\ y \geqq 0,\ z \geqq 0)$

は右図に示すように，3 点

$P(3,\ 0,\ 0)$, $Q(0,\ 2,\ 0)$,

$R(0,\ 0,\ 6)$ を頂点とする

$\triangle PQR$ を表すんだね。

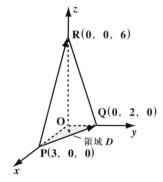

これは，三角形の平面を表す。

この面積 S を，公式 $(*3)$ を使って求めてみよう。

　$f_x = \dfrac{\partial f}{\partial x} = -2,\ f_y = \dfrac{\partial f}{\partial y} = -3$　よって，$(*3)$ より，

$$S = \iint_D \sqrt{(-2)^2 + (-3)^2 + 1}\ dxdy$$

$$= \sqrt{14} \iint_D dxdy$$

$$= \sqrt{14} \int_0^3 \left(\underbrace{\int_0^{2-\frac{2}{3}x} 1\ dy}_{(\text{i})}\right) dx$$

$\underbrace{\phantom{= \sqrt{14} \int_0^3 \left(\int_0^{2-\frac{2}{3}x} 1\ dy\right) dx}}_{(\text{ii})}$

累次積分

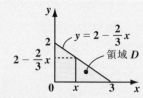

（ⅰ）x を固定して，y について区間 $\left[0,\ 2 - \dfrac{2}{3}x\right]$ で積分する。

（ⅱ）次に，x について区間 $[0,\ 3]$ で積分する。

$$\therefore S = \sqrt{14} \int_0^3 \underbrace{\left[y\right]_0^{2-\frac{2}{3}x}}_{\left(2-\frac{2}{3}x\right)} dx = \sqrt{14} \int_0^3 \left(2 - \frac{2}{3}x\right) dx$$

$$= \sqrt{14} \left[2x - \frac{1}{3}x^2\right]_0^3 = \sqrt{14}\,(6-3) = 3\sqrt{14} \quad \text{となって,答えだ。}$$

もちろん,これは,△PQR の面積 S と等しいわけだから,
$a = \overrightarrow{PQ}$, $b = \overrightarrow{PR}$ とおくと,右図のよう
に,S は a と b を 2 辺とする平行四辺形
の面積の $\dfrac{1}{2}$ となる。よって,外積 $a \times b$
を用いると,

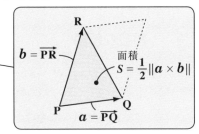

$S = \dfrac{1}{2}\|a \times b\|$ と計算できるんだね。

$$\begin{cases} a = \overrightarrow{OQ} - \overrightarrow{OP} = [0,\ 2,\ 0] - [3,\ 0,\ 0] = [-3,\ 2,\ 0] \\ b = \overrightarrow{OR} - \overrightarrow{OP} = [0,\ 0,\ 6] - [3,\ 0,\ 0] = [-3,\ 0,\ 6] \end{cases} \text{より,}$$

$a \times b = [12,\ 18,\ 6]$ となる。

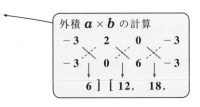
外積 $a \times b$ の計算

よって,求める△PQR の面積 S は,

$$S = \frac{1}{2}\|a \times b\|$$

$$= \frac{1}{2}\underbrace{\sqrt{12^2 + 18^2 + 6^2}}_{6^2(4+9+1)} = \frac{6}{2}\sqrt{14}$$

$\therefore S = 3\sqrt{14}$ となって,(*3) の曲面の面積公式で求めた結果と一致する
ことが確認できたんだね。

エッ,平面ではなくて,本当の曲面の面積計算の練習がしたいって?
いいよ,次の演習問題と実践問題を解いてみよう。

曲面 $z = 3 - (x^2 + y^2)$ $(z \geqq 0)$ の面積 S を求めよ。

ヒント！ $z = f(x, y) = -(x^2 + y^2) + 3$ $(z \geqq 0)$ は上に凸の放物面を表すの
で，当然，曲面の面積公式： $S = \iint_D \sqrt{{f_x}^2 + {f_y}^2 + 1}\, dxdy$ を用いて解けばいい。
ただし，積分の際に，極座標に変換して解くのがコツだ。

解答＆解説

放物面 $z = f(x, y) = 3 - (x^2 + y^2)$ ……① $(z \geqq 0)$ について，

$z = 0$ のとき， $-(x^2 + y^2) = -3$ より， $x^2 + y^2 = 3$ となる。

よって，右図に示すように，①の
放物面の内，領域 $D : x^2 + y^2 \leqq 3$ に
対応する曲面①の面積を求めればい
い。

$f_x = \dfrac{\partial f}{\partial x} = -2x, \quad f_y = \dfrac{\partial f}{\partial y} = -2y$

よって，曲面の面積公式を用いると，

$$S = \iint_D \sqrt{\underbrace{{f_x}^2}_{(-2x)^2} + \underbrace{{f_y}^2}_{(-2y)^2} + 1}\, dxdy$$

$$= \iint_D \sqrt{4(x^2 + y^2) + 1}\, dxdy \quad \text{……②} \quad \text{となる。}$$

ここで， $x = r\cos\theta, \ y = r\sin\theta$ により，
極座標 (r, θ) に変数変換すると，

・(x, y) の領域 $D : x^2 + y^2 \leqq 3$ は，

・(r, θ) の領域 D'： $\begin{cases} 0 \leqq r \leqq \sqrt{3} \\ 0 \leqq \theta \leqq 2\pi \end{cases}$

に変換される。また，

$x^2 + y^2 = r^2, \quad dxdy = \underset{\boxed{r}}{|J|}\, drd\theta = rdrd\theta \quad$ となる。

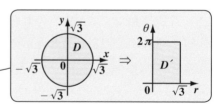

$$\left[\begin{array}{l} ここで, J はヤコビアンで, \\ J = \begin{vmatrix} \dfrac{\partial x}{\partial r} & \dfrac{\partial x}{\partial \theta} \\ \dfrac{\partial y}{\partial r} & \dfrac{\partial y}{\partial \theta} \end{vmatrix} = \begin{vmatrix} x_r & x_\theta \\ y_r & y_\theta \end{vmatrix} = \begin{vmatrix} \cos\theta & -r\sin\theta \\ \sin\theta & r\cos\theta \end{vmatrix} \\ = r\cos^2\theta - (-r)\sin^2\theta = r(\underbrace{\cos^2\theta + \sin^2\theta}_{①}) = r \quad となる。 \end{array} \right.$$

以上より, 求める曲面 $z = f(x,\ y)\ (z \geq 0)$ の面積 S は, ②を変形して,

$$S = \iint_D \sqrt{4\underbrace{(x^2 + y^2)}_{r^2} + 1}\ \underbrace{dxdy}_{|J|drd\theta = rdrd\theta}$$

$$= \iint_{D'} \sqrt{4r^2 + 1}\ rdrd\theta$$

$$= \int_0^{2\pi} d\theta \cdot \underbrace{\int_0^{\sqrt{3}} r(4r^2 + 1)^{\frac{1}{2}}\ dr}_{\left[\frac{1}{12}(4r^2+1)^{\frac{3}{2}}\right]_0^{\sqrt{3}}}$$

合成関数の微分 $\left\{(4r^2 + 1)^{\frac{3}{2}}\right\}' = \dfrac{3}{2}(4r^2+1)^{\frac{1}{2}} \cdot 8r = 12r(4r^2+1)^{\frac{1}{2}}$ を利用した。

$$= [\theta]_0^{2\pi} \cdot \frac{1}{12}\left[(4r^2 + 1)^{\frac{3}{2}}\right]_0^{\sqrt{3}}$$

$$= 2\pi \cdot \frac{1}{12}\{(4 \cdot 3 + 1)^{\frac{3}{2}} - 1^{\frac{3}{2}}\}$$

$$= \frac{\pi}{6}(13\sqrt{13} - 1) \quad となる。 \quad \cdots\cdots(答)$$

　もちろん, これは, **P148** で解説した, 曲線を回転してできる回転体の表面積の問題として解くこともできる。解法は異なっても同じ結果を導くことができるんだね。良い練習になるので, この別解についても示しておこう。

曲面 $z = 3 - (x^2 + y^2)$ $(z \geqq 0)$ の面積 S は，右図に示すように，yz 平面 $(x = 0)$ 上の曲線 $z = -y^2 + 3$ ……⑦ $(0 \leqq z \leqq 3)$ を z 軸のまわりに回転してできる回転体の表面積として求めることもできる。

図2より，この場合の微小面積を ds とおくと，P148の解法と同様に，

$$ds = 2\pi y \cdot \sqrt{1 + \left(\frac{dy}{dz}\right)^2}\, dz$$

となるので，求める面積 S は，

$$S = 2\pi \int_0^3 y \sqrt{1 + \underbrace{\left(\frac{dy}{dz}\right)^2}_{\boxed{y'^2}}}\, dz$$

$$= 2\pi \int_0^3 \sqrt{\underbrace{y^2}_{\boxed{3-z}} + \underbrace{(y \cdot y')^2}_{\boxed{-\frac{1}{2}\,(⑦より)}}}\, dz \cdots\cdots⑦$$

ここで，⑦より，$y^2 = 3 - z$ ……⑨
⑨の両辺を z で微分して，

$$2y \cdot \underbrace{\frac{dy}{dz}}_{\boxed{y'}} = -1 \qquad \therefore yy' = -\frac{1}{2} \cdots⑨$$

よって，⑨，⑨を⑦に代入すると，

$$S = 2\pi \int_0^3 \sqrt{\underbrace{3 - z + \left(-\frac{1}{2}\right)^2}_{\boxed{3 + \frac{1}{4} - z = \frac{13}{4} - z}}}\, dz$$

$$= 2\pi \int_0^3 \left(\frac{13}{4} - z\right)^{\frac{1}{2}} dz \quad \text{となる。}$$

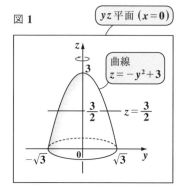

図1　　yz 平面 $(x = 0)$
曲線 $z = -y^2 + 3$

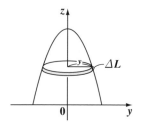

図2　微小面積 ds

微小面積 ΔS は，
$\Delta S = 2\pi y \cdot \Delta L$ より，

$$\boxed{\begin{array}{l} \sqrt{(\Delta y)^2 + (\Delta z)^2} \\ = \sqrt{\left(\dfrac{\Delta y}{\Delta z}\right)^2 + 1}\ \Delta z \end{array}}$$

ここで，$\Delta z \to 0$ とすると，

$$ds = 2\pi y \cdot \sqrt{1 + \left(\frac{dy}{dz}\right)^2}\, dz$$

となる。

ここで，$\left\{\left(\dfrac{13}{4}-z\right)^{\frac{3}{2}}\right\}' = \dfrac{3}{2}\left(\dfrac{13}{4}-z\right)^{\frac{1}{2}}\cdot(-1) = -\dfrac{3}{2}\left(\dfrac{13}{4}-z\right)^{\frac{1}{2}}$ より，

$\displaystyle\int\left(\dfrac{13}{4}-z\right)^{\frac{1}{2}}dz = -\dfrac{2}{3}\left(\dfrac{13}{4}-z\right)^{\frac{3}{2}}+C$　となるんだね。

$\therefore S = 2\pi\cdot\left(-\dfrac{2}{3}\right)\left[\left(\dfrac{13}{4}-z\right)^{\frac{3}{2}}\right]_0^3$

$\qquad = -\dfrac{4}{3}\pi\left\{\underbrace{\left(\dfrac{1}{4}\right)^{\frac{3}{2}}}-\underbrace{\left(\dfrac{13}{4}\right)^{\frac{3}{2}}}\right\} = \dfrac{4}{3}\pi\left(\dfrac{13\sqrt{13}}{8}-\dfrac{1}{8}\right)$

$$\boxed{\dfrac{1}{2^3}=\dfrac{1}{8}}\qquad \boxed{\dfrac{13\sqrt{13}}{2^3}=\dfrac{13\sqrt{13}}{8}}$$

$\qquad = \dfrac{\pi}{6}\left(13\sqrt{13}-1\right)$　　となって，演習問題 **33** と同じ結果を導くことが

できるんだね。大丈夫だった？

　ここで，図形の対称性を利用して，曲線 $z=-y^2+3$ $(0\leqq z\leqq 3,\ x=0)$ を

直線 $z=\dfrac{3}{2}$ に関して対称移動すると，曲線 $z=y^2$ $(0\leqq z\leqq 3,\ x=0)$ となる。

よって，これを z 軸のまわりに回転してできる回転体の表面積 S を求める

問題として解いても，もちろん構わない。この場合も同様に計算して，

$S = 2\pi\displaystyle\int_0^3 y\sqrt{1+y'^2}\,dz$

$\quad = 2\pi\displaystyle\int_0^3 \sqrt{\underbrace{y^2}_{z}+\underbrace{(y\cdot y')^2}_{\frac{1}{2}}}\,dz$

$z=y^2$
両辺を z で微分して，
$1=2y\cdot y'$
$\therefore yy'=\dfrac{1}{2}$

$\quad = 2\pi\displaystyle\int_0^3 \sqrt{z+\dfrac{1}{4}}\,dz$

$\quad = 2\pi\cdot\dfrac{2}{3}\left[\left(z+\dfrac{1}{4}\right)^{\frac{3}{2}}\right]_0^3 = \dfrac{4}{3}\pi\left\{\left(\dfrac{13}{4}\right)^{\frac{3}{2}}-\left(\dfrac{1}{4}\right)^{\frac{3}{2}}\right\}$

$\quad = \dfrac{\pi}{6}\left(13\sqrt{13}-1\right)$　と求めることもできるんだね。

とてもシンプルに求められて，面白かったでしょう？

$z=y^2$
$(0\leqq z\leqq 3)$

曲面 $z = xy$ 　（$x^2 + y^2 \leqq 1$）の面積 S を求めよ。

ヒント！ 曲面の形は少し分かりづらいけれど，面積公式を用いて計算すればいいだけだね。

解答＆解説

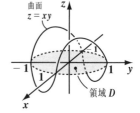

曲面 $z = f(x, y) = xy$ の

領域 $D : x^2 + y^2 \leqq 1$ における面積 S を求める。

$f_x = \dfrac{\partial f}{\partial x} = \boxed{(\mathcal{ア})}$ 　，　$f_y = \dfrac{\partial f}{\partial y} = \boxed{(イ)}$ 　より，

求める面積 S は，

$$S = \iint_D \sqrt{f_x{}^2 + f_y{}^2 + 1}\, dxdy = \iint_D \sqrt{\boxed{(ウ)}}\, dxdy$$

ここで，$x = r\cos\theta$，$y = r\sin\theta$ により，

極座標 (r, θ) に変数変換すると，

(x, y) の領域 $D : x^2 + y^2 \leqq 1$ は，

(r, θ) の領域 $D' : \begin{cases} 0 \leqq r \leqq 1 \\ 0 \leqq \theta \leqq 2\pi \end{cases}$

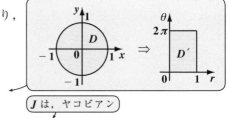

に変換される。また，$x^2 + y^2 = r^2$，$dxdy = |J| drd\theta = rdrd\theta$ より，

(J は，ヤコビアン)

$$S = \iint_{D'} \sqrt{\boxed{(エ)}}\, rdrd\theta = \int_0^{2\pi} d\theta \int_0^1 r(r^2 + 1)^{\frac{1}{2}}\, dr$$

$\underbrace{\qquad}_{[\theta]_0^{2\pi} = 2\pi}$ 　$\underbrace{\qquad}_{\left[\frac{1}{3}(r^2+1)^{\frac{3}{2}}\right]_0^1}$

合成関数の微分 $\left\{(r^2+1)^{\frac{3}{2}}\right\}' = \dfrac{3}{2}(r^2+1)^{\frac{1}{2}} \cdot 2r = 3r(r^2+1)^{\frac{1}{2}}$ を利用した！

$$= 2\pi \cdot \frac{1}{3}\left[(r^2+1)^{\frac{3}{2}}\right]_0^1 = \frac{2}{3}\pi \cdot (2^{\frac{3}{2}} - 1^{\frac{3}{2}}) = \boxed{(オ)} \qquad\qquad \cdots\cdots(答)$$

解答　(ア)y　　(イ)x　　(ウ)$x^2 + y^2 + 1$　　(エ)$r^2 + 1$　　(オ)$\dfrac{2}{3}\pi(2\sqrt{2} - 1)$

演習問題 34　　　　　● 曲面の面積 (Ⅲ) ●

曲面 $z = \sqrt{4-x^2-y^2}$ $(z \geqq \sqrt{2}\,)$ の面積を求めよ。

ヒント! 曲面の面積 S は，公式：$S = \iint_D \sqrt{f_x{}^2 + f_y{}^2 + 1}\,dxdy\,(x^2 + y^2 \leqq 2)$ を用いて解いていこう。積分の際に，$x = r\cos\theta$，$y = r\sin\theta$ として，極座標 (r, θ) に変換して解くことがポイントになる。頑張ろう！

解答 & 解説

曲面 $\underline{z = f(x, y) = \sqrt{4-x^2-y^2}}\cdots①$ $(z \geqq \sqrt{2}\,)$ は，

> ①より，$z^2 = 4 - x^2 - y^2$　$x^2 + y^2 + z^2 = 4$
> よって，これは原点 O を中心とする半径 2 の上半球面を表す。さらに，$z \geqq \sqrt{2}$ の条件から，この①の上半球面の内，領域 D：$x^2 + y^2 \leqq 2$ の範囲の図形を表す。

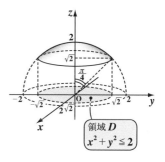

右図に示すように，原点 O を中心とする半径 2 の上半球面の内，領域 D：$x^2 + y^2 \leqq 2$ に対応する曲面を表す。この曲面の面積 S を求める。

$$f_x = \frac{\partial f}{\partial x} = \frac{1}{2}(4-x^2-y^2)^{-\frac{1}{2}}(-2x) = -\frac{x}{\sqrt{4-x^2-y^2}} \quad\cdots\cdots②$$

$$f_y = \frac{\partial f}{\partial y} = \frac{1}{2}(4-x^2-y^2)^{-\frac{1}{2}}(-2y) = -\frac{y}{\sqrt{4-x^2-y^2}} \quad\cdots\cdots③ \text{ より，}$$

②，③を曲面 S の面積公式に代入すると，

$$S = \iint_D \sqrt{\underline{(f_x)^2 + (f_y)^2 + 1}}\,dxdy = \iint_D \sqrt{\frac{4}{4-x^2-y^2}}\,dxdy$$

$$\left(-\frac{x}{\sqrt{4-x^2-y^2}}\right)^2 + \left(-\frac{y}{\sqrt{4-x^2-y^2}}\right)^2 + 1 = \frac{x^2 + y^2 + 4 - x^2 - y^2}{4-x^2-y^2} = \frac{4}{4-x^2-y^2}$$

$$\therefore S = 2\iint_D (4-x^2-y^2)^{-\frac{1}{2}}\,dxdy \quad\cdots\cdots④ \text{ となる。}$$

$$S = 2\iint_D (4 - x^2 - y^2)^{-\frac{1}{2}}\, dxdy \cdots ④$$

について，ここで，座標 (x, y) を
$x = r\cos\theta,\ y = r\sin\theta$ により，
極座標 (r, θ) に変換すると，

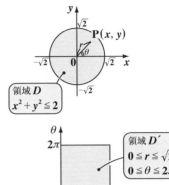

・(x, y) の領域 $D : x^2 + y^2 \leq 2$ は，

・(r, θ) の領域 $D' :\begin{cases} 0 \leq r \leq \sqrt{2} \\ 0 \leq \theta \leq 2\pi \end{cases}$

に変換される。また，$x^2 + y^2 = r^2$,

$$dxdy = \underbrace{|J|}_{r}drd\theta = rdrd\theta$$

となる。以上より，求める曲面 $z = f(x, y)\ (z \geq \sqrt{2})$ の面積 S は，
④を変形して，

$$S = 2\iint_D \{4 - \underbrace{(x^2 + y^2)}_{r^2}\}^{-\frac{1}{2}} \underbrace{dxdy}_{rdrd\theta} = 2\iint_{D'}(4 - r^2)^{-\frac{1}{2}} \cdot rdrd\theta$$

$$= 2\int_0^{2\pi} d\theta \cdot \underbrace{\int_0^{\sqrt{2}} r(4 - r^2)^{-\frac{1}{2}}\, dr}_{\left[-(4 - r^2)^{\frac{1}{2}}\right]_0^{\sqrt{2}}}$$

合成関数の微分 $\{(4 - r^2)^{\frac{1}{2}}\}' = \dfrac{1}{2}(4 - r^2)^{-\frac{1}{2}} \cdot (-2r) = -r(4 - r^2)^{-\frac{1}{2}}$ を利用した。

$$= 2\underbrace{\left[\theta\right]_0^{2\pi}}_{2\pi} \cdot \underbrace{\left[-(4 - r^2)^{\frac{1}{2}}\right]_0^{\sqrt{2}}}_{-(4-2)^{\frac{1}{2}} + (4-0)^{\frac{1}{2}} = 2 - \sqrt{2}} = 2 \cdot 2\pi \cdot (2 - \sqrt{2})$$

$$= 4\pi(2 - \sqrt{2})\ \text{となる。} \quad \cdots\cdots\cdots\cdots\cdots\cdots\cdots\cdots\cdots\text{(答)}$$

演習問題 35 　　　　　　　　● 曲面の面積 (Ⅳ) ●

曲面 $z = \sqrt{4-x^2-y^2}$ $((x-1)^2+y^2 \leqq 1)$ の面積を求めよ。

ヒント! 前問と同じ，半径 2 の球面の 1 部の面積を求める問題なので，前半部は演習問題 34 の解答と同様になる。しかし，今回は領域 D が，$(x-1)^2+y^2 \leqq 1$ となるので，計算が異なってくる。ここでも，$x = r\cos\theta$, $y = r\sin\theta$ とおいて，極座標に持ち込んで解けばよい。

解答 & 解説

半径 2 の半球面 $z = f(x, y) = \sqrt{4-x^2-y^2}$ の
領域 $D : (x-1)^2+y^2 = 1$ $(z=0)$ における
面積 S を求める。

$$f_x = \frac{\partial f}{\partial x} = \frac{1}{2}(4-x^2-y^2)^{-\frac{1}{2}}(-2x) = -\frac{x}{\sqrt{4-x^2-y^2}}$$

$$f_y = \frac{\partial f}{\partial y} = \frac{1}{2}(4-x^2-y^2)^{-\frac{1}{2}}(-2y) = -\frac{y}{\sqrt{4-x^2-y^2}}$$

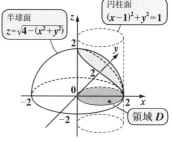

より，求める面積 S は，

$$S = \iint_D \sqrt{(f_x)^2+(f_y)^2+1}\, dxdy = \iint_D \sqrt{\frac{4}{4-x^2-y^2}}\, dxdy$$

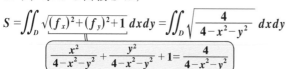
$$\frac{x^2}{4-x^2-y^2}+\frac{y^2}{4-x^2-y^2}+1 = \frac{4}{4-x^2-y^2}$$

$$\therefore S = 2\iint_D (4-x^2-y^2)^{-\frac{1}{2}}\, dxdy \quad \cdots\cdots① \quad となる。$$

ここで，$x = r\cdot\cos\theta$, $y = r\cdot\sin\theta$ とおいて，

領域 $D : (x-1)^2+y^2 \leqq 1$ を，極座標に変換すると，

$(r\cos\theta-1)^2+r^2\sin^2\theta \leqq 1$ 　　 $r^2-2r\cos\theta+\cancel{1} \leqq \cancel{1}$

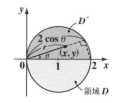

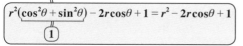
$$r^2(\cos^2\theta+\sin^2\theta) - 2r\cos\theta+1 = r^2-2r\cos\theta+1$$
$$①$$

$r(r-2\cos\theta) \leqq 0$ より，

$0 \leqq r \leqq 2\cos\theta$ $\left(-\dfrac{\pi}{2} \leqq \theta \leqq \dfrac{\pi}{2}\right)$ となる。

領域 D の半分の極座標領域
$$\begin{cases} 0 \leqq r \leqq 2\cos\theta \\ 0 \leqq \theta \leqq \dfrac{\pi}{2} \end{cases}$$
で重積分して，2 倍する。

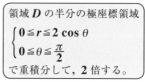

ここで，図形の上下の対称性から，D の上半分の領域 D' のみで重積分して，2 倍して面積 S を求めることにする。この極座標での領域をさらに D'' とおくと，

$D'' : 0 \leqq r \leqq 2\cos\theta \quad \left(0 \leqq \theta \leqq \dfrac{\pi}{2}\right)$ となる。

よって，$S = 2\displaystyle\iint_D (4 - x^2 - y^2)^{-\frac{1}{2}} dx dy$ ……①

を，次のように極座標に変換して重積分すると，

$S = 2 \times 2 \displaystyle\iint_{D''} (4 - \underbrace{r^2}_{x^2 + y^2 = r^2(\cos^2\theta + \sin^2\theta)})^{-\frac{1}{2}} \cdot \overset{|J|}{\boxed{r}}\, dr d\theta$

$= 4 \displaystyle\int_0^{\frac{\pi}{2}} \left\{ \int_0^{2\cos\theta} r \cdot (4 - r^2)^{-\frac{1}{2}}\, dr \right\} d\theta$

$\left\{ (4 - r^2)^{\frac{1}{2}} \right\}'$
$= \dfrac{1}{2}(4 - r^2)^{-\frac{1}{2}}(-2r)$
$= -r(4 - r^2)^{-\frac{1}{2}}$ より

$= 4 \displaystyle\int_0^{\frac{\pi}{2}} \left\{ - \left[(4 - r^2)^{\frac{1}{2}} \right]_0^{2\cos\theta} \right\} d\theta$

$= -4 \displaystyle\int_0^{\frac{\pi}{2}} \left(\underline{\sqrt{4 - 4\cos^2\theta}} - \sqrt{4} \right) d\theta$

$\sqrt{4(1 - \cos^2\theta)} = \sqrt{4\sin^2\theta}$
$= 2|\sin\theta| = 2\sin\theta \quad \left(\because 0 \leqq \theta \leqq \dfrac{\pi}{2} \text{ より，} \sin\theta \geqq 0 \right)$

$= -4 \displaystyle\int_0^{\frac{\pi}{2}} (2\sin\theta - 2)\, d\theta$

$= 8 \displaystyle\int_0^{\frac{\pi}{2}} (1 - \sin\theta)\, d\theta = 8 \Big[\theta + \cos\theta \Big]_0^{\frac{\pi}{2}}$

$= 8 \left\{ \dfrac{\pi}{2} + \underset{\boxed{0}}{\cos\dfrac{\pi}{2}} - \left(0 + \underset{\boxed{1}}{\cos 0} \right) \right\} = 8 \left(\dfrac{\pi}{2} - 1 \right)$

$= 4(\pi - 2)$ ……………………………………………………………(答)

演習問題 36　　　● 曲面の面積（V）●

曲面 $z = \dfrac{4}{3}x^{\frac{3}{2}} + \dfrac{4}{3}y^{\frac{3}{2}}$ $(0 \leqq x \leqq 1,\ \text{かつ}\ 0 \leqq y \leqq 1)$ の面積 S を

求めよ。

ヒント！ $z = f(x,\ y) = \dfrac{4}{3}x^{\frac{3}{2}} + \dfrac{4}{3}y^{\frac{3}{2}}$ とおくと，$f_x = 2\sqrt{x}$，$f_y = 2\sqrt{y}$ となるた

め，この曲面の面積 S は $S = \displaystyle\int_0^1\int_0^1 \sqrt{4x + 4y + 1}\,dxdy$ となるんだね。今回は変数

変換せずに，このまま，x と y の 2 重積分として計算しよう。

解答＆解説

右図に示すような曲面

$z = f(x,\ y) = \dfrac{4}{3}x^{\frac{3}{2}} + \dfrac{4}{3}y^{\frac{3}{2}}$ ……①

の領域 $D : 0 \leqq x \leqq 1$ かつ $0 \leqq y \leqq 1$

における面積 S を求める。

$$\begin{cases} f_x = \dfrac{\partial f}{\partial x} = \dfrac{4}{3} \times \dfrac{3}{2}x^{\frac{1}{2}} = 2\sqrt{x} \\[2mm] f_y = \dfrac{\partial f}{\partial y} = \dfrac{4}{3} \times \dfrac{3}{2}y^{\frac{1}{2}} = 2\sqrt{y} \end{cases}$$

よって，曲面の面積公式を用いると，

$$S = \iint_D \sqrt{\underbrace{f_x{}^2}_{(2\sqrt{x})^2} + \underbrace{f_y{}^2}_{(2\sqrt{y})^2} + 1}\,dxdy$$

$$= \int_0^1\int_0^1 \sqrt{4x + 4y + 1}\,dxdy \ \cdots\cdots ② \quad \text{となる。}$$

よって，x と y による 2 重積分により，面積 S を求める。

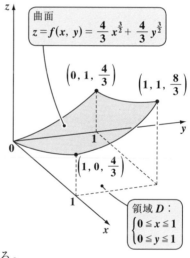

曲面
$z = f(x,\ y) = \dfrac{4}{3}x^{\frac{3}{2}} + \dfrac{4}{3}y^{\frac{3}{2}}$

$\left(0,\ 1,\ \dfrac{4}{3}\right)$　$\left(1,\ 1,\ \dfrac{8}{3}\right)$

$\left(1,\ 0,\ \dfrac{4}{3}\right)$

領域 D :
$\begin{cases} 0 \leqq x \leqq 1 \\ 0 \leqq y \leqq 1 \end{cases}$

$$S = \int_0^1 \left\{ \int_0^1 (4x + \overbrace{4y+1}^{\text{定数扱い}})^{\frac{1}{2}} dx \right\} dy$$

$$\frac{1}{6}\left[(4x+4y+1)^{\frac{3}{2}}\right]_0^1$$
$$= \frac{1}{6}\left\{(4+4y+1)^{\frac{3}{2}} - (4y+1)^{\frac{3}{2}}\right\}$$
$$= \frac{1}{6}\left\{(4y+5)^{\frac{3}{2}} - (4y+1)^{\frac{3}{2}}\right\}$$

$\cdot x$ による偏微分
$$\left\{(4x+4y+1)^{\frac{3}{2}}\right\}_x$$
$$= \frac{3}{2}(4x+4y+1)^{\frac{1}{2}}\cdot 4$$
$$= 6(4x+4y+1)^{\frac{1}{2}} \ \text{より},$$
$\cdot \int (4x+4y+1)^{\frac{1}{2}} dx$
$$= \frac{1}{6}(4x+4y+1)^{\frac{3}{2}} \ \text{となる}.$$

$$= \frac{1}{6}\int_0^1 \left\{(4y+5)^{\frac{3}{2}} - (4y+1)^{\frac{3}{2}}\right\} dy$$

$$= \frac{1}{6}\left\{\int_0^1 (4y+5)^{\frac{3}{2}} dy - \int_0^1 (4y+1)^{\frac{3}{2}} dy\right\}$$

$$\frac{1}{10}\left[(4y+5)^{\frac{5}{2}}\right]_0^1 \qquad \frac{1}{10}\left[(4y+1)^{\frac{5}{2}}\right]_0^1$$
$$= \frac{1}{10}\left(9^{\frac{5}{2}} - 5^{\frac{5}{2}}\right) \qquad = \frac{1}{10}\left(5^{\frac{5}{2}} - 1^{\frac{5}{2}}\right)$$

（ i ）y による偏微分
$$\left\{(4y+5)^{\frac{5}{2}}\right\}_y$$
$$= \frac{5}{2}(4y+5)^{\frac{3}{2}}\cdot 4$$
$$= 10(4y+5)^{\frac{3}{2}} \ \text{より},$$
$\cdot \int (4y+5)^{\frac{3}{2}} dy$
$$= \frac{1}{10}(4y+5)^{\frac{5}{2}} \ \text{となる}.$$
（ ii ）$(4y+1)^{\frac{3}{2}}$ の積分も同様に,
$\cdot \int (4y+1)^{\frac{3}{2}} dy$
$$= \frac{1}{10}(4y+1)^{\frac{5}{2}} \ \text{となる}.$$

$$= \frac{1}{6} \times \frac{1}{10}\left\{9^{\frac{5}{2}} - 5^{\frac{5}{2}} - \left(5^{\frac{5}{2}} - 1\right)\right\}$$

$$= \frac{1}{60}\left(\underbrace{9^{\frac{5}{2}}}_{3^5 = 243} - 2\cdot\underbrace{5^{\frac{5}{2}}}_{25\sqrt{5}} + 1\right)$$

$$= \frac{1}{60}\left(244 - 50\sqrt{5}\right)$$

以上より，求める領域 D における曲面の面積 S は,

$$S = \frac{1}{30}\left(122 - 25\sqrt{5}\right) \quad \text{である。} \cdots\cdots\cdots\cdots\cdots\cdots\cdots\text{(答)}$$

講義 5 ● 2変数関数の重積分　公式エッセンス

1. 重積分の性質

(1) $\iint_D kf(x, y)\,dxdy = k\iint_D f(x, y)\,dxdy$　(k：実数定数)

(2) $\iint_D \{hf(x, y) \pm kg(x, y)\}\,dxdy$

$\quad = h\iint_D f(x, y)\,dxdy \pm k\iint_D g(x, y)\,dxdy$　(h, k：実数定数)

(3) 領域 D を D_1, D_2 に分割する場合

$\iint_D f(x, y)\,dxdy = \iint_{D_1} f(x, y)\,dxdy + \iint_{D_2} f(x, y)\,dxdy$

(4) 領域 D 上で，$f(x, y) \geqq g(x, y)$ ならば，

$\iint_D f(x, y)\,dxdy \geqq \iint_D g(x, y)\,dxdy$

$\left(\text{特に，} \underline{f(x, y) \geqq 0} \text{ のとき，} \iint_D f(x, y)\,dxdy \geqq 0\right)$

正の体積

(5) $\iint_D f(x, y)\,dx \leqq \left|\iint_D f(x, y)\,dxdy\right| \leqq \iint_D \left|f(x, y)\right|\,dxdy$

2. 累次積分

(I) まず y で積分した後で，x で積分する場合：

$D = \left\{(x, y)\,\middle|\,a \leqq x \leqq b,\ g_1(x) \leqq y \leqq g_2(x)\right\}$ のとき

$\iint_D f(x, y)\,dxdy = \int_a^b \left\{\int_{g_1(x)}^{g_2(x)} f(x, y)\,dy\right\}dx$

y での積分　← 断面積 $S(x)$
x での積分

(II) まず x で積分した後で，y で積分する場合：

$D = \left\{(x, y)\,\middle|\,c \leqq y \leqq d,\ h_1(y) \leqq x \leqq h_2(y)\right\}$ のとき

$\iint_D f(x, y)\,dxdy = \int_c^d \left\{\int_{h_1(y)}^{h_2(y)} f(x, y)\,dx\right\}dy$

x での積分　← 断面積 $S(y)$
y での積分

3. 重積分の変数変換

$x = g(u, v)$, $y = h(u, v)$ のとき，

$\iint_D f(x, y)\,dxdy = \iint_{D'} f(g(u, v), h(u, v))\,|J|\,dudv$

（D'：uv 平面上における領域）

$\left(\begin{array}{l} J：ヤコビアン \\ J = \begin{vmatrix} \dfrac{\partial x}{\partial u} & \dfrac{\partial x}{\partial v} \\ \dfrac{\partial y}{\partial u} & \dfrac{\partial y}{\partial v} \end{vmatrix} = \dfrac{\partial x}{\partial u} \cdot \dfrac{\partial y}{\partial v} - \dfrac{\partial x}{\partial v} \cdot \dfrac{\partial y}{\partial u} \end{array}\right)$

4. 重積分の極座標変換

$\iint_D f(x, y)\,dxdy = \iint_{D'} f(r\cos\theta,\ r\sin\theta)\,\boxed{r}\,drd\theta$

（上部に $|J|$ の注記）

補充問題　1	● 逆正接関数の和 ●

$\tan^{-1} \dfrac{\sqrt{3}}{7} - \tan^{-1}\left(-\dfrac{1}{2\sqrt{3}}\right)$ の値を求めよ。

ヒント！ $\tan^{-1}\dfrac{\sqrt{3}}{7} = \alpha,\ \tan^{-1}\left(-\dfrac{1}{2\sqrt{3}}\right) = \beta$ とおいて $\tan(\alpha - \beta)$ の値を加法定理から求めよう。

解答＆解説

$\tan^{-1}\dfrac{\sqrt{3}}{7} - \tan^{-1}\left(-\dfrac{1}{2\sqrt{3}}\right)$ について，

$$\begin{cases} \tan^{-1}\dfrac{\sqrt{3}}{7} = \alpha & \cdots\cdots\cdots① \quad \left(-\dfrac{\pi}{2} < \alpha < \dfrac{\pi}{2}\right) \\ \tan^{-1}\left(-\dfrac{1}{2\sqrt{3}}\right) = \beta & \cdots\cdots② \quad \left(-\dfrac{\pi}{2} < \beta < \dfrac{\pi}{2}\right) \end{cases}$$ とおくと，

$$\begin{cases} ① より，\ \tan\alpha = \dfrac{\sqrt{3}}{7} & \cdots\cdots\cdots①' \left(\tan\alpha > 0 \ より，\ 0 < \alpha < \dfrac{\pi}{2}\right) \\ ② より，\ \tan\beta = -\dfrac{1}{2\sqrt{3}} & \cdots\cdots②' \left(\tan\beta < 0 \ より，\ -\dfrac{\pi}{2} < \beta < 0\right) \end{cases}$$ となる。

ここで，

$$\tan(\alpha - \beta) = \dfrac{\tan\alpha - \tan\beta}{1 + \tan\alpha\tan\beta} = \dfrac{\dfrac{\sqrt{3}}{7} - \left(-\dfrac{1}{2\sqrt{3}}\right)}{1 + \dfrac{\sqrt{3}}{7}\cdot\left(-\dfrac{1}{2\sqrt{3}}\right)} = \dfrac{\dfrac{\sqrt{3}}{7} + \dfrac{1}{2\sqrt{3}}}{1 - \dfrac{1}{14}}$$

分子・分母に $14\sqrt{3}$ をかけて

$$= \dfrac{6 + 7}{13\sqrt{3}} = \dfrac{1}{\sqrt{3}} \quad (①',\ ②'\ より)$$

$$\underset{\oplus}{\dfrac{0}{7}} - \underset{\odot}{\dfrac{0}{7}} < \alpha - \beta < \underset{\oplus}{\dfrac{\pi}{2}} - \underset{\odot}{\left(-\dfrac{\pi}{2}\right)}$$

また，$0 < \alpha < \dfrac{\pi}{2},\ -\dfrac{\pi}{2} < \beta < 0$ より，$0 < \alpha - \beta < \pi$

以上より，$\tan(\alpha - \beta) = \dfrac{1}{\sqrt{3}} \quad (0 < \alpha - \beta < \pi)$ から，$\alpha - \beta = \dfrac{\pi}{6}$ $\cdots\cdots③$

①，②を③に代入して，$\tan^{-1}\dfrac{\sqrt{3}}{7} - \tan^{-1}\left(-\dfrac{1}{2\sqrt{3}}\right) = \dfrac{\pi}{6}$ $\cdots\cdots\cdots\cdots$(答)

◆ *Term・Index* ◆

スバラシク実力がつくと評判の
微分積分 キャンパス・ゼミ
改訂 10

マセマ

著　者　馬場 敬之
発行者　馬場 敬之
発行所　マセマ出版社
〒 332-0023 埼玉県川口市飯塚 3-7-21-502
TEL 048-253-1734　　FAX 048-253-1729
Email：info@mathema.jp
https://www.mathema.jp

編集・校閲	高杉 豊	平成 15 年 5 月 8 日	初版発行 41 刷
校　正	秋野 麻里子	平成 26 年 5 月 6 日	改訂 1 5 刷
制作協力	久池井 茂　印藤 治　滝本 隆	平成 27 年 6 月 12 日	改訂 2 4 刷
		平成 28 年 8 月 7 日	改訂 3 5 刷
	久池井 努　真下 久志	平成 29 年 9 月 23 日	改訂 4 5 刷
	間宮 栄二　町田 朱美	平成 30 年 9 月 8 日	改訂 5 5 刷
カバーデザイン	馬場 冬之	令和 元 年 9 月 14 日	改訂 6 5 刷
ロゴデザイン	馬場 利貞	令和 3 年 3 月 6 日	改訂 7 5 刷
		令和 4 年 10 月 4 日	改訂 8 5 刷
印刷所	中央精版印刷株式会社	令和 5 年 7 月 12 日	改訂 9 5 刷
		令和 6 年 6 月 6 日	改訂 10 初版発行